내비게이션 수학에서 패턴의 발견으로

1학년 초등수학

어떻게 가르칠 것인가

1학기

박영훈 송선미 김병희 최하은 이랑 지음

가갸날

1학년 초등수학
어떻게 가르칠 것인가

2017년 3월 20일 초판 1쇄 찍음
2017년 3월 30일 초판 1쇄 펴냄

지은이 박영훈 송선미 김병희 최하은 이랑
디자인 노성일 designer.noh@gmail.com
펴낸이 이상
펴낸곳 가갸날
주소 10386 경기도 고양시 일산서구 강선로 49 BYC 402호
전화 070 8806 4062
팩스 0303-3443-4062
이메일 gagyapub@naver.com
블로그 blog.naver.com/gagyapub
페이지 https://www.facebook.com/gagyapub

ISBN 979-11-87949-02-2 64410
979-11-87949-01-5 64410 (세트)

책머리에

초등학교 수학은 매우 쉽습니다. 그리고 선생님들은 모두 교사용 지도서를 갖고 있습니다. 그렇다고 누구나 쉽게 잘 가르칠 수 있는 것은 아닙니다. 수학교과 지도가 어렵다고들 하는 이유는 무엇일까요? 새로운 패러다임의 수학교과 지도를 안내하기 위해 2012년에 개설한 '초등수학 르네상스' '초등수학 오디세이' 온라인 강의를 수강한 선생님들이 벌써 2만 명에 이릅니다. 전국 초등학교 선생님 가운데 대략 다섯 명 중 한 명이 참여할 만큼 강의는 뜨거운 반응을 불러 일으켰습니다.

선생님들은 깨달았다고 합니다. 초등학교 수학 문제를 풀이할 수 있으면 누구나 가르칠 수 있다는 인식이 얼마나 잘못된 것인가를! 그것은 초등학교 수학에 담겨 있는 내용을 정확하게 알지 못하였다는 자각이었습니다.

'수와 숫자는 어떻게 다른가?'

'계산과 연산의 차이점은 무엇인가?'

'삼각형은 왜 가장 기본이 되는 도형인가?'

'분수와 유리수의 차이는 무엇인가?'

'분수의 곱셈은 분자끼리 그리고 분모끼리 곱하면서 덧셈은 왜 그렇지 않은가?'

이 같은 물음에 선뜻 제대로 대답할 수 있는 선생님은 많지 않습니다. 초등학교 수학 문제 풀이가 중등수학이나 대학수학에 비해 간단하다고 하여 그 속에 담긴 수학적 의미까지 그런 것은 아닙니다. 초등학교 수학은 인류가 수천 년의 세월 동안 갈고 닦으며 정리한 것이기에 겉보기에만 단순명료해 보일 뿐입니다.

선생님들은 초등학교 수학을 깊이 이해하고 있어야 합니다. 뿐만 아니라 학습자와 끊임없이 상호작용해야 합니다. 가르침은 단순 지식 전달이 아니라 학습자의 발달 단계와 사고과정의 특성에 바탕을 둔 것이기 때문입니다. 예를 들면 3학년에서 다루는 '6의 1/3은 얼마인가?'라는 문제를 5학년에서 다루는 '6의 1/3은 얼마인가?'라는 문제와 똑같은 것으로 보아서는 안됩니다.

이 책은 '초등수학 르네상스'를 중심으로 한 여러 해 동안의 강의 성과를 바탕으로 기획되었습니다. 강의를 수강한 선생님들과 열띤 토론을 하며 문제의식이 심화되었고 현장성도 높일 수 있었습니다. 또한 몇 해 동안 꾸준히 세미나를 개최하면서 얻은 공동성과물이기도 합니다. 학년제로 구성된 초등학교 교육의 특수성을 고려하여, '초등수학 어떻게 가르칠 것인가' 시리즈를 학년별 학기별로 구분하여 출간합니다. 앞으로 모두 12권의 안내서를 마치 독립영화를 만들 듯 차례로 선보일 예정입니다.

아무쪼록 깊은 고민과 오랜 노력의 산물인 이 책이 현장 선생님들에게 사랑을 받아 수학교과 지도에 도움이 되기를 바라는 마음 간절합니다. 그리하여 우리 어린이들이 창의적인 미래의 주인공으로 자라날 수 있기를 기원합니다.

박영훈 송선미 김병희 최하은 이랑

차례

3부 도형과 측정

초등수학 어떻게 가르칠 것인가

새로운 패러다임의 수학교육을 위하여

프로메테우스와 같은 존재로서의 교사

> 사람들은 프로메테우스가 인간에게 불을 가져다주었다는 것은 알고 있지만, 제우스가 고의로 불을 숨겼다는 사실에 대해서는 별 관심이 없습니다. 하지만 "제우스가 불을 숨겼다"는 단순한 문장 속에는 엄청난 폭력과 압제, 불의와 억압의 상처가 아로새겨져 있지요. — 정여울, 『공부할 권리』

그리스 신화에 등장하는 수많은 신들 중에서 우리 인간에게 가장 고마운 신은 프로메테우스라고 말할 수 있습니다. 제우스의 뜻을 거역하고 인간세계에 문명의 기원이 되는 불을 전해주었으니까요. 프로메테우스가 인류에게 선물한 '불'은 단순히 물리적인 의미의 불을 뜻하는 것이 아니라, 문명을 창조할 수 있는 모든 능력, 다름 아닌 예술과 학문을 창조할 수 있는 힘을 말합니다. '스스로 생각할 수 있는 능력'을 부여함으로써 문명을 창조하도록 하는 '이성의 불'을 상징적으로 묘사한 것이니까요.

그런 의미에서 수많은 프로메테우스가 오늘날 우리 학교 교실에도 존재한다고 말할 수 있지 않을까요? 배움에 목마른 우리 아이들을 가르치는 선생님들은 바로 프로메테우스와 같은 존재입니다. 프로메테우스는 그냥 불을 던져준 것이 아니고 '불씨'를 선물하였습니다. 올리브 가지를 들고 태양 마차에 다가가서 불씨를 점화한 후에 지상으로 내려와 불씨를 인간에게 전달했던 것이죠. 바로 이 대목에서 우리는 참다운 수업의 핵심이 무엇인지를 되새겨볼 수가 있습니다. 가르침은 곧 '이성의 불'을 지피도록 하는 행위라는 사실을 재확인할 수 있으니까요. 그러니까 우리의 수업은 미래의 아인슈타인, 미래의 가우스, 미래의 세종대왕으로 자라날 아이들에게 스스로 문제를 성찰하고 해결방안을 모색하는 '이성의 불'을 선물하는 것과 다르지 않다는 것입니다.

아일랜드의 시인 예이츠William Butler Yeats는 교육을 다음과 같이 정의하였습니다.

"교육은 양동이를 채우는 것이 아니라, 불을 지피는 일이다."

그가 프로메테우스를 떠올리며 그랬는지 확실하지는 않지만, 가르침은 그저 교과서에 들어 있는 내용을 전달하는 것이 아님을 강조한 것입니다. 스스로 사고할 수 있도록 이성의 불을 지피는 것이 참다운 교육이라는 주장에서 미루어보건데, 교사라는 존재가 프로메테우스와 다르지 않다는 우리의 의견에 틀림없이 예이츠도 동의할 것 같네요. 어쨌든 프로메테우스 덕택에 인간은 동물과 구별되는 새로운 삶을 살게 되었고, 결국에는 불경스럽게도(?) 신을 닮아갈 기회까지 얻게 되었다는 그리스 신화의 이야기로부터 우리는 교사라는 존재가 무엇인지를 되새겨볼 수 있습니다.

프로메테우스 이야기는 여기서 그치지 않습니다. 인류에게 불을 선물한 자신의 행위에 대한 대가를 톡톡히 치러야 했으니까요. 결국 제우스의 진노를 산 프로메테우스는 카우카소스 산 바위에 묶여 독수리에 의해 간을 파 먹히는 형벌을 받게 됩니다. 인간을 동정했다는 이유만으로 견디기 힘든 고통을 당한 프로메테우스는 우리의 눈으로 보면 억압받는 의인이었습니다. 반면에 제우스는 가혹한 폭군이자 독재자에 불과합니다. 서두의 인용문은 제우스에 대한 새로운 시각을 나타낸 글입니다. 인간에게 문명을 창조하는 능력을 선물하고 싶지 않았던 제우스는 고의로 불을 숨겼다는 것이죠. '불'이라는 문명 창조의 도구를 독점함으로써 인간에게서 '신을 닮아갈 기회'를 빼앗아버린 제우스. 이와는 달리 프로메테우스는 인간의 상상력을 해방시켜 인간 스스로 자신들의 운명을 개척하기를 바랐다는 것입니다.

그런데 제우스와 프로메테우스의 관계를 대립적인 것으로만 볼 것이 아니라, 한 걸음 더 나아가 프로메테우스의 용기에 주목할 필요가 있습니다. 프로메테우스라는 이름은 '먼저 깨달은 자'라는 뜻을 담고 있습니다. 그는 남보다 먼저 생각하고 먼저 깨어나고, 지금은 눈에 보이지 않지만 언젠가는 세상의 빛이 될 진실을 미리 알고 그것을 지키기 위해 투쟁하는 신입니다. 모든 것을 예측할 수 있는 예지를 지닌 프로메테우스이기에 자신의 불행조차 예감하고 있었습니다. 그러면서도 프로메테우스는 그 길을 택했다는 것이죠. 그 용기의 밑바닥에 깔린 것은 인간에 대한 무한한 사랑이었습니다. 그 조건 없는 사랑이 없었더라면 프로메테우스가 그 끔찍한 형벌을 견뎌낼 수 없었을 것이라고 정여울은 덧붙여 말합니다. 창조하는 힘의 원천인 불을 숨김으로써 인간의 자율성을 가로막으려 했던 제우스에 대항하여 스스로 생각할 수 있는 '이성의 불'을 전함으로써 자신을 성찰하고 미래를 예측할 수 있도록 해준 프로메테우스의 행위, 그 용기와 사랑에서 오늘의 프로메테우스인 교사의 정체성을 다시 한 번 생각해봅니다.

교사는 지성인이다

프로메테우스가 전해준 이성의 불에는 두 가지 종류의 불꽃이 타오릅니다. 도구적 이성이라는 불꽃과 비판적 이성이라는 불꽃입니다. 도구적 이성은 '어떻게 하면(how to) 효율적이고 신속하게 문제를 해결할 수 있을까' 하는 질문에 답하는 과정에서 그 수단과 방법을 찾는 데 주력합니다. 한편 비판적 이성은 '그 문제가 도대체 왜(why) 발생했는가'라는 질문에 답하면서 주어진 문제의 원인과 성격을 보다 근본적으로 따지는 데 주력합니다. 따라서 지적 활동이 요체인 학교 수업에서 도구적 이성과 비판적 이성이 함께 작동할 것이라고 충분히 기대할 수가 있죠. 하지만 현실을 돌아보면 기대와는 달리 한쪽으로만 치우쳐 있는 듯합니다.

> 일찍이 수학자가 되려던 한 학생이 있었다. 하지만 자신의 꿈을 접을 수밖에 없었다고 한다. 그 이유는 수학 교과서 뒤에 실린 해답을 맹목적으로 믿고 이를 열심히 반복했기 때문이었다. 그런데 역설적이게도 그 답은 모두 정답이었다. — 앤서니 드 멜로, 『일 분 지혜』

인도 태생의 예수회 신부 앤소니 드 멜로가 학생들의 학습 활동, 그 중에서도 특히 수학 학습을 관찰하고 기술한 내용입니다. 학교교육이 시험을 위한 도구적 가치에만 주력하고 있기에 빚어진 현상입니다. 다른 사람이 요약 정리한 내용을 학습자의 머릿속에 반복적으로 채우는 교육 현실은 앞에서 보았던 예이츠의 견해, 즉 양동이에 물을 채우는 행위와 같은 맥락으로 볼 수 있습니다. 학습자를 수동적인 존재 '채워야 할 빈 그릇(empty bowl to be filled with)'으로 보아서는 안된다는 파울로 프레이리의 주장도 맥을 같이합니다.

그런데 안타까운 것은 교수 활동에서도 도구적 이성이 중심을 이루고 있다는 점입니다. 학교 현장에서 교사들이 무심코 던지는 '진도를 나간다'는 용어는 교수 활동이 수동적으로 이루어지고 있음을 반영하는 대표적인 사례 중의 하나입니다. 가르치는 것을 '진도 나가는 것'으로 여기는 것은 사전에 미리 정해진 교육 내용과 교육 일정에 맞추어 학습자에게 정해진 내용을 전달하는 것을 교수 활동으로 인식하는 것이죠. 만일 '진도 나가는 것'이 가르치는 것의 전부라면, 훌륭한 수업은 오직 '도구적 이성'만으로 충분합니다. 주어진 내용을 정해진 일정에 맞추어 효과적으로 전달하는 데만 초점을 두면 되니까요. 지금 가르치는 내용이 아이들의 발달 단계에 적절한 것인가, 왜 이런 모델을 사용하여야 하는 것일까, 혹시 다른 모델을 적용할 수는 없는가 등등의 비판적 이성이 비집고 들어갈 틈은 없습니다.

물론 이러한 현상은 비단 우리만의 이야기는 아닌가 봅니다. 미국 문화비평가인 헨리 지루Henry A. Giroux가 자신의 책 제목을 《교사는 지성인이다》*Teachers as Intellectuals*라고 한 것은, 미국의 교육 상황이 우리와 그리 다르지 않음을 역설적으로 반증하고 있으니까요. 그는 미국 교사들이 외부에서 주어진 역할을 수행하는 존재로 타락했으며, 교사는 한낱 기능인에 불과하다고 신랄하게 비판하고 있습니다. 교육의 본질은 지적인 활동이고 교사는 그 지적 활동을 구현하는 지성인이므로, 교사들이 도구적 이성과 비판적 이성을 더불어 활용할 수 있어야 한다는 것이 헨리 지루의 주장입니다.

우리나라 교사들이 미국 교사들보다 더 폐쇄적이고 관료적인 교육 시스템 속에 놓여 있는 것은 엄연한 현실입니다. 그러한 시스템이 우리 교육에 어떤 문제를 야기하는가에 대해 논하는 것은 이 책의 주제를 벗어나기에, 여기서는 수학 수업에만 국한하여 설명하고자 합니다.

비판적 이성이 필요한 이유

수학이 가치중립적이며 객관성을 담보로 하는 학문이라는 사실에는 이의를 제기할 수 없습니다. 그렇지만 수학교육, 특히 수학 교과서에 실린 지식이 반드시 그렇다고 할 수는 없습니다. 1990년대 말부터 21세기 초까지 미국에서 전개된 소위 '수학 전쟁'Math War은 수학교육학이 수학이라는 학문과 그 성격이 판이하게 다를 수 있음을 보여주는 대표적인 사건입니다. 수학 전쟁은 학교에서 어떤 수학을, 어떻게 가르칠 것인가를 두고 미국수학교사협의회NCTM라는 개혁 그룹과 이에 반

대하는 보수진영 사이에서 10년 이상 계속된 논쟁을 말합니다. 국정 교과서 체제에서 단 하나의 교과서만 보아온 우리에게는 매우 낯선 일입니다만, 태평양 건너에서 벌어진 수학 전쟁은 가르치는 지식으로서의 학교 수학이 학문적 지식으로서의 수학과 얼마든지 다르게 변형될 수 있음을 보여줍니다.

실제로 교실에서 가르칠 지식을 구성할 때에는 학문으로서의 지식을 그대로 가져오는 것이 아닙니다. 교과서에 담기는 지식은 학습자의 발달 단계에 맞추어 학문적 지식을 변환한 것이죠. 바로 이 과정에서 누가 어떤 관점으로 변환하는가에 따라 얼마든지 다른 형태의 교육과정과 교과서가 탄생할 수 있습니다.

여기서 잠깐 수학에 대한 일반적인 견해, 즉 수학은 가치중립적인 학문이며 만고불변의 절대적인 진리라는 인식에 관하여 한번 되짚어볼까요? 물론 수학적 지식은 논리적 모순이 없는 참인 명제들로 구성되어 있습니다. 하지만, 그렇다고 하여 언제 어디서나 참인 절대적인 진리하고는 말할 수 없습니다. 단지 주어진 공리체계에서만 참이라는 것이죠. 예를 들어 '평행인 두 직선은 만나지 않는다'는 명제는 유클리드 기하학에서만 참일 뿐, 비유클리드 기하학에서도 적용되는 참인 명제는 아닙니다. 그럼에도 대부분의 사람들은 수학적 지식을 절대불변의 참이라고 간주합니다. 이는 학교 수학의 내용 또한 분명하고 명확한 참인 명제들로 구성되어 있으며 가치중립적이라는 오해로 이어집니다. 학교 선생님들조차 대부분 교육과정과 교과서에는 절대로 오류가 있을 수 없으며, 순수한 진리만이 담겨 있다고 절대적인 신뢰를 보내는 이유입니다. 아마도 '국가교육과정'이라는 말에 붙어 있는 '국가'라는 단어가 주는 권위나 위압감이 이런 인식을 고착시키는 데 크게 작용하였을 것으로 짐작됩니다.

하지만 수학 교과서의 내용도 유행에 따르거나 집필자의 주관에 의해 얼마든지 다른 모습을 보일 수 있습니다. 몇몇 사례를 통해 확인해볼까요? 한때 초중고의 모든 수학 교과서에는 집합 개념이 들어 있었습니다. 소위 '수학교육의 현대화'라는 구호 아래 마치 집합을 모르면 수학을 배울 수 없다는 듯이 집합을 강조했던 것이죠. 하지만 지금의 교과서에서는 집합을 그림으로 나타내는 벤다이어그램의 흔적을 찾아보기 어렵습니다.

유사한 사례의 하나는 '문제 해결력'에 대한 강조입니다. 한때 유행처럼 문제 해결력을 강조했던 미국 수학교육의 상황을 고스란히 따른(실제는 어느 교육과정 수립자나 교과서 집필자이겠지만) 결과였습니다. 그 결과 우리 수학 교과서에는 학년마다 문제 해결력이라는 새로운 단원이 들어가고, 학생들은 폴랴Polya라는 사람의 문제풀이 전략을 익혀야 했습니다. 지금 교과서에서는 언제 그랬냐는 듯이 그와 같은 단원이 종적을 감추었습니다. 우리 수학교육학이 미국의 영향력 하에 놓여 있음을 반영하는 대표적인 예라 할 수 있습니다.

뜬금없어 보이는 내용이 교과서에 불쑥 제시되었다가 금세 사라져버리는 현상은 최근에도 여전히 발견할 수 있습니다. 초등학교 교과서 매 쪽마다 '왜 그렇게 생각합니까?'라는 질문을 새겨 넣어 교사와 학생들을 곤혹스럽게 한 7차 교육과정의 교과서가 바로 그것입니다. 물론 생각하는 과목으로서의 수학을 강조하겠다는 집필자의 의도를 짐작 못하는 것은 아니지만, 획일적이고 강요하는 질문을 통해 성과를 낼 수 있다는 발상이 놀라울 따름이죠. 아직도 우리 교과서에는 그 흔적이 남아 있습니다.

가장 최근에 도입된 소위 '스토리텔링 수학'은 수학 교과서에 담겨 있는 내용이 결코 객관적일 수 없음을 보여주는 극명한 사례가 아닐 수 없습니다. '스토리텔링 수학' 교과서가 도입된 이후, 수학 수업은 수학 동화를 들려주면서 매 단원을 시작합니다. 전 세계 어느 초등학교에서도 유사한 예를 찾기 힘든 기이한 수업 형태입니다. 수학에 식견이 있는 사람이라면 추상성을 특징으로 하는 수학적 지식을 일상적 삶과 관련짓는다는 것이 불가능하다는 것을 잘 알고 있습니다. 현재의 스토리텔링은 교육적인 근거 없이 정치적 또는 정책적 의도에서 출발하였다는 강한 의심을 지울 수 없습니다. 교과서에 실린 수학 동화는 워낙 억지스럽게 구성된 까닭에 아이들의 관심과 흥미를 제대로 유발할 수 있는지 의심스럽군요.

스토리텔링 수학 교과서는 우리나라에만 있는 기이한 책입니다. 한때 우리 교육계 전체를 떠들썩하게 뒤흔들어놓았다가 지금은 그 누구도 입에 올리지조차 않는 '열린 교육'과 많은 점에서 닮았다고나 할까요. 'open education'의 원래 뜻은 팽개쳐놓고 이를 직역한 '열린 교육'을 글자 그대로 해석하여 학교 문과 교실 문을 열어놓고 열린 교육을 실행한다고 우기는 학교도 있었습니다. 스토리텔링 수학의 원래 취지는 추상적인 수학 지식을 아이들의 구체적인 경험과 연계하기 위한 시도로 볼 수 있습니다. 미국 위스콘신 대학의 롬버그와 네덜란드 프로이덴탈 연구소가 합작하여 집필한 《***Mathematics in Context***》는 그 취지를 잘 살린 대표적인 교과서라고 할 수 있습니다. 그런데 우리의 스토리텔링 수학은 'story telling'이라는 영어를 '이야기 말하기'로 직역한 후에 동화를 들려주며 수학 학습을 시작하는 어처구니없는 형태가 되고 말았습니다.

교사는 주어진 내용을 정해진 일정에 맞추어 전달하는 수동적 존재가 아니라, 도구적 이성과 비판적 이성을 겸비한 지성인이어야 합니다. 교육과정과 교과서의 내용이 누구에 의해 씌어졌고 왜 그렇게 기술되었는지를 살피기 위해서는 반드시 비판적 이성의 힘이 필요합니다.

'교육과정 재구성'에 숨겨진 불편한 진실

교사를 대상으로 하는 우리나라의 연수 분위기는 다른 나라와 사뭇 다릅니다. 네덜란드, 독일 등의 유럽 국가와 미국에서 진행되는 연수를 참관할 기회가 있었습니다. 교사들이 자발적으로 참여하여 자신들의 생각을 함께 토론하며 활발하고 역동적으로 진행되던 모습이 꽤나 인상적으로 남아 있습니다. 반면, 우리나라에서는 매우 경직된 분위기 속에서 진행됩니다. 어쩌면 우리 교실에서 교사와 학생 사이에 진행되는 수업의 모습이 교사 연수에서 그대로 재현되는 것일 수도 있다는 생각이 듭니다. 그러한 차이를 보이는 이유는 무엇 때문일까요?

다른 나라와 비교할 때, 우리의 교육연수는 정책 홍보와 다르지 않다는 인상을 지울 수 없는 경우가 많은데, 어쩌면 그것이 경직된 분위기로 흐르는 하나의 이유일 수도 있지 않을까요? 그런 경우에는 연수의 내용이 교사들이 절실하게 필요로 하는 것에서 크게 벗어날 수밖에 없겠지요. 연수를 주최하거나 주관하는 측이 교육청이나 교육부 또는 이들 기관의 지원을 받은 단체들인 경우에는 그와 같은 현상이 더욱 뚜렷이 나타납니다. 설혹 그렇지 않다 하더라도 연수 내용이 시종일관 교육학 이론을 소개하는 것에 그친다면, 현장 교사들의 관심이나 흥미와는 거리가 멀 수밖에 없겠죠. 예를 들어 구성주의와 관련된 연수에서, 구성주의자들은 누구 누구이며 어떤 갈래로 분류될 수 있고 그 차이점은 무엇인가를 알려주는 강의로는 교사들에게 가까이 다가가기 어려울 것입니다. 교사들에게 정말로 필요한 것은, 만일 구성주의가 그렇게 의미 있는 이론이라고 학계에서 증명되었다면, 실제 수업에서는 어떻게 구현할 수 있는지, 그 결과 학생들에게는 어떤 영향을 미치는지 하는 논의가 중심이 되어야 할 것입니다.

그런데 수학교육과 관련된 연수에서 빠지지 않고 등장하는 것이 있는데, 바로 '교과서 또는 교육과정의 재구성'입니다. 수업을 전개하는 교사가 교과서에 있는 내용을 그대로 가르치는 것이 아니라, 교실 상황과 학습자의 수준에 맞게 취사선택하여 가르쳐야 한다는 것을 의미합니다. 교사는 전문가이고 전문가라면 '교과서 재구성'을 해야 한다는 논리입니다. 언뜻 보아 매우 타당한 이야기로 들립니다. 앞에서 언급한 교수학적 변환과 일맥상통하는 그럴 듯한 논리이기 때문입니다.

하지만 이런 주장은 그다지 설득력을 갖지 못합니다. 우리의 교육 현실이 국가교육과정이라는 획일적인 체제 아래 놓여 있고, 국정 교과서라는 독점적 교재밖에 없는 상황을 고려하지 않고 있기 때문입니다. 초등학교 교과서는 차시까지 구분하여 한 차시에 두 쪽씩 수업을 전개하도록 너무나 친절하게(?) 구성되어 있습니다. 그 결과 9월 첫째 주에 우리나라 초등학교 1학년 교실에서 어떤 내용의 수학을 가르치고 배우는지 굳이 전국을 돌아다니지 않아도 알 수가 있습니다. 앞에서 언급한 '진도 나가기'는 이와 같은 체제 하에서 초등학교 교사들 사이에 자연스럽게 나타나는 현상인 것이죠.

그럼에도 불구하고 우리의 교육 현실을 전혀 고려하지 않은 채 '교과서 재구성'을 외치는 주장은 공허하기 짝이 없습니다. 물론 그들의 주장은 수학 수업을 '진도 나가기'로 여기는 관행적인 잘못을 질책하고 교사들의 주체적인 교수학적 변환을 강조한 것이라고 생각할 수 있습니다. 그렇다 하더라도 이는 현실을 간과한 탁상공론에 지나지 않습니다. 그들은 수학교육을 전공하였기에 평생 수학이라는 과목에만 매달리겠지요. 하지만 초등학교 교사는 과중한 업무 부담은 차치하더라도, 전 과목을 가르쳐야 하는 부담을 짊어지고 있기에 수학 한 과목에 많은 시간을 투여할 수 없습니다. 그럼에도 불구하고 초등학교 교사들에게 수학 전문가가 되라는 강요는 교과 이기주의에 불과합니다.

한편 '교과서 재구성'을 강요하는 주장에는 더 큰 문제점이 내포되어 있습니다. '국정 교과서'라는 독점 체제를 설정해놓고, 재구성해 가르치라는 강요는 모순이 아닐 수 없습니다. '국정'과 '전문가 그룹'이라는 단어는 이미 거기에 도전하거나 저항하지 말라는 막강한 힘을 내포하고 있습니다. 그럼에도 교과과정을 재구성하라고 주장하는 이유는 도대체 무엇 때문일까요? 앞에서도 언급했듯이 교수학적 변환은 수학에 대한 관점, 교육에 대한 관점, 그리고 학습자와 교사라는 존재에 대한 관점에 따라 얼마든지 다양하게 이루어질 수 있습니다. 따라서 하나만이 옳다는 독점 체제는 당연히 교수학적 변환의 다양성과 배치될 수밖에 없습니다.

그런데 독점적 지위를 확보한 우리의 초등학교 교과서 편찬과정이 몇몇 소수에 의해 밀실에서 이루어지고 있다는 점에 주목할 필요가 있습니다. 집필 과정 또한 보안에 신경을 쓸 뿐 지적인 토론은 도외시됩니다. 교과서를 마치 무슨 국가 기밀문서 다루듯 집필 과정에서 철통 같은 보안을 유지하는 나라는 아마 세계에서 우리나라밖에 없을 것입니다. 이전에 교육부는 스토리텔링 수학 교과서를 만들겠다고 발표한 후에 학교에 보급하는 순간까지 그 내용을 철저하게 비밀에 붙였던 것을 기억할 수 있습니다. 그 결과 새로운 교과서가 나올 때까지 시중에는 정체 모를 스토리텔링 수학 책이 난무하였습니다.

새 교과서를 사용한 지 얼마 지나지 않았음에도 또 새로운 교과서를 만든다고 합니다. 이번에도 새 교과서 집필에 참여하는 사람들에게 외부로 내용을 유출하지 않겠다는 서약서를 강요했다고 하는군요. 어떤 형식으로 그리고 어떤 절차로 교과서를 개발하는가에 대하여 시비를 가리자는 것은 아닙니다. 이런 집필 과정을 거친 교과서의 내용에는 반드시 문제점이 발생한다는 것이죠. 집필과정에서 반드시 이루어져야 할 지적인 토론과정이 활발하게 전개되기 어렵기 때문입니다. 그 결과는 고스란히 학교에서 수업을 진행하는 교사와 학생들의 고통으로 이어집니다.

'교과서의 재구성'이라는 주장은 국정 교과서라는 독점 체제 하에서 나타날 수밖에 없는 문제점을 호도하기 위한 일종의 변명이자 책임 전가를 위한 것은 아닌가 하는 의심의 눈초리에서 자유로울 수 없습니다. 그런데 막상 현장의 초등교사가 교육과정과 교과서를 재구성하려 해도 비교할 대상을 찾을 수 없는 것이 현실입니다. 독점 체제이기 때문입니다. 대안을 마련하기 위한 책자나 안내서도 찾기 어렵습니다. 어떻게 해야 할까요? 이럴 때는 권위에 의존하는 것이 가장 쉽고 편합니다. '국정'이라는 독점체제에서 풍겨 나오는 권위에 도전하여 다른 의견을 내놓기란 결코 쉬운 일이 아닙니다. 더욱이 시험에서 학생들이 얻은 점수로 교사의 능력을 평가하는 상황이라 교사는 기능인이 되도록 내몰립니다. '진도 나가기'는 이렇게 해서 생겨났습니다. '진도 나가기'를 어기면 질책을 받는 상황이 되었으니 누가 감히 거역할 수 있을까요? 그런 체제를 마련해놓고 '교과서 재구성'을 외치는 것은 본말이 전도된 자가당착 아닌가요?

교실에서 수업을 진행하는 교재인 교과서는 재구성의 대상이 아니라 충분한 검토와 분석이라는 종합적인 지적 토론에 기반한 집필 과정을 거쳐야 합니다. 다양한 수업 형태에 활용할 수 있도록 풍부한 활동과 소재를 담아야만 합니다. 당연히 열린 공간에서 수많은 비판과 지적이라는 담금질을 거쳐야 합니다.

《초등수학 어떻게 가르칠 것인가》는 실제 교실에서 수업을 담당하는 교사가 주도하는 교과서가 되기 위해서는 어떤 이론이 뒷받침되고 어떤 활동이 교과서 속에 들어 있어야 하는가를 제시할 것입니다. 교과서의 재구성과는 다른 차원, 즉 새로운 패러다임의 접근을 시도하려 합니다.

암죽식 교육

새로운 패러다임의 수학교육을 이해하려면 먼저 우리의 교육현실을 직시해야만 합니다. 문제에 대한 정확한 진단이 없는 대책은 공염불에 지나지 않으니까요. 초등학교에서 수학을 가르치는 문제를 논하기에 앞서 잠시 거리를 두고 우리의 교육을 살펴보는 기회를 가져봅시다. 흔히 사람들은 우리나라 교육은 '암기주입식 수업'이이며, 시험 위주의 교수-학습이 가장 큰 문제라고 말합니다. 그런데 1990년 이인효는 서울에 있는 한 학교에서 3개월간 참여관찰 연구를 진행한 끝에 우리 교육 현장은 '암기주입식 수업'이라기보다는 '암죽식 수업'이라는 표현이 더 적절하다는 주장을 내놓았습니다.(이인효, 〈인문계 고등학교 교직문화 연구〉, 서울대학교, 1990)

아마도 '암죽식 수업'이라는 낯선 용어에 고개를 갸우뚱거리는 사람이 많을 것 같네요. 원래 암죽은 소화 기능이 떨어지는 허약자나 젖 떼는 아이를 위한 이유식과 같이 소화하기 쉽게 만든 음식입니다. 이인효는 "생각하기 싫어하는 아이들에게 교사는 시험에 나올 것으로 보이는 중요한 지식들을 쉽게 정리하여 떠먹여주는" 우리나라 교실 수업의 모습을 보고 '암죽'이라는 단어를 떠올렸습니다. 학창시절의 수업 장면을 떠올린다면 대부분이 고개를 끄덕이며 수긍할 수밖에 없는 재미있는 표현 아닌가요.

그런데 '암죽식 수업'은 단순히 우리의 교실 현상만 묘사하는 용어가 아닙니다. 우리 교육에 대한 일반적인 관점이 담겨 있습니다. '암죽식 수업'에서 학습자는 생각하기 싫어하고 정리해줄 때까지 기다리는 지극히 수동적인 존재로 취급됩니다. 교과는 그 자체가 중요한 것이 아니라 시험에 나올 것으로 예상될 때만 중요합니다. 학습 내용은 참고서처럼 잘 정리된 지식 목록이고, 학습은 지식이 만들어지는 과정이라기보다 만들어놓은 결과물을 이해하고 기억하는 것입니다. 예를 들어, 도스토옙스키의《죄와 벌》이라는 대하소설을 몸소 읽을 필요가 없습니다. 간단한 줄거리와 주인공 이름, 소설의 주제를 요점정리한 지식만 익히면 되기 때문입니다. 피타고라스 정리가 어떤 의미를 가지며 그 증명 과정에 어떤 수학적 의미가 있는가를 음미할 필요가 없습니다. 공식에 대입하여 정답을 얻기만 하면 되기 때문입니다. 이 모든 것이 '시험에 나올 것으로 여겨지는 중요한 지식을 정리하여'라는 구절에 고스란히 담겨 있습니다.

따라서 암죽식 수업은 지식을 만들어가는 과정을 학생이 체험하도록 해준다기보다는 시험에 나올 결과적 지식을 전달하고 채우는 것입니다. 이때 지식을 전달하는 가장 효율적인 방법은 무엇일까요? 시험에 나오리라 예상되는 문제를 직접 풀어주는 것이겠죠.

그래서 우리 학생들은 TV 모니터 앞에 앉아 전파를 타고 중계 방송하는 시험 문제 풀이 과정을 보고 있는 것입니다. 이것이 국가 수준의 주요한 교육정책 중의 하나가 되었습니다. 세계 어느 나라에서도 찾아보기 어려운 이런 모습은 필경 암죽식 수업에서 비롯된 현상입니다. 어쨌든 암죽식 수업이 '상호작용을 통해 지식을 함께 만들며 지적인 활동을 경험하는 수업'과는 거리가 멀다는 사실에는 이의가 없을 것입니다.

내비게이션 수학

우리나라의 일반적인 교실 모습을 '암죽'이라는 말로 표현했다면, 수학이라는 특정 과목을 가르치고 배우는 교실 모습은 '내비게이션 수학'이라 표현할 수 있습니다. 수학 수업은 내비게이션을 이용하여 길을 찾는 행위와 비슷합니다. 예를 들어, 내비게이션을 이용하여 서울 시청에서 강릉 경포대 해수욕장을 찾아간다고 합시다. 경포대는 남해가 아니라 동해에 위치한다는 것도 모르고, 경부고속도로가 아니라 영동고속도로를 이용해야 한다는 사실조차 모른다 해도 정확히 목표지점에 도착할 수 있습니다. 잠시 길을 벗어난다 해도 내비게이션이 곧바로 수정해주니까 걱정할 것이 없습니다. 그저 내비게이션이 지시하는 대로 무작정 따라가면 됩니다. 하지만 나중에 내비게이션 없이 서울 시청에서 경포대까지 다시 자신 있게 운전할 수 있을까요? 어렵지 않을까요? 내비게이션에 의존하여 목적지에 도착했지만, 자신이 어떤 길을 따라 왔는지 모르니까요.

만약에 처음부터 내비게이션의 도움 없이 운전해야 한다면 어떻게 길을 찾아갈까요? 우선 지도를 펼쳐놓고 머릿속에 자기 나름의 지도를 그릴 것입니다. 그리고 머릿속에 담겨 있는 지도를 계속 떠올리며 운전을 하겠죠. 물론 실수할 수도 있습니다. 하지만 그런 실수는 오히려 약이 될 수 있습니다. 왔던 길을 더듬어 다시 나오면서 머릿속 지도에 또 하나의 길을 추가할 수 있습니다. 좀 더 정교한 자신만의 지도를 스스로 완성할 수 있으니까요.

다시 우리 교실의 수학 수업을 살펴봅시다. 대부분은 문제 풀이로 진행되는데, 수능을 앞둔 고등학교에서 특히 그렇습니다. 초등학교의 수학 수업도 마찬가지입니다. 매 차시 교과서의 마지막 부분에 실린 '마무리' 문제의 정답을 찾을 수 있으면, 그 차시에 학습해야 할 내용을 배운 것으로 여깁니다. 그래서 수학 수업의 핵심은 '마무리 문제'를 풀이하는 방법을 알려주는 것이 되고 맙니다. 수학 수업을 진행하는 교사는 수업의 초점을 어디에 두게 될까요? 교사는 시험에 나올 만한 문제의 정답을 어떻게 구하는지 시범으로 보여주고, 학생들이 이를 재현할 수 있도록 가르칩니다. 목적지에 가는 길을 세세히 지시하는 내비게이션 역할과 다르지 않죠.

학교 밖에서 이루어지는 수학 수업에서는 내비게이션 수학을 더 강조합니다. 강사들은 온통 문제로만 가득 찬 교재를 가지고 자신이 문제를 얼마나 능숙하게 잘 푸는지 과도한 몸짓과 언어로 과시합니다. 학습자의 발달 단계마다 나타나는 독특한 사고 과정이 무엇이며 문제 풀이의 기초가 되는 수학 개념에 담긴 역사적 의미가 무엇인지 고민하지 않습니다. 그저 주어진 문제의 해답을 구하는 절차만 일사불란하게 보여주면 됩니다.

시중의 수학 문제집도 그리 다르지 않습니다. 내비게이션 수학이 진화에 진화를 거듭하여 최근에는 문제를 유형별로 모아놓은 것이 대세입니다. 유형은 수학적 개념에 근거를 둔 것이 아니라 풀이 절차를 기준으로 정리한 것입니다. 학습자는 묻지도 말고 따지지도 말고 그저 해답집에 있는 풀이만 반복 훈련해야 합니다. 문제풀이 과정을 반복 훈련하는 것은 내비게이션 수학의 전형입니다. 초등학생용 연산 학습지가 가장 대표적입니다.

우리 주위에는 수학 수업을 내비게이션 식의 길 안내로 보는 관점이 팽배해 있습니다. 이제는 '수학은 생각하는 과목이 아니라 암기하는 과목이다'라는 주장도 낯설지 않게 되었습니다. 학생들은 문제를 풀어놓고도 왜 그렇게 풀이하는지 모릅니다. 문제가 조금만 바뀌면 손도 대지 못하는 현상이 나타납니다.

한때 피아제 연구소 연구원으로 활약했고 미국 앨라배마 주립대학의 교수였던 콘스탄스 까미이는 교사가 제시하는 수학 문제의 풀이 절차만을 따라 기계적으로 학습하는 아이에게 어떤 폐단이 발생하는가를 다음과 같이 지적한 바 있습니다.

> 첫째, 학생 자신이 사고하여 스스로 수학을 만들어갈 수 있는 활동을 포기한다.
> 둘째, 의미도 모른 채 지식과 기능을 기계적으로 익혀 분절된 사고를 하게 된다.
> 셋째, 결국에는 스스로 문제 해결에 임하기보다는 다른 사람에게 의존하게 된다.

그렇습니다. '내비게이션 수학'은 수학의 본질을 드러내는 수업이 아닙니다.

수학 수업의 본질 : 패턴의 발견

우리는 교육의 본질이 인간 고유의 지적 활동이라는 전제에서 출발하였습니다. 따라서 수학 수업을 진행하는 교사는 아이들의 수학적 사고를 안내하며 지적인 활동이 이루어지도록 주도하는 역할을 담당합니다. 그렇다면 수학적 사고의 본질은 무엇일까요? 이 질문은 수학이라는 학문의 본질이 무엇인가와 같은 질문입니다.

사람들은 '수학'이라는 말을 들으면 암호처럼 이해하기 어려운 수식과 무미건조한 단어가 나열된 정의나 정리를 떠올립니다. 수학 교과서가 온통 그런 것으로 채워져 있으니 당연한 반응입니다. 하지만 지식을 체계적으로 잘 정리하여 반듯하게 모아놓은 것을 수학이라고 생각하는 것은, 오선지에 그려놓은 악보를 음악이라 여기는 것과 같습니다. 교과서에 기술된 여러 정의와 공식들은 수학을 글자와 기호로 표현한 것일 뿐, 수학 그 자체는 아닙니다. 악보를 보고 노래를 부르거나 연주해야 비로소 음악이 됩니다. 수학책에 담긴 정의와 공식은 그 의미를 이해하고 적용할 때 그 사람의 정신세계 속에 다시 살아나 비로소 수학이 됩니다. 그럼에도 대부분의 사람들은 수학을 가르치는 것은 문제를 풀이하는 것이며, 수학 학습이란 문제풀이의 절차를 익히는 것이라고 오해합니다. 이러한 오해가 악순환을 거듭하여 내비게이션 수학으로 이어진 것이죠.

그렇다면 수학이라는 학문의 요체는 무엇일까요? 이 질문에 직접 답하기보다는 18세기 어느 유명한 수학자의 어린 시절 일화를 소개하려 합니다.

> 독일의 어느 학교 교실에서 선생님이 아이들에게 '1부터 100까지의 자연수를 모두 더한 값은 얼마인가'라는 정말 따분한 문제를 풀게 하였다. 아마도 뭔가 급히 처리할 업무가 있어 자신만의 시간을 필요로 했고, 아이들이 문제의 정답을 구하기까지 상당한 시간이 걸릴 것이라고 생각했던 것 같다. 아이들은 모두 고개를 책상에 처박고 1부터 차례로 자연수를 더하는 계산에 열중하며 연습장을 가득 채우고 있었다. 그런데 한 아이는 다른 아이들과는 달리 그냥 가만히 앉아 있는 것이 아닌가. 요한이라는 그 아이의 연습장은 텅 비어 있었다. 잠시 후에 연습장 한 귀퉁이에 몇 개의 숫자를 끄적거리더니 정답을 얻었다고 손을 번쩍 들었다. 그리고 1부터 100까지의 수를 모두 더하면 5,050이라고 정답을 말했다. 깜짝하다 못해 발칙한 이 아이는 훗날 수학의 역사에서 가장 많은 업적을 남긴 위대한 수학자 중의 한 사람인 요한 프리드리히 가우스였다.

어린 가우스의 행동에 주목할 필요가 있습니다. 1부터 100까지의 긴 덧셈식을 상상하며 가만히 생각에 잠겨 있던 아이의 모습을 그려봅시다. 얼마 지나지 않아 아이는 1부터 100까지의 수를 더하는 작업에는 숨겨진 패턴이 있다는 사실을 발견합니다.

아이는 앞에 있는 숫자와 뒤에 있는 숫자를 연결하면서 1과 100, 2와 99, 3과 98을 더하면 모두 똑같이 101이 된다는 사실을 발견합니다. 굳이 손가락으로 연필을 쥐고 공책에 쓰지 않고도 머릿속에서 암산할 수 있습니다. 다른 아이들이 싸구려 계산기를 흉내 내는 동안 요한이라는 이 아이는 수학자의 행위를 재현한 것입니다. 좀 더 들여다볼까요?

다음 단계는 이 패턴이 다른 수에도 적용되는지 검증해보는 것입니다. 3보다 1이 큰 4와 98보다 1이 작은 97을 같은 방식으로 더하면 똑같은 값 101라는 것을 확인할 수 있습니다. 더 이상 더하기를 해볼 필요가 없습니다. 앞에 있던 수가 1 커지는 만큼 뒤에 있는 수는 1이 작아지니까 두 수의 합에는 변함이 없다는 사실을 깨달았기 때문입니다. 이어지는 두 수를 계속 짝지어 더하면 그 합은 항상 101로 일정하다는 것을 발견하고 패턴을 확신하기에 이릅니다. 101이 되게 모두 50쌍을 짝지을 수 있으니, 1부터 100까지의 수 더하기 문제는 결국 101을 50번 더하는 것이고, 이는 곧 101×50이라는 곱셈 문제로 바뀌죠. 어린 가우스는 이렇게 덧셈 문제를 곱셈으로 변형하여 정답을 구했습니다.

가우스의 일화를 장황하게 분석한 까닭이 있습니다. '수학이란 무엇인가' 그리고 '수학 수업에서 교사가 주도하는 지적 활동은 무엇인가'에 대한 답을 얻을 수 있기 때문입니다. 한 마디로 '패턴의 발견'이라고 정리할 수 있습니다.

한편 가우스와 한 교실에 있던 다른 아이들은 곧이곧대로 덧셈에만 열중했습니다. 싸구려 계산기처럼 계산만 했던 것이죠. 시중에서 성행하는 계산문제집을 기계적으로 풀고 있는 우리 아이들의 모습이 떠오릅니다. 만일 교사가 시키는 대로 하지 않았다고 가우스를 꾸짖으며, 시키는 대로 풀라고 강요했다면 어떻게 되었을까요? 요한 가우스라는 이름을 수학사에서 찾기 어려울지도 모릅니다.

지난 1995년 이후 초등학교 아이들의 성적표에서 산수라는 과목을 더 이상 찾을 수 없게 되었습니다. 대신 수학이라는 과목명이 새롭게 그 자리를 차지했습니다. 계산에 치중하는 산수가 아니라 패턴을 발견하는 수학을 가르치겠다는 의도가 반영된 것입니다. 선생님의 지시를 따르지 않고 다른 일을 감행한 가우스와 그저 선생님이 시키는 대로 덧셈을 해나간 아이들을 비교해보십시오. 누가 수학의 본질에 접근했는지 그리고 어느 것이 지적 활동인지 쉽게 구분할 수 있지 않은가요?

새로운 패러다임의 수학교육

전통적인 수학교육에서 새로운 패러다임의 수학교육으로 바뀌어야 한다는 사실을 강조했습니다. 요약 정리해보겠습니다. 우선 수학은 교과서에 담겨 있는 공식이나 문제를 모아둔 것이 아니라 패턴을 발견하는 지적 활동입니다. 학습자는 지식 덩어리를 머릿속에 채우는 수동적인 존재가 아닙니다. 능동적으로 사고하는 지적인 존재입니다. 까미이는 다음과 같이 표현한 바 있습니다.

"아이가 수학 문제 풀이에서 오류를 범하는 것은 그가 생각하고 있다는 증거이며, 그가 지적인 존재임을 말해준다."

무슨 뜻입니까? 앞에서 소개한 예이츠의 말처럼, 교육은 양동이를 채우는 것이 아니라 불을 지피는 일이라는 것입니다. 교사는 암죽을 요리하여 떠먹여주는 사람이 아닙니다. 아이 스스로 암죽을 만들 수 있도록 안내하는 사람입니다. 교사용 매뉴얼에 있는 수학 공식을 해설하거나 해답집에 담겨 있는 풀이과정을 반복하여 재생하는 존재가 아닙니다. 교사는 수학 지식이 어떻게 만들어졌는지, 그리고 수학자가 어떤 패턴을 발견하여 그 지식을 창조했는지를 이해하고 가르쳐야 합니다. 학습자의 인지 과정에 나타나는 특징을 파악해야 하는 것은 두말할 필요도 없습니다. 내비게이션식 수업과는 비교도 안되는 어려운 작업입니다. 전문가로서의 교사는 이런 전문성을 갖추고 있어야 합니다.

전문성을 토대로 진행되는 수학 수업은 지적 활동의 본질이 되살아나는 역동적인 과정입니다. 그리고 그 지적 활동의 본질이 되살아나는 수업은 인류가 창조해 온 수학 지식을 다시 창조하는 역동적인 모습이어야 합니다. 그래야 아이들의 머릿속에 인류의 고귀한 지적 유산이라 할 수 있는 인지 지도cognitive map가 형성될 수 있습니다. 인지 지도를 개념화하는 수학 수업, 이것이 우리의 목표입니다.

	전통적인 수학교육	새로운 패러다임의 수학교육
수학에 대한 관점	교과서에 담긴 정리된 지식 덩어리	패턴의 발견
학습자에 대한 관점	채워야 할 빈 그릇	능동적 탐구자
수학 학습에 대한 관점	다른 사람의 풀이를 따라 익히는 내비게이션 학습	삶에 들어 있는 수학 지식의 재창조
교사에 대한 관점	암죽식 교육에 의한 수학지식 전달자	수학지식의 재창조를 돕는 안내자

이 책의 독자 중에는 수업 중에 보여줄 수 있는 획기적인 활동 내용이나 눈에 띄는 문제에 주목하는, 이른바 '어떻게?'라는 물음에 몰입하는 사람도 있을 것입니다. 그러한 노력도 도움이 되겠지만, '왜?'라는 질문을 던지며 이 책을 활용하면 좋겠습니다.

* 단원의 구성 *

새로운 패러다임의 1학년 1학기 수학교육을 위해 이 책의 각 단원을 다음과 같은 순서로 구성하였습니다. 비판적 안목을 갖고 '왜?'라는 질문을 던지며 이 책을 활용하면 좋겠습니다.

01 수업의 흐름

우선 각 단원별로 가르쳐야 할 내용이 무엇이며, 어떤 차례로 가르칠 것인지를 개략적으로 보여줍니다.

02 핵심 개념

'수업의 흐름'에 제시된 내용을 왜 가르쳐야 하는지에 대한 이론적인 검토를 기술하였습니다. 교사의 전문성을 함양하기 위한 의도를 담았습니다.

03 이렇게 가르쳐요

수업에서 실제 진행해야 할 교수-학습 내용을 보여줍니다. '수업의 흐름'에서 제시한 문제를 중심으로 기술했습니다. 실제 수업에서 활용할 수 있는 상세한 활동 소재를 제안하고 있을 뿐 아니라 수학적 의미를 함께 찾는 과정입니다.

1부 수

Chapter 1

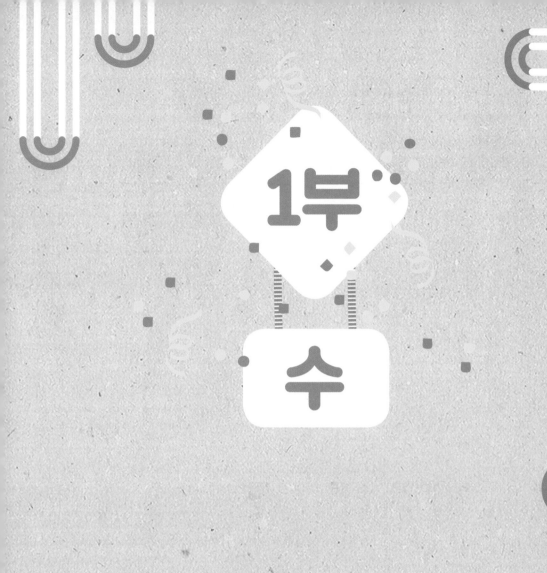

5까지의 수, 그리고 9까지의 수

Ⅰ 수업의 흐름

5까지의 수

일대일 대응
숫자를 도입하기 이전에 일대일 대응을 통해 수량의 크기를 파악하도록 한다.

↓

5까지의 숫자
직관적 수 세기와 결합하여 1부터 5까지의 숫자를 읽고 쓸 수 있도록 한다.

↓

우리말과 한자어 수 단어
상황에 따른 수 단어의 이중구조를 이해하고, 상황에 알맞은 수 단어를 사용한다.

↓

수의 계열성
수직선 모델을 도입하여 수의 계열성을 파악할 수 있도록 한다.

↓

순서수
기수와 순서수의 차이를 상황을 통해 익히도록 한다.

↓

0의 도입
기수와 순서수 개념을 통해 0을 이해하도록 한다.

01 일대일 대응

WHY?

숫자라는 상징적인 기호를 배우기 전에 일대일 대응이라는 짝짓기를 통해 수량의 크기를 파악할 수 있는지 학생들의 수 개념을 점검한다.

짝 지어보고 알맞은 말에 ○표 하세요.

아이들보다 모자가 더 (많다 / 적다).

02 5까지의 수 읽고 쓰기

WHY?

일대일 대응을 이용하여 5까지의 수에 대한 숫자와 수 단어를 익히도록 한다.
나아가 다양한 상황을 통해 5까지의 수를 직관적으로 셀 수 있도록 지도한다.

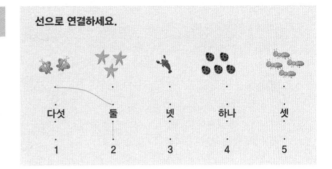

선으로 연결하세요.

다섯 둘 넷 하나 셋

1 2 3 4 5

03 수 단어의 이중구조

WHY?

1, 2, 3, 4, 5를 쓰고 상황에 따라 '하나, 둘, 셋, 넷, 다섯'과 같은 우리말 수사와 '일, 이, 삼, 사, 오'와 같은 한자말 수사를 적절히 사용할 수 있도록 가르친다.

보기와 같이 수를 소리내어 읽고, □안에 알맞은 말을 써넣으세요.

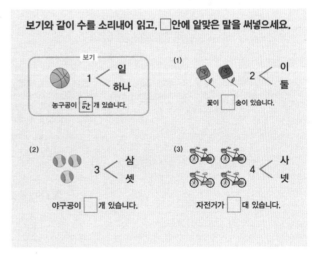

보기

1 < 일 / 하나

농구공이 [한] 개 있습니다.

(1)

2 < 이 / 둘

꽃이 □송이 있습니다.

(2)

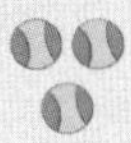

3 < 삼 / 셋

야구공이 □개 있습니다.

(3)

4 < 사 / 넷

자전거가 □대 있습니다.

04 수의 계열성

WHY?

수직선을 이용하여 1 다음에 어떤 수가 오는지, 2, 3, 4 다음에는 각각 어떤 수가 오는지 수의 순서를 시각적으로 익힐 수 있도록 한다. 앞으로 수의 세계를 확장시키는 데 큰 도움을 주는 모델로 이 시기에 수직선 모델이 익숙해지도록 하는 것이 중요하다.

빈칸에 알맞은 수를 써넣으세요.

(1)

(2)

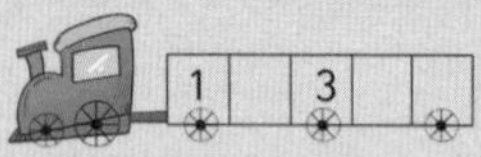

05 순서수

WHY?

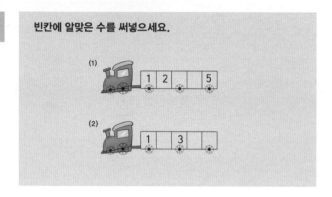

수는 어떤 집합의 크기만 나타내는 것이 아니라, 순서를 표현하기도 한다. 주로 ~번째라는 의존명사와 함께 사용한다. 나아가 생활 속에서 기수와 순서수의 개념이 복합적으로 사용되는 것을 보여줌으로써 학생들의 수 감각을 키워줄 수 있다.

그림을 보고 □ 안에 알맞은 말을 써넣으세요.

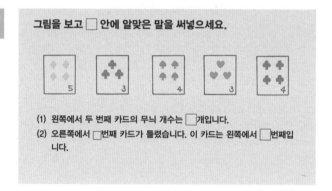

(1) 왼쪽에서 두 번째 카드의 무늬 개수는 □개입니다.

(2) 오른쪽에서 □번째 카드가 틀렸습니다. 이 카드는 왼쪽에서 □번째입니다.

06 0의 도입

WHY?

0은 '아무것도 없다'라는 기수적인 의미와 1보다 하나 작은 수라는 순서적인 의미를 통해 도입해야 한다. 특히 순서수로서의 0을 도입할 때 가장 효과적인 모델은 수직선 모델이다.

수만큼 바구니에 사과를 그리세요.

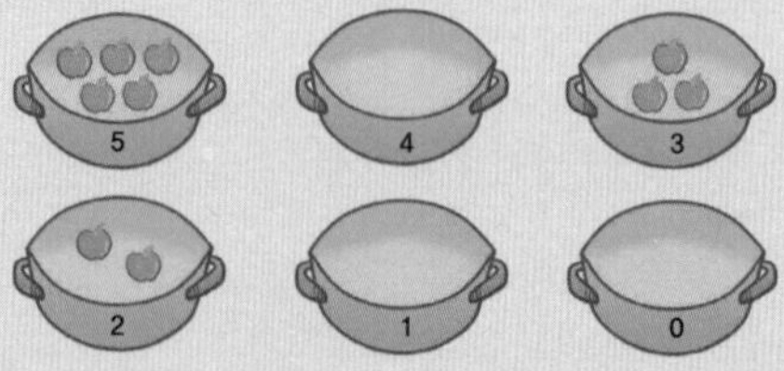

빈칸에 알맞은 수를 써넣으세요.

(1)

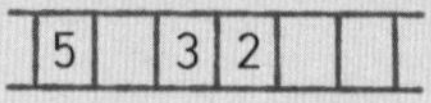

(2)

(3)

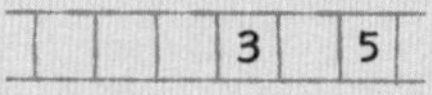

9까지의 수

9까지의 숫자	5씩 묶어 세기와 결합하여 9까지의 숫자를 읽고 쓸 수 있도록 한다.
↓	
전략적 수 세기	묶어 세기를 이용한 전략적 수 세기를 익히도록 한다.
↓	
우리말과 한자어 수 단어	상황에 따른 수 단어의 이중구조를 이해하고 상황에 알맞은 수 단어를 사용한다.
↓	
묶어 세기	수 구슬 모델을 이용하여 전략적 수 세기를 익히도록 한다.
↓	
수의 계열성	수직선 모델을 도입하여 수의 계열성을 파악할 수 있도록 한다.
↓	
1 큰 수와 1 작은 수	수의 계열성을 파악함으로써 자연스럽게 자연수에 대한 수 감각을 기르도록 한다.
↓	
부등호와 등호	수의 크기를 비교하며 부등호와 등호를 익히도록 한다.
↓	
실생활 적용	1부터 9까지의 자연수가 순서수로 활용되는 실생활의 상황을 파악한다.

01 9까지의 수 읽고 쓰기

WHY?

5보다 큰 수를 세기 위해서는 수 세기 전략을 사용해야 한다. 첫 번째 전략으로 5씩 묶어 세기를 연습한다. 탤리를 사용하여 6, 7, 8, 9의 숫자와 수 단어를 익히도록 한다.

세어보고 같은 수끼리 선으로 연결하세요.

•	• 5(오) •	• 여덟
•	• 7(칠) •	• 다섯
•	• 8(팔) •	• 일곱
•	• 6(육) •	• 아홉
•	• 9(구) •	• 여섯

02 묶어 세기를 이용한 전략적 수 세기

WHY?

5 이상의 수를 셀 때는 직관적 수세기가 아니라 묶어 세기를 이용한 전략적 수세기가 필요하다. 학생 스스로 어떻게 묶어 세면 좋을지 생각하도록 한다.

구슬을 두 부분으로 나누고, 개수를 세어 □안에 써넣으세요.

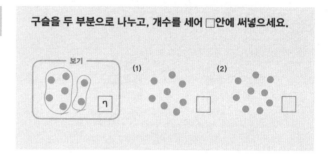

보기

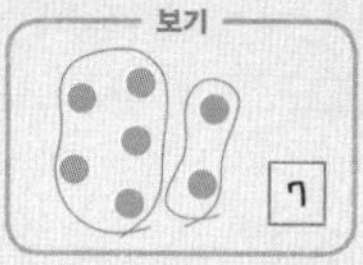

(1)

□

(2)

□

03 수 단어의 이중구조

WHY?

6, 7, 8, 9를 쓰고 상황에 따라 '여섯, 일곱, 여덟, 아홉'과 같은 우리말 수사와 '육, 칠, 팔, 구'와 같은 한자말 수사를 적절히 사용할 수 있도록 연습한다.

보기와 같이 □안에 알맞게 써넣고 소리 내어 읽어보세요.

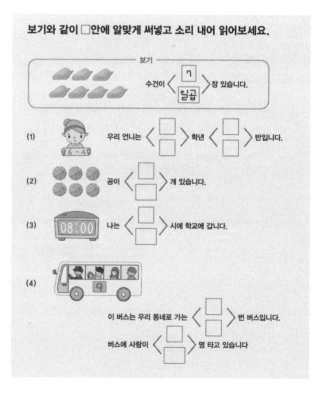

보기

수건이 ⟨ ㄱ / 일곱 ⟩ 장 있습니다.

(1)

우리 언니는 ⟨ □ / □ ⟩ 학년 ⟨ □ / □ ⟩ 반입니다.

(2)

공이 ⟨ □ / □ ⟩ 개 있습니다.

(3)

나는 ⟨ □ / □ ⟩ 시에 학교에 갑니다.

(4)

이 버스는 우리 동네로 가는 ⟨ □ / □ ⟩ 번 버스입니다.

버스에 사람이 ⟨ □ / □ ⟩ 명 타고 있습니다

04 묶어 세기

WHY?

수 구슬 모델은 앞으로 덧셈과 뺄셈에서 유용하게 사용될 모델이다. 5 이상의 수를 묶어 세는 또 다른 방식으로 친숙해질 수 있도록 연습한다.

보기와 같이 모자라는 수만큼 아래 줄에 구슬을 그리세요.

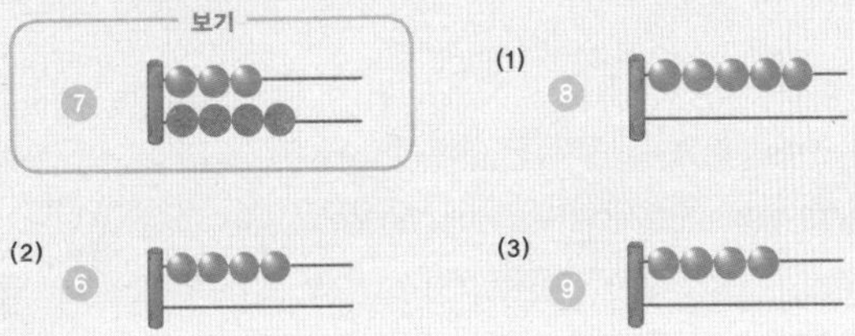

05 수의 계열성

WHY?

수직선을 이용하여 수의 순서를 익히고 나아가 수의 크기를 비교할 수 있다. 다양한 연습을 통해 학생들이 수의 계열성을 자연스럽게 이해할 수 있도록 한다.

선으로 연결하세요.

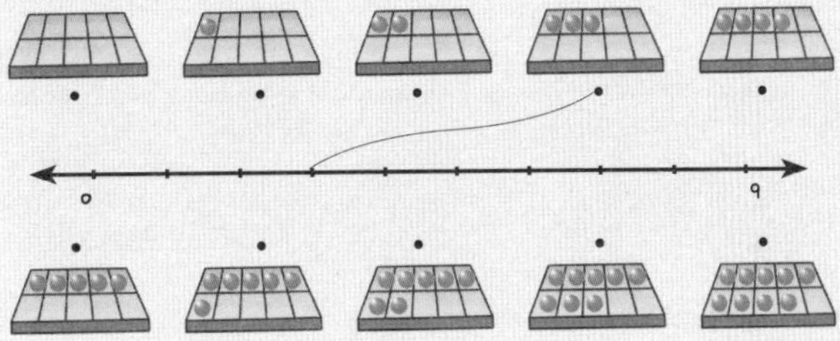

06 1 큰 수 1 작은 수

WHY?

1 큰 수와 1 작은 수를 가르치는 이유는 이것이 자연수의 고유한 성질이기 때문이다. 자연수만이 바로 앞의 수와 바로 다음 수가 무엇인지 알 수 있으며, 앞뒤 수의 순서와 크기를 비교할 수 있다.

토끼가 움직인 위치를 찾아 □안에 알맞은 수를 써넣으세요.

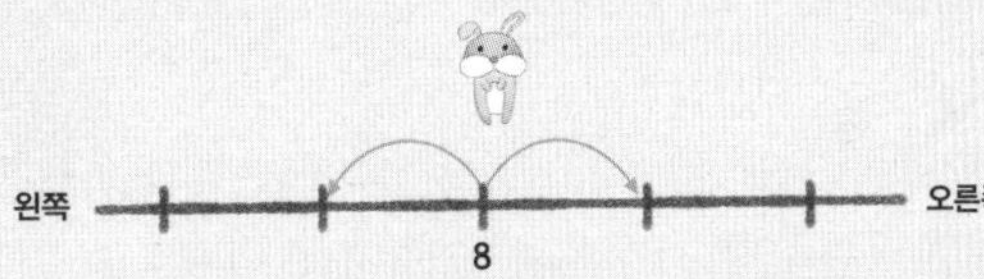

(1) 토끼가 오른쪽으로 한 칸 뛰었습니다. □

(2) 토끼가 왼쪽으로 한 칸 뛰었습니다. □

07 수의 크기 비교

WHY?

악어가 입을 벌리고 있는 재미있는 삽화를 통해 시각적으로 쉽게 등호와 부등호의 개념을 이해시킨다.

보기와 같이 수를 써넣고, 〉, =, 〈 중 알맞은 것을 써넣으세요.

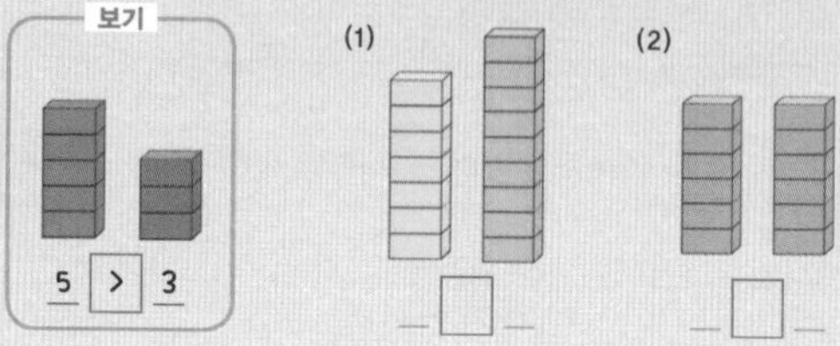

08 실생활에서 수의 순서 알기

WHY?

공간 감각을 통해 9까지 수의 순서수 개념을 익히도록 한다.

친구들과 나의 위치를 빈곳에 써넣으세요.

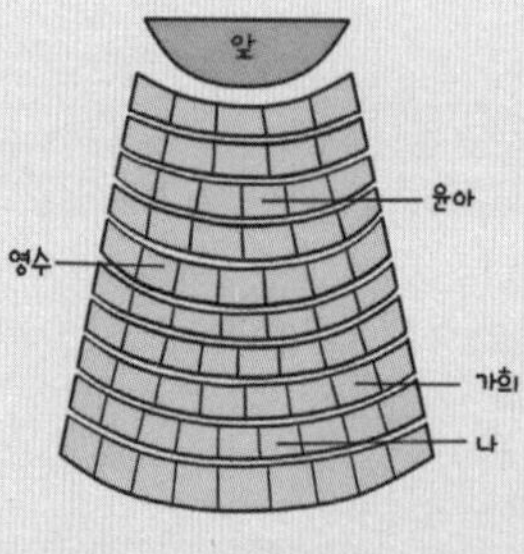

(1) 윤아는 뒤에서 ______째 줄,
왼쪽에서 ______째 자리에 앉아 있습니다.

(2) 영수는 뒤에서 ______째 줄,
오른쪽에서 ______째 자리에 앉아 있습니다.

(3) 나는 앞에서 ______째 줄,
______쪽에서 ______째 자리에
앉아 있습니다.

2 핵심 개념

1학년 수학은 가르칠 것이 없다?

다음은 '초등수학 오디세이'라는 온라인 강좌를 수강한, 서울의 한 초등학교에서 1학년을 가르치는 김** 선생님이 연수과제로 제출한 글의 일부입니다.

> 10년 동안 1학년 담임을 계속하고 있습니다. 3월 학교 적응 시기가 지나고 4월부터 본격적으로 교과서 수학 수업에 들어가는데, 1단원 '9까지의 수'는 아이들이 너무 쉽다며 수학 공부라고 여기지 않습니다. 가르치는 저 역시 '이건 너무 쉽지?' 하며 대수롭지 않게 교과서에 나온 문제를 풀고 정답 확인하는 식으로 그냥 넘어가곤 했습니다. 애들이 다 아는 수를 왜 세어보게 하는지, 그래서 1학년 수학은 별로 가르칠 것이 없다고 생각했죠.

김 선생님 한 사람의 의견이지만 어쩌면 초등학교 1학년을 지도하는 대다수의 교사들이 이렇게 생각한다고 하여도 틀린 말은 아닐 것입니다. 1학년 수학은 별로 가르칠 내용이 없다는 생각은 과연 적절하고 타당할까요? 이런 관점에서 진행되는 수업의 양상은 어떤 모습일까요? 질문에 답하기에 앞서 우선 1학년 수학, 즉 아이들이 생애 처음 수학이라는 과목에 발을 들여놓으며 배우는 내용이 무엇인지 살펴보도록 합시다. 학교 교육과정에 따른 1학년 1단원은 다음 표의 왼쪽과 같은 내용으로 구성되어 있습니다. 그 다음 단계적으로 화살표 오른쪽의 내용을 배우게 됩니다.

수 1~5의 개념 이해하고 숫자 **쓰고 읽기**
1~5의 수의 **순서 이해하기**
하나 더 많은 것과 하나 더 적은 것 이해하기
수 0의 개념 이해하고 숫자 **쓰고 읽기**
수 6~9의 개념 이해하고 숫자 **쓰고 읽기**
9까지의 수의 **순서 이해하기**
1 큰 수와 1 작은 수 이해하기
두 수의 크기 **비교하기**

➡

1-1 5. 50까지의 수
1-2 1. 100까지의 수
2-1 1. 세 자리 수
2-2 1. 네 자리 수

표에서 확인할 수 있듯이 1학년 첫 단원의 가장 중요한 내용은 '1부터 9까지의 숫자를 순서에 맞게 차례대로 읽고 쓰는 것'으로 채워져 있습니다. 그 외에 '하나 더 많은 것과 하나 더 적은 것 이해하기'와 '1 큰 수와 1 작은 수 이해하기' 역시 학생들의 사고를 자극하기보다는 단순히 수의 순서만 외우면 해결할 수 있는 내용들로 채워져 있습니다. 조금 색다른 내용으로 0이라는 수의 도입이 눈에 띄지만, 어쨌든 '0, 1, 2, 3, 4, 5, 6, 7, 8, 9'라는 아라비아 숫자를 차례로 읽고 쓰는 것이 이 단원의 주된 내용으로 보입니다. 이와 같은 교육과정의 구성은 반세기도 훨씬 더 이전부터 시작되었으니, 꽤 오랜 전통에 따른 것입니다. 다음 그림에 있는 1955년 산수 교과서에서도 이를 확인할 수 있으니까요.

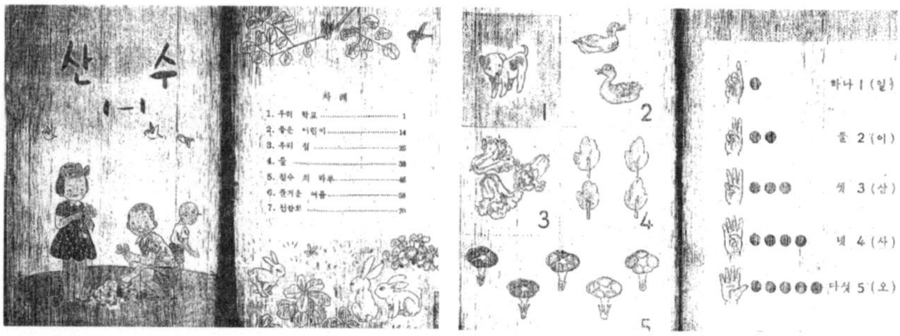

1955년 1차 산수 교과서

21세기인 지금, 1955년 무렵의 초등학교 1학년에게 적용한 교육과정을 그대로 답습하는 것이 과연 적절한 것일까요? 지금의 우리 아이들은 자신이 좋아하는 TV 채널이 몇 번인지, 엄마 아빠의 핸드폰 번호가 어떻게 되는지, 또 만일 아파트에 살고 있다면 자신의 집이 몇 동 몇 호인지 정도의 숫자는 이미 충분히 익숙해 있습니다. 우리나라 학부모들의 열성적인 선행학습 관행도 이에 한몫했을 것입니다. 숫자 읽기와 쓰기 같은 단순 기능을 익히는 것이 1단원 내용의 전부라고 한다면, 취학 전에도 쉽게 습득할 수 있는 것이 현실입니다.

1차 (1955)	2. 좋은 어린이 -5까지의 수	3. 우리집 -10까지의 수
2차 (1963)		2. 맞대보기 -일대일 대응 (9까지의 수) 3. 차례맞추기 (9까지의 수)
3차 (1973)		1. 수와 숫자 -9까지의 수
4차 (1982)		3~6. 9까지의 수
5차 (1989)	1. 짝짓기 2. 수(1) -5까지의 수	3. 수(2) -9까지의 수
6차 (1995)	1. 세어보기 2. 수(1) -5까지의 수	3. 수(2) -9까지의 수
7차 (2000)	1. 5까지의 수	2. 9까지의 수
2007 개정 (2009)	1. 5까지의 수	2. 9까지의 수
2009 개정 (2011)		1. 9까지의 수
2015 개정 (2017)		1. 9까지의 수

그렇다면 위에서 언급한 현장의 목소리, 즉 1학년 수학은 별로 가르칠 것이 없으며 아이들 또한 시시하게 생각한다는 견해가 그리 틀린 것만은 아닙니다. 그럼에도 불구하고 우리 교과서는 하나, 둘, 셋 같은 수 단어와 1, 2, 3 같은 아라비아 숫자를 나열하고 있을 뿐입니다. 아이들이 학교에 입학하기 전에는 마치 수를 전혀 접한 적이 없다는 듯이 대하고 있다고나 할까요.

물론 공교육 제도하에 사용되는 교과서이니만큼, 유년기에 적절한 교육 환경의 혜택을 받지 못한 아이들까지 배려해야 되는 것은 당연합니다. 하지만 9까지의 수만이 아니라 심지어 100까지의 수를 말할 수 있는 아이들이 지금의 교실에 수두룩한 것도 사실입니다. 그렇다고 하여 숫자 읽고 쓰기 같은 기능을 가르치지 말자는 것은 아닙니다. '반세기 훨씬 이전에 가르쳤던 내용을 지금도 그대로 반복하는 것이 과연 적절한가?' 하는 의문을 제기하자는 것입니다. 이러한 수학교육은 아이들의 지적 호기심을 자극하기보다 오히려 앗아갈 수 있습니다. 새로운 패러다임의 수학교육을 주장하는 우리는 새로운 관점에서 1학년 수학의 첫 단원 내용을 검토하려고 합니다. 이 단원에서 다루어야 할 내용이 1부터 9까지의 아라비아 숫자를 쓰고 읽는 것만이 아니라는 이야기입니다. 앞에서 인용한 김** 선생님의 이어지는 글입니다.

> 하지만 이 강의를 들으며 수와 숫자가 다르다는 것과 1~5까지와 6~9까지 헤아리는 것의 차이를 알게 되었습니다. 그리고 이러한 수 감각이 곧 연산으로 이어진다는 것을 이해하게 되었습니다. 1학년 수학은 별로 가르칠 것이 없다는 생각이 얼마나 잘못되었는지 부끄럽기만 합니다.

지난 10년간 아무런 문제의식 없이 9까지의 수를 가르쳐온 김** 선생님은 강의를 듣고 새로운 깨달음을 얻게 되었습니다. 1학년 수학 첫 단원에는 9까지의 숫자를 읽고 쓰는 일보다 더 중요한 내용이 있다는 사실, 그런데 그것이 우리나라의 전통적인 수학교육 과정 속에는 들어 있지 않다는 사실을 인식하게 된 것이죠. 이제부터 그 내용이 무엇이며 아이들에게 어떻게 가르쳐야 할지 살펴보려 합니다.

5까지와 9까지의 수 세기는 차원이 다르다

초등학교 1학년 담임이 수학을 지도할 때 가장 먼저 살펴보아야 할 대상은 교과서가 아니라 아이들입니다. 가장 시급한 과제는 '수 감각'에 초점을 두고 아이들의 개인차를 파악하는 것입니다. 여기서 말하는 '수 감각'은 단순히 숫자 읽고 쓰기에 그치는 것이 아닙니다. 그리고 수 감각은 이후 전개되는 수학 수업, 특히 덧셈과 뺄셈으로 이어지는 연산 학습과 매우 밀접한 관계에 놓여 있기에 간과할 수 없는 내용입니다. 따라서 초등학교 수학 첫 단원의 지도는 먼저 아이들 개개인의 수 감각이 어느 정도인지를 파악하고 나서 그에 따라 목표가 설정되어야 합니다.

하지만 유감스럽게도 지금까지의 전통적인 교육과정과 교과서에는 수 감각에 대한 내용이 들어 있지 않았습니다. 따라서 학생들의 수 감각에 대한 지도는 어쩔 수 없이 교사 개인의 몫이 되고 말았습니다. 이 책의 주제는 단순한 교과서 해설이나 지도 방안을 기술하기보다 학생들이 꼭 배워야 하는 보편적인 초등학교 수학 교과내용을 분석하고 살펴보는 일입니다. 이에 맞추어 수 감각에 대한 논의를 상세히 전개해나가겠습니다.

도대체 '수 감각'이란 무엇을 말하는 것일까요? 사전적인 정의는 실제 현장에서 아무런 도움이 되지 않습니다. 수 감각을 스스로 직접 체험해보는 것이 개념을 파악하는 지름길이 될 것입니다. 다음 문제를 한 번 살펴볼까요?

〔문제〕 **동그라미의 개수는?**

(1) 
( ) 개

(2) 
( ) 개

물론 정답은 각각 8개와 3개입니다. 하지만 문제의 의도는 동그라미의 개수가 몇 개인지 알아보는 것이 아닙니다. 그보다는 개수를 어떻게 알았는지 자신의 사고 과정을 되새겨보자는 것입니다. 대부분의 사람들은 동그라미 8개와 3개의 개수를 헤아릴 때 전혀 다른 방식으로 접근하였다는 사실을 잘 깨닫지 못합니다. 너무 쉬운 문제라서 순식간에 빠른 속도로 개수를 파악했기 때문입니다. 이제 개수 구하는 과정을 되돌아보며 다시 한 번 천천히 살펴보도록 합시다.

우선 문제 (2)의 동그라미 3개는 어떻게 알 수 있었을까요? 하나, 둘, 셋, 이렇게 일일이 세어가며 3개임을 알았던 것은 아닙니다. 3개짜리는 굳이 세어볼 필요가 없습니다. 그냥 '한눈에' 들어오니까요. '직관적으로 파악'하였다는 것입니다. 하지만 개수 8개를 단번에 직관적으로 파악하는 것은 그리 용이하지 않습니다.

8개는 3개와는 달리 한눈에 들어오지 않습니다. 따라서 단번에 개수를 파악하는 직관적 수 세기를 적용할 수가 없습니다. 조금 복잡하지만 다음과 같은 '전략'을 사용하여 8개라는 개수를 파악하게 됩니다.

(1) 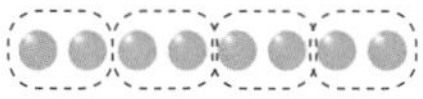
2개씩 묶어 세기

(2) 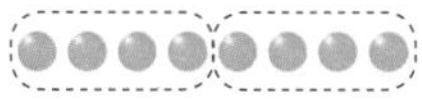
4개씩 묶어 세기

(3) 
5개를 묶어 먼저 세고 나서 3개를 이어서 세기

'둘, 넷, 여섯, 여덟, 그러니까 여덟(8)개로군' 하고 말이죠. 어떤 사람들은 '넷, 여덟'처럼 네 개씩 묶어 세어서 개수를 파악할 수도 있습니다. '다섯(5)개 하고 세(3)개, 그래서 모두 여덟(8)개.' 이처럼 먼저 다섯 개를 확인한 다음 나머지 개수를 파악해 개수를 셀 수도 있습니다. 사람에 따라 얼마든지 다른 방식으로 묶음의 종류를 달리할 수 있습니다. 하지만 선생님 가운데 하나, 둘, 셋, … 일곱, 여덟 하고 일일이 8개 전부를 세어보는 사람은 거의 없으리라고 봅니다. 이와 같이 8개의 동그라미를 헤아릴 때에는 몇 개씩 묶어 세는 나름의 '전략적 수 세기'를 적용한다는 점에서 앞의 '직관적 수 세기'와는 사고 과정에 차이가 있습니다.

그렇다고 하여 직관적 수 세기와 전략적 수 세기의 차이를 인식하며 수 세기를 하는 사람은 별로 없으며, 우리 자신도 잘 깨닫지 못하고 지나칩니다. 개수 세기의 과정이 너무나 순식간에 자동적으로 이루어지기 때문입니다. 하지만 이는 어른들에게 해당하는 것으로, 숫자를 처음 배우는 유치원 아이들을 비롯하여 초등학교 1학년 아이들 모두가 전략적 수 세기를 자동적으로 할 수 있는 것은 아닙니다. 따라서 아이들 각자가 어떤 방식으로 수 세기 활동을 하는지 확인할 필요가 있습니다. 수 세기 활동의 수준은 수 감각과 직결되기 때문입니다. 직관적 수 세기와 전략적 수 세기는 첫 단원의 중요 학습내용이므로 좀 더 깊이 살펴보도록 합시다.

일단 위 문제의 개수를 구할 때, 즉 전략적 수 세기를 적용하기 위해 사용한 묶음의 단위에 주목해봅시다. 5를 넘어가지 않는다는 중요한 사실을 발견할 수 있습니다. 처음에 묶을 때의 개수가 6이나 7이 아니라는 것입니다. 그 이유는 무엇 때문일까요?

수 감각과 수 세기는 다르다

개수를 파악하는 능력은 우리 인간만의 고유한 것일까요? 다음 일화에서 이 질문에 대한 답을 찾아보세요.

옛날 어느 성 안에 있던 헛간에 까마귀 한 마리가 날아 들어왔다. 까마귀는 아예 헛간에 둥지를 틀고 쌓아놓은 곡식을 야금야금 훼손하였다. 이 못된 까마귀를 잡기 위해 다양한 방법이 동원되었지만, 매번 실패로 끝났다. 사람이 헛간에 가까이 다가가면, 어느새 이를 눈치 챈 까마귀는 둥지를 훌쩍 떠나 정원의 높다란 나무 위로 날아오른다. 나뭇가지에 앉아 느긋하게 시간을 보내다 사람이 헛간에서 나오는 것을 확인하고 나서야, 비로소 둥지로 되돌아오는 것이었다.

머리를 쥐어짜며 고민하던 성주는 까마귀 사냥을 위한 한 가지 꾀를 내었다. 그는 친구와 함께 헛간에 들어갔다. 어느 정도 시간이 흐른 뒤에 총을 든 친구는 헛간에 남겨둔 채, 성주 혼자서 걸어 나왔다. 나무 위에 앉아 있던 까마귀에게 보란 듯이 걸어 나왔지만, 꽤나 영리했던 까마귀는 그런 꾀에 속아 넘어가지 않았다. 남아 있던 친구마저 헛간에서 나올 때까지 인내심을 발휘하며 나무 위에 앉아 있었으니 말이다.

다음날 성주는 두 명의 친구를 불렀다. 셋이서 함께 헛간에 들어간 다음 총을 든 친구 한 명만 남긴 채, 두 사람은 헛간에서 걸어 나왔다. 헛간에 남아 있던 세 번째 사람은 까마귀를 잡을 기회를 엿보며 지겹도록 오랫동안 기다렸다. 하지만 꾀 많은 까마귀가 오히려 더 큰 인내심을 발휘하였다. 나무 위에 앉아서 물끄러미 헛간만 바라보고 있었던 것이다. 나머지 한 명마저 헛간에서 나오는 것을 확인하고 나서야 까마귀는 둥지로 되돌아갔다.

무척 화가 난 성주. 하지만 그는 포기하지 않았다. 오기가 발동했는지, 이번에는 세 명의 친구를 불러 모두 네 사람이 함께 들어갔다. 마찬가지로 한 사람만 남고, 세 사람은 밖으로 나왔다. 하지만 이번에도 실패로 끝났다.

까마귀 제거 작전을 포기하려던 성주는 마지막으로 친구 한 사람을 더 불렀다. 모두 다섯 사람이 함께 들어갔다가 네 사람만 밖으로 나왔다. 그러자 이를 바라보던 까마귀가 이번에는 둥지가 있는 헛간으로 돌아가는 것 아닌가? 결국 성주의 지혜와 참을성 덕택에 까마귀 제거 작전을 성공적으로 완수할 수 있었다.

토비아스 단치히의 명저 《과학의 언어, 수》라는 책에 소개된 이야기입니다. 이 책은 80여 년 전인 1930년대에 출간되었지만, 아인슈타인이 '수학의 고전'이라 극찬할 정도로 오늘날까지 꾸준한 사랑을 받고 있습니다. 여기 소개된 일화는 동물의 수 세기 능력에 대하여 하나의 시사점을 제공하는데, 다음과 같이 말하는 사람도 있습니다.

'까마귀는 넷까지의 수를 셀 수 있지만, 다섯을 넘는 수는 셀 수 없구나.'

과연 그렇게 단정적으로 말할 수 있을까요? 우리는 여기서 '수 세기'와 '수량의 파악'에 대한 차이를 구분할 필요가 있습니다. 우선 '수 세기'를 할 수 있으려면 다음과 같은 몇 가지 선행요소가 전제되어야 합니다. 수를 나타내는 상징적 기호인 숫자와 숫자를 언어로 나타내는 수 단어, 예를 들어 '하나, 둘, 셋, …' 이나 '일, 이, 삼, …' 또는 'one, two, three, …' 같은 음성 언어가 있어야 합니다. 물론 이것들은 인간만이 가지고 있는 도구들이죠.

그렇다면 까마귀의 행위는 어떻게 설명할 수 있을까요? 까마귀는 '수를 세었다'기보다는 그저 뭉뚱그려 '수량을 파악했다'고 표현하는 것이 더 적절합니다. 까마귀는 단순히 네 개짜리의 사물에 대한 수량을 구분할 수 있는 '감각'을 소유했다고 말할 수 있습니다. '수 감각'이라는 용어에 주목해주세요.

'수 감각'이라는 용어를 좀 더 쉽게 이해하기 위해 생후 6개월에서 1년 된 유아의 행동을 떠올려봅시다. 아기는 주변에 있는 장난감이나 먹을 것들을 감각적으로 파악할 수 있습니다. 주변의 대상들을 뭉뚱그려 하나의 집합으로 인지하는 것이죠. 만일 누군가가 이것들 가운데 어느 하나를 몰래 집어 감추면, 아기는 즉각 알아차립니다. 물론 놓여 있는 물건의 종류와 개수에 따라 한계가 있지만, 수량이 줄어들었다는 감각이 없는 것은 아닙니다. 그렇다 하더라도 아기가 개수를 셀 수 있는 수 세기 능력을 가졌다고는 말할 수 없겠죠. 이 경우에 수량은 그저 '느껴지거나' '지각되는' 것에 불과합니다. 일화에 등장하는 까마귀의 경우도 이와 다르지 않습니다. 까마귀는 수를 셀 수 있는 것이 아니라 그저 감각적으로 수량을 파악했을 뿐입니다. 이처럼 동물도 정도의 차이는 있지만 수 감각을 지니고 있습니다. 하지만 수 세기 능력과는 거리가 멉니다.

5를 넘지 못하는 '직관적 수 세기'

인간과 동물 모두가 수 감각을 갖고 있다고 앞에서 언급했습니다. 대부분의 사람들은 우리 인간의 수 감각이 까마귀보다는 훨씬 우월할 것이라고 생각하지 않나요? 과연 그런지 따져봅시다. 다음 그림 속의 한 줄로 늘어서 있는 사람들과 자동차를 눈으로 한 번만 재빨리 훑어보고 몇 명인지 그리고 몇 대인지 말해보세요.

우리는 하나, 둘, 셋, 어쩌면 넷이나 다섯까지는 실수 없이 한눈에 파악할 수 있습니다. 앞에서 언급한 직관적 수 세기가 그것을 말해줍니다. 실제로 세어보았다기보다는 한눈에 파악한 것이므로 감각에 따른 것입니다. 하지만 수에 대한 감각의 한계는 거기까지입니다. 넷이나 다섯을 넘는 경우 우리의 머릿속은 점차 혼란스러워지고, 눈대중도 더 이상 도움이 되지 않습니다. 우리의 눈은 매우 정확한 '측정 도구'가 아니기 때문입니다.

수를 직접 인지하는 우리 눈의 능력이 다섯이라는 개수를 넘어서는 경우는 정말 매우 드물다고 할 수 있습니다. 영화 〈레인맨〉에서 자폐증 환자로 등장하는 더스틴 호프만(레이몬드 역)처럼 한 번 본 것을 그대로 기억해내는 비범한 능력을 타고난 사람의 경우는 대단히 예외적입니다. 그렇지 않은 일반인들의 수 감각은 대부분 5를 넘어서지 못한다고 알려져 있습니다.

인간의 수 감각이 이처럼 보잘것없다는 사실에 선뜻 동의하기 어려울 것입니다. 그래서 '십, 백, 천, 심지어 몇 백억 이상의 큰 수를 헤아리는 인간의 능력을 어떻게 설명할 것이냐'고 따질 수 있겠지요. 그것은 인간이 '숫자'를 발명하였기 때문입니다. 숫자는 우리가 감각으로 받아들인 수 개념을 기록하고, 이를 다시 머릿속에 추상적인 개념으로 자리잡도록 해주는 상징적 기호입니다. 우리 인간은 다른 동물과 달리 생각하는 바를 문자를 사용해 글로 기록하고 보존합니다. 그리고 다시 글과 문자를 보면서 새로운 사고를 하게 됩니다. 사고와 문자 사이의 이 관계는 그대로 수와 숫자 사이의 관계에도 적용됩니다. 숫자는 머릿속에서 이루어진 수 개념을 눈으로 확인할 수 있도록 나타낸 상징적 기호이니까요. 인간은 기록으로 남겨진 상징적 기호인 숫자를 조작하면서 새로운 수량적 사고를 전개할 수 있습니다. 따라서 문자와 사고가 구별되듯이, 숫자와 수 개념도 구별되어야 마땅합니다.

앞에 제시된 문제를 떠올려봅시다. 5를 넘는 수, 즉 6, 7, 8, 9의 개수를 헤아리기 위해 우리는 자동적으로 묶어 세기를 하였고, 이때 묶음의 단위는 5 이하의 수였다는 사실을 기억합시다. 우리가 보유한 수 감각의 한계에서 비롯된 현상입니다. 그렇다면 아이들이 수 세기를 어떤 방식으로 하는지, 각자의 방식에 주목해야 합니다. 초등학교 수학을 배우기 위해서 갖추어야 할 선수학습이 '수 세기'이기 때문입니다. 수 세기에 대한 내용을 정리해보면 다음과 같습니다.

① 5 이하의 개수는 한눈에 파악하는 직관적 수 세기가 가능하다.
② 5를 넘는 개수는 묶어 세기에 의한 전략적 수 세기가 필요하다.
③ 이때 구사하는 묶어 세기의 전략을 각자 적어도 한 가지 이상 구사할 수 있어야 한다. 그러기 위해서는 일, 이, 삼, … 또는 하나, 둘, 셋, …과 같은 수 단어를 자유롭게 구사할 수 있어야 한다.

그러므로 초등학교 1학년 담임교사가 수학 수업에서 가장 먼저 해야 할 과제는 새로 입학한 아이들 각자의 수 세기 수준이 어떤지를 파악하는 것입니다. 전략적 수 세기가 가능한지 확인하는 것이며, 그렇지 못한 아이들에게는 적절한 교육을 통해 9까지의 수를 자유롭게 셀 수 있도록 지도해야 합니다. 아이들이 생애 최초로 학교에서 접하는 수학 수업의 내용은 결국 수 세기 활동입니다. 그렇다면 수 세기를 어떻게 진행해야 할까요? 이를 위해서는 먼저 수 세기 발달 과정에 대한 이해가 필요합니다.

수 세기 발달의 3단계

초등학교 1학년 수학을 잘 지도하기 위해서는 취학 이전 아이들의 수 세기 능력이 어떻게 발달하는지에 대한 이해가 필수적입니다. 직관적 수 세기와 전략적 수 세기의 차이를 구분하지 못하거나 수 세기 능력의 발달 과정을 잘 이해하지 못하면, 자신이 담당한 아이들의 수학적 능력이 어느 정도인지 파악할 수 없기 때문입니다. 1학년 수학을 가르치는 교사는 다른 학년 교사보다도 더 전문가여야 합니다. 하지만 지금 이 책에서 영아, 유아, 유치원 교육 단계로 나누어 세세히 언급할 여유는 없습니다. 다만 초등학교 수학 학습을 위한 아이들의 수 세기 능력이 어떤 수준인지 확인할 필요가 있기 때문에, 그 발달 단계를 다음과 같이 개략적으로 정리해보겠습니다.

첫째, 일대일 대응에 의한 수 세기
둘째, 직관적 수 세기
셋째, 묶어 세기에 의한 전략적 수 세기

일대일 대응에 의한 수 세기는 다음과 같이 동그라미의 개수를 세는 과정에서 확인할 수가 있습니다.

세려는 대상 각각에 하나, 둘, 셋 하고 수 단어를 차례로 대응시키는 과정이 그것입니다. 이때 마지막으로 대응시킨 수 단어(여기서는 셋)가 전체 개수라는 사실을 확인하는 것이 수 세기의 첫 번째 단계입니다. 이러한 일대일 대응 방식의 수 세기는 아주 어린 시절부터 생활 속에서 자연스럽게 부모와 함께 학습합니다. 예를 들어, 코 하나, 눈 둘, 손가락 다섯 등과 같이 신체 부분에서 출발하여 점차 주위의 사물로 개수 세기가 확대되는 경험을 쌓아가는 것이죠. 이와 같은 일대일 대응에 의한 수 세기는 점차 다섯을 넘어가는 수로도 확장됩니다. 계단을 올라가며 하나, 둘, 셋, … 일곱, 여덟과 같이 계단마다 수 단어를 차례로 대응시키는 경험은 수 세기 능력을 향상시키는 중요한 학습 활동의 한 예입니다. 다음 문제를 한 번 볼까요.

〔문제〕 **꽃잎 수만큼 ○에 색칠하세요.**

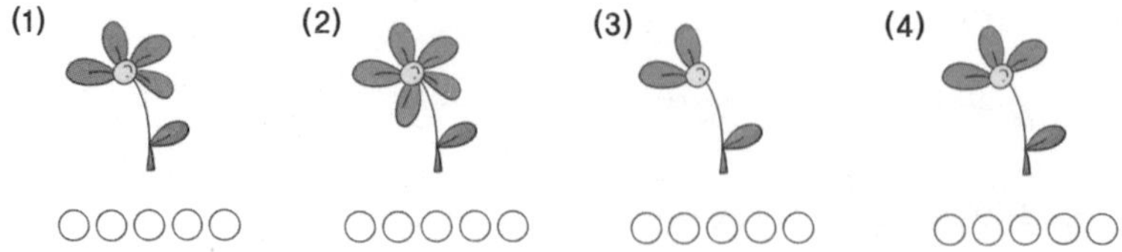

꽃잎의 개수만큼 동그라미를 하나씩 색칠하며 일대일 대응을 경험하도록 하는 것이죠. 문제에 숫자가 제시되지 않았다는 사실에 주목합시다. 숫자를 배우기 이전인 유치원 아이들의 수 감각을 형성하기 위한 여러 활동 가운데 하나입니다.

이러한 경험이 점진적으로 반복하여 축적되면 어느 순간에 일일이 세어볼 필요 없이 한눈에 개수를 확인하는 직관적 수 세기 능력을 갖추게 됩니다. 물론 앞에서도 언급한 바와 같이 세고자 하는 대상의 개수는 대체로 다섯을 넘지 않습니다. 그리고 이와 같은 직관적 수 세기 능력을 보유하기까지에는 상당히 많은 경험과 오랜 시간이 필요합니다. 말 배우기 과정과 다르지 않습니다. 따라서 초등학교 1학년의 수학 수업을 시작하기 전에 아이들이 이러한 직관적 수 세기 능력을 보유하고 있는지를 파악하는 것은 말을 제대로 하는가를 점검하는 것처럼 매우 중요합니다. 수 감각이 형성되지 못한 아이들을 배려하여 이후의 수학 수업에서 수 세기 경험에 참여할 기회를 좀 더 많이 주어야 하기 때문이죠.

직관적 수 세기를 연습하기 위한 활동을 한 가지 더 소개하겠습니다.

한 장의 카드에 그려진 대상을 보여주며 몇 개인지 묻는 것입니다. 이때 개수를 정확하게 말하는지를 파악하는 것도 중요하지만, 각각의 대상을 일일이 세었는지 아니면 한눈에 알아보았는지 판별하는 것도 못지않게 중요합니다. 개수를 말한 다음에 어떻게 알았는지 말하도록 해보세요. 물론 "하나, 둘, 셋, 넷"이라고 일일이 세어보는 것도 개수를 확인하는 과정에서 당연히 필요합니다.

하지만 직관적 수 세기를 위해서는 대상 전체를 한눈에 파악하도록 하는 기회를 제공하는 것이 바람직합니다. 예를 들어, 그림을 제시하자마자 곧바로 감추면서 개수를 묻는 것도 하나의 지도 방안입니다. 그림의 잔상을 머릿속에서 이미지로 그리며 전체를 한눈에 알아보는 경험을 갖도록 하는 것입니다. 그런 경험이 점진적으로 축적되다 보면 어느 순간 자연스럽게 "그냥 보면 알 수 있어요. 네 개예요."라는 반응을 보일 수 있으니까요. 아직 이와 같은 직관적 수 세기가 가능하지 않다 하더라도 누군가 그런 경험을 말로 표현하는 것을 옆에서 듣는 간접경험의 기회를 갖는 것도 중요합니다. 반복적으로 접하다 보면 어느 순간부터 다른 아이도 그렇게 따라 할 수 있기 때문입니다. 이런 것이 협력학습이고, 지적 공동체의 묘미라 할 수 있습니다. 따라서 아이들 각자의 사고 과정을 말로 표현하도록 격려하고 기회를 주는 것은 매우 중요한 교수 활동 중의 하나가 되겠죠.

'전략적 수 세기'는 산수가 아닌 수학이다

앞에서 살펴본 8개 개수 세기 문제를 다시 떠올려봅시다. 한눈에 들어오지 않으므로 단번에 그 개수를 파악하는 직관적 수 세기를 적용할 수 없었습니다. 초등학교 1학년 아이들에게 다음 그림 속의 사과 개수를 세어보게 하면 어떤 반응이 나타날까요?

짐작컨대 다음과 같이 일일이 세어보는 아이도 상당수 나타날 것 같네요.

"하나, 둘, 셋, … 일곱, 여덟."

부모의 성화와 독촉으로 선행학습을 많이 하였기 때문에 1학년 수학이 시시하다고 말하는 아이들 중에도 여전히 일대일 대응에 의한 수 세기 방식에서 벗어나지 못한 아이가 있습니다. 시중에서 구할 수 있는 대부분의 학습지는 물론이고 유치원 수학교육 과정에서 수 세기를 어떻게 할 것인지 체계적이고 집중적으로 다루지 않기 때문입니다. 그저 개수 세기만을 강요할 뿐이고, 묶음에 의한 전략적 수 세기 활동을 실행하는 경우는 발견하기 쉽지 않더군요. 물론 현재 우리의 초등학교 1

학년 교육과정에도 전략적 수 세기 활동은 들어 있지 않습니다. 유럽의 유치원과 초등학교 1학년 수학교육 과정에서 가장 중요한 내용으로 다루는 것과 비교하면 매우 대조적인 현상입니다. 그러다 보니 우리나라에서 전략적 수 세기는 각자 스스로 터득해야만 하는 활동이 되어버렸습니다.

앞에서 보았듯이 8개라는 개수를 파악하는 전략은 하나가 아니라 여러 가지가 있습니다. (2, 4, 6, 8)이나 (4, 8) 같은 두 배수 전략 혹은 (5, 8)과 같이 5를 기준으로 묶는 전략을 선택할 수 있습니다. 하나, 둘, 셋, … 이렇게 일일이 8개까지 세어보는 아이들에게 전략적 수 세기 방식에 접근할 수 있도록 돕는 것이 교사의 역할입니다. 전략적 수 세기 학습에도 많은 연습과 시간이 필요합니다.

여기에는 우선 전체 대상을 묶음에 의해 분리한 다음 다시 총합하는 과정이 들어 있습니다. 일대일 대응 방식에 의한 수 세기 활동과는 전혀 다른 인지적 과정을 수반하기 때문입니다.

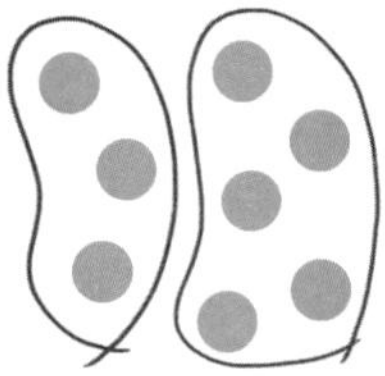

예를 들어, 전체 8개의 개수를 세기 위하여 (3, 5)와 같은 묶음으로 분리하는 전략을 세웠다고 합시다. 물론 이러한 전략의 수립도 엄연한 수학적 추론의 하나이지만, 그 다음에 개수를 세는 방식도 일대일 대응보다는 좀 더 세련된 방식의 또 다른 추론이 가능합니다. 그것은 다음과 같은 '이어 세기'입니다.

"셋, 그리고 넷, 다섯, 여섯, 일곱, 여덟."

우선 세 개가 들어 있는 묶음의 개수를 한눈에 직관적으로 파악해야 합니다. 그리고 그 개수를 출발점으로 하여 다음 묶음에 있는 대상을 일대일 대응 방식에 의해 하나씩 짚어가는 것입니다. 물론 이보다 좀 더 세련된 방식의 수 세기를 할 수도 있겠지요.

"다섯, 그리고 여섯, 일곱, 여덟."

개수가 큰 묶음인 5개를 먼저 헤아린 후에 (여섯, 일곱, 여덟)이라고 이어 세기를 실행하는 것입니다.

이러한 이어 세기가 가능하려면 다음과 같은 사고과정이 동시에 진행되어야 합니다. 먼저 처음에 몇 개씩 묶을 것인가 하는 나름의 전략을 수립해야 합니다. 그리고 이때 파악한 첫 번째 묶음의 이미지를 머릿속에 보존해야 합니다. 뿐만 아니라 '하나, 둘, 셋, … 일곱, 여덟 …'과 같은 수의 계열성에 대한 이미지와 개념을 머릿속에서 자유롭게 그릴 수 있어야 합니다. 그러므로 전략적 수 세기는 단순 기능이 아니라 아이 자신이 스스로 하나의 결단을 내리고 추론과정을 밟아야 하는 고도의 수학적 사고라 할 수 있습니다. 따라서 수 세기는 단순 계산을 하는 산수가 아니라 추론을 토대로 하는 수학으로 보아야 합니다.

지금까지 살펴본 내용만으로도 초등학교 1학년 아이들에게 수학을 가르치기 위해 얼마나 많은 전문 지식이 요구되는지 충분히 이해했으리라 보지만, 아직도 충분한 것은 아닙니다.

수 세기 단어의 이중구조

초등학교에 갓 입학한 1학년 아이들의 수학 학습을 위해 담임교사가 파악해야 할 또 다른 요소가 있는데, 그것은 수 단어를 적절하게 사용하는 문제입니다. 다음 문장을 읽어보세요.

> 2층에 있는 2개의 교실 가운데 1학년 2반이라고 표시되어 있는 우리 교실. 이번 달의 2번째 날인 2일에 대청소를 실시한다고 한다.

읽은 문장을 다시 글로 적으면 다음과 같습니다.

> 2(이)층에 있는 2(두)개의 교실 가운데 1(일)학년 2(이)반이라고 표시되어 있는 우리 교실. 이번 달의 2(두)번째 날인 2(이)일에 대청소를 실시한다고 한다.

똑같은 숫자 2를 '이'(二)라는 한자어로 또는 '둘'이나 '두'라는 순우리말로 각각의 상황과 맥락에 맞게 구사해야 합니다. 어른들은 너무나 익숙하여 의식하지 않고도 자동으로 구사할 수 있지만, 수 단어를 처음 배우는 아이들에게는 결코 쉬운 일이 아닙니다. 1학년 1학기에는 아직 시간을 배우지 않지만, 10시 10분이라는 시각을 말할 때에도 시간을 나타낼 때에는 10(열)시라는 순우리말을, 분을 나타낼 때에는 10(십)분이라는 한자어를 각각 사용해야 의사소통이 자연스럽게 진행됩니다. '열시 열분' 또는 '십시 십분'이라고 하지 않으니까요. 그런데 이 작업이 숫자를 처음 배우는 아이들에게는 그리 만만치 않습니다.

한국어의 수 세기 단어에는 이와 같이 순우리말과 한자어라는 이중구조가 존재합니다. 이러한 현상은 한자어 권역에 속하는 우리나라와 일본에서만 발견되는 것으로 알려져 있습니다. 우리나라 아이들은 그만큼 수 단어와 수 세기 학습에 어려움을 겪을 수밖에 없습니다. 실제로 1학년에 입학하는 아이들 중에 우리말의 이중구조를 완전히 습득하지 못한 아이들을 쉽게 발견할 수 있으니 한 번 점검해보세요. 예를 들면, 사람 5(다섯)명을 '오 명'이라 하거나 5(오)인분을 '다섯 인분'이라고 말하여, 이 둘을 구분하지 못하는 사례를 종종 목격할 수 있으니까요.

다음은 현장에서 1학년을 지도하는 한 선생님이 전하는 이야기입니다.

> "아이들 대부분이 1~9까지의 수를 아라비아 숫자로 쓰고 읽으며, 하나, 둘, 셋, 넷, … 순차적으로 세어서 개수를 파악하고는 있어요. 그런데 2개(두 개), 2일(이 일), 2자루(두 자루), 2층(이 층), 2장(두 장)은 모두 아라비아 숫자 2로 표기했지만, 상황에 따라서 읽는 방법이 다름에도 능숙하게 표현하는 아이가 많지 않거든요."

그렇다면, 1학년 담임교사의 과제가 또 하나 늘어날 수밖에 없습니다. 수 세기 활동뿐만 아니라 우리말 수 단어와 한자어 수 단어를 상황에 맞게 적절하게 구사하는지 주의 깊게 관찰하면서, 올바르게 사용할 수 있도록 가르쳐야 한다는 것이죠. 그럼에도 불구하고 1학년 수학 수업의 첫 단원에서 정말 아무 것도 가르칠 것이 없다고 판단한다면, 초등학교 수학에 대한 이해가 깊다고 할 수 없을 것입니다. 수 세기 활동, 즉 직관적 수 세기와 전략적 수 세기가 가능한지 그래서 수 감각이 제대로 형성되었는지를 살펴보아야 할 뿐 아니라, 우리말과 한자어 수 단어의 이중구조를 잘 지도하는 일 역시 아주 중요합니다.

만 두 살 정도 된 아이들은 평균적으로 우리말 수 세기를 '넷'까지 말할 수 있지만, 한자어 수 세기는 '일' 정도만 알고 있다고 합니다. 하지만 만 3세에 이르면 '일곱'까지 그리고 '구'까지 각각 확장된다고 합니다. 이후 5세가 되면 '스물'과 '사십구'까지 말할 수 있다고 하는데, 다음 그래프에서 확인할 수 있습니다.

만 2세경에 최초의 수 단어 습득이 시작되어 5세부터는 급격하게 증가하는 경향을 보입니다. 그런데 우리말과 한자어 수 세기 단어 개수에 있어 급격한 차이가 발생한다는 사실에 주목할 필요가 있습니다. 하나, 둘, 셋, …과 같은 순우리말 단어는 유아기의 아이들이 일상생활에서 가장 자주 접하는 단어이지만, 일, 이, 삼, …과 같은 한자어는 문어에 많이 등장하기 때문으로 짐작됩니다. 그런데 만 4살이 지나면서 아이들은 한자어 단어 내에 포함된 패턴을 발견하게 됩니다.

한자어 수 세기 단어는 일, 이, 삼, … 구, 십까지만 익히면, 그 이후의 수 단어는 규칙에 따라 자동 생성할 수 있습니다. 20, 30, 40, … 80, 90은 이십, 삼십, 사십, … 팔십, 구십으로 읽는데, 이십은 십이 두 개, 삼십은 십이 세 개, … 구십은 십이 아홉 개이므로, 그 구성이 매우 단순합니다. 반면에 순우리말인 스물, 서른, 마흔, 쉰, 예순, 일흔, 여든, 아흔 같은 단어에는 규칙성이 들어 있지 않으므로, 각각의 단어를 일일이 암기해 따로따로 습득하지 않으면 안됩니다. 따라서 익히는 데

우리나라 어린이들의 수 단어 습득 발달과정

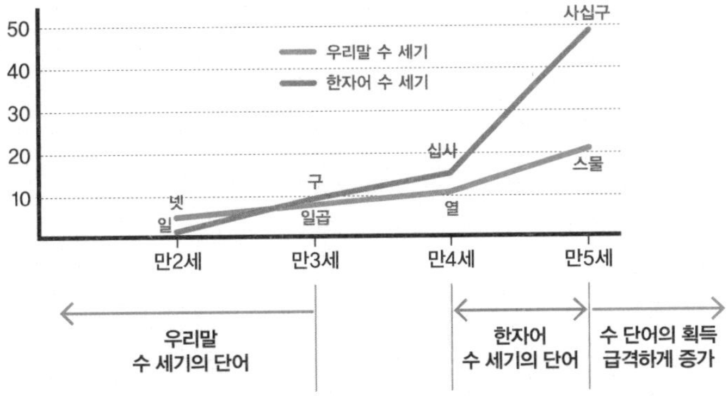

※ 홍혜경, 〈한국 유아의 수 단어 획득에 관한 연구〉(1990)의 자료 재구성.

많은 시간과 엄청난 노력이 요구됩니다. 실제로 아이들은 서른과 마흔을 혼동하고 예순과 일흔이라는 단어도 쉽사리 구별하지 못합니다.

수 단어 구성에서 나타나는 이러한 차이는 수 단어 익히기에 그대로 반영됩니다. 예를 들어 43의 경우에 십의 자리는 4이므로 십이 네 개 있어 사십이고 일의 자리는 3이라는 규칙을 적용하면 되므로, 사십삼이라는 한자어 표현을 쉽게 익힐 수 있습니다. 반면에 순우리말로 43을 읽으려면 40을 나타내는 새로운 단어인 마흔을 익히고 나서 3을 나타내는 단어인 셋과 결합해 마흔셋으로 읽어야 합니다. 규칙을 발견하여 따르기보다는 하나의 단어로 암기해야 한다는 번거로움이 뒤따르는 것입니다. 따라서 아이들이 이러한 규칙을 제대로 이해하고 적용하는지 주의 깊게 관찰해야 합니다. 만일 그렇지 못한 경우에는 별도의 지도가 요구됩니다.

순서수와 기수

우리가 사용하는 숫자에는 단 하나의 의미만이 아니라 여러 가지 의미를 부여할 수 있습니다. 다음 문장에 나오는 숫자들을 살펴봅시다.

> 지희의 생일 파티에 5명이 초대를 받았다. 길 건너 5층짜리 아파트 5층에 있는 지희네 집에 오후 5시까지 가기로 하였다. 친구들은 5번 마을버스를 타고 아파트 입구에 내리면 된다.

위의 문장에 여러 번 나타난 '5'라는 숫자는 의미가 모두 같지 않습니다. '5명'

의 5는 초대받은 친구가 몇 명인지 알려줍니다. '5층짜리'의 5도 아파트가 모두 몇 층으로 구성되어 있는지 알려줍니다.

이때 몇 명이나 몇 층은 양의 개념이죠. 하지만 '5층에 있는 지희네 집'의 5는 4층보다 한 층 위에 있다는 순서의 의미를 갖습니다. '오후 5시'의 5도 4시 다음이고 6시 이전이라는 순서를 나타냅니다. 즉, 같은 숫자라 하더라도 상황에 따라서 그 의미가 다르다는 것이죠. 후자인 5시, 5층은 순서를 나타내는 순서수, 전자인 5명과 5층은 주어진 집합의 크기(즉 원소의 개수)를 나타낸다고 하여 기수 또는 집합수라고 합니다.

그렇다면 위의 문장에서 '5번 마을버스'의 5는 어떤 의미로 사용된 숫자일까요? 4번 마을버스보다 더 큰 버스도 아니고 더 빨리 오는 버스도 아닙니다. 단지 노선을 구분하기 위해 붙인 번호에 불과합니다. 5번이라는 숫자 대신에 가나다라마의 '마' 또는 알파벳 C를 사용해도 아무런 지장이 없습니다. 스포츠 경기에 참가하는 운동선수의 등번호, 우편번호, 텔레비전의 채널 번호 등에 사용되는 숫자는 모두 이와 같은 종류의 숫자입니다. 이렇게 이름 대신 사용하는 숫자를 명명수 또는 명목수라고 합니다. 이런 숫자에는 수량적 의미가 전혀 들어 있지 않습니다. 일반적으로 수학에서 다루는 수는 덧셈이나 곱셈을 할 수 있어야 하는데, 명명수는 그런 연산의 대상이 되지 않습니다.

그렇다고 1학년 아이들에게 기수와 순서수, 그리고 명명수를 구분하도록 지도하라는 것은 아닙니다. 지금까지의 논의는 가르치는 교사들이 숫자 개념을 정리할 수 있도록 하기 위한 것입니다. 여기서 짚고 넘어가야 할 문제가 있습니다. 그것은 그동안의 수 세기 학습이 주어진 집합의 크기를 묻는 기수적 측면만을 지나치게 강조해왔다는 사실입니다. 상대적으로 순서수에 대한 인식은 낮은 수준의 접근에 머물러 있습니다. 예를 들어 "지금 19쪽을 읽고 있다"에 사용된 19는 기수일까요, 아니면 순서수일까요? 기수의 관점에서 보면 1쪽부터 19쪽까지 읽었다는 뜻이지만, 현재 19쪽을 읽고 있다는 뜻을 나타낸다면 이때는 순서수로서의 의미를 가진다는 것이죠. 18쪽의 다음이면서 20쪽 앞에 있는 쪽을 나타내기 때문입니다. 이처럼 우리의 일상에서 순서수는 기수 못지않게 많이 사용됩니다. 그럼에도 불구하고 순서수에 대한 인식이 부족한 것은 상대적으로 소홀히 다루었기 때문이기도 하

기수 基數 : 한 집합의 크기를 나타내는 수 (원소의 수)
순서수 順序數 : 순서를 나타내는 수 ('서수'라고도 함)
명명수 命名數 : 대상을 구별하기 위해 이름처럼 사용되는 수
(전화번호, 텔레비전 채널 번호, 우편번호 등)

지만, 학교 수학에서 순서수를 알려주는 방식에도 그 원인이 있습니다.

순서수를 가르쳐주기 위해 전통적인 교과서에 제시되어 있는 삽화는 늘 한결 같습니다. 한 줄로 서 있거나 달리기 시합의 결승선에 들어오는 아이들 그림을 보여줍니다. 이때 아이들이 몇 번째에 서 있는지 말해보라는 방식으로 순서수 개념을 알려주고 있습니다. 이 경우 순서수란 반드시 숫자 다음에 '번째' 또는 '번'이라는 의존명사를 붙여야 한다는 오해를 불러일으킵니다. 하지만 순서수와 기수는 의존명사에 관계없이 사용되는 맥락과 상황에 따라 결정됩니다. 앞에서 살펴본 '19쪽'의 예에서도 확인할 수 있습니다. 간혹 숫자에 이어 따라붙는 단위에 의해 기수와 순서수를 구분하는 경우도 있습니다. 예를 들어, 2시간이라는 단어의 2라는 수는 기수입니다, 1시간보다 많고 3시간보다 적은 시간의 양을 나타냅니다. 하지만 2시라고 할 때의 2는 1시 다음이고 3시 이전을 뜻하므로 순서수에 해당합니다. 이와 같이 단위에 의해 활용되는 맥락을 파악할 수 있기에, 똑같은 숫자라도 맥락에 따라 기수로도 순서수로도 사용될 수 있는 것이죠. 반드시 '몇째' 또는 '몇 번째'라는 의존명사가 붙어야 순서수가 되는 것은 아닙니다.

3 '0, 1, 2, 3, 4, 5' 이렇게 가르쳐요

첫 수학 시간, 학생들의 수 개념 수준 파악하기

첫 수학 수업은 갓 입학한 아이들이 생애 처음으로 수학이라는 학문의 문을 들어서는 역사적인 순간입니다. 앞에서 살펴본 '핵심 개념'을 충분히 이해했다면, 아이들의 수 감각과 수 세기 활동이 그리 간단치 않다는 사실을 알 수 있었을 것입니다. 아이들 각자의 수 개념에 대한 이해 수준을 파악하는 것을 목표로 수 세기 활동에 주력하는 것이 바람직합니다. 단지 평가만을 위한 것은 아닙니다. 이때의 활동 속에도 수학적 사고가 필요한 내용을 포함시킴으로써 수학적 의미가 담겨야 합니다.

〔문제 1〕 **점은 모두 몇 개인가요?**

(1)

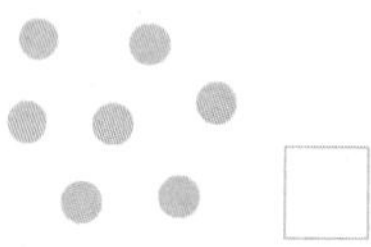

(2)

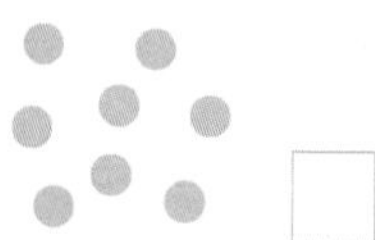

(3)

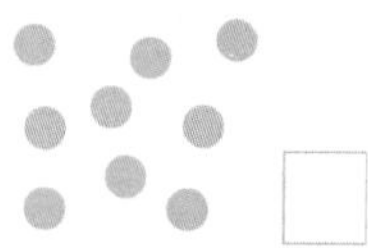

〔문제 1〕은 개수 세기 활동에 의해 정답인 7, 8, 9개라는 개수를 정확하게 구하는 문제입니다. 물론 꼭 아라비아 숫자로 쓰라는 것은 아닙니다. 언어로 정답을 말하면 충분합니다. 이들 문제는 지금껏 잘못 끼워진 첫 단추를 다시 바르게 수정하는 활동입니다. 문제의 진짜 의도는 몇 개라는 정답을 구할 수 있느냐에 있지 않습니다. 더 중요한 것은 아이들이 '전략적 수 세기' 능력을 갖고 있는지 알아보는 것입니다. 어떻게 묶어 세기를 했는지 자신이 선택한 전략을 되짚어 설명해 보도록 합니다. 다른 친구들의 발표를 들으며 하나의 전략만이 아닌 다양한 전략이 있을 수 있다는 것을 깨달을 수 있습니다. 하지만 보다 중요한 것은 5개 이하의 묶음을 할 줄 모르는, 즉 직관

적 수 세기 교육이 필요한 아이를 발견하여 앞으로의 수학 수업에서 수 감각 형성을 도와주는 것입니다. 출발점을 확인하기 위한 것이죠. 만일 아이들이 자기 나름의 전략적 수 세기를 자유자재로 구사할 수 있다면, 바로 다음 단계로 나아가면 됩니다. 굳이 유치원 아이들의 활동을 다시 반복할 필요는 없겠죠.

하지만 전략적 수 세기 능력은 물론, 직관적 수 세기 능력조차 충분히 갖추고 있지 못한 아이에게는 유치원 교육과정에 적합한 활동을 간략히 정리하여 제공할 필요가 있습니다. 다음은 복습 차원에서 풀어보는 수 세기를 배우기 이전의 문제들입니다.

〔문제 2〕 **짝 지어보고 알맞은 말에 ○표 하세요.**

아이들보다 모자가 더 (많다 / 적다).

일대일 대응을 연습하는 문제입니다. 숫자가 없다는 사실에 주목하세요. 모자와 아이들이라는 두 집합 사이의 양적 관계, 즉 어느 쪽이 더 많은가를 파악하기 위해 굳이 숫자를 사용할 필요는 없습니다.

일대일 대응은 수학의 시작이라 할 수 있습니다. 석기시대 원시인들이 수의 크기를 표현하는 방법은 "하나, 둘, 그리고, 많다"였습니다. 이들이 알고 있는 수 이름은 하나와 둘밖에 없었고, 둘을 넘어가는 경우에는 커다란 혼란에 빠졌답니다. 그렇다면 이들은 어떻게 수량을 파악했을까요? 다음 이야기에서 알 수 있습니다.

> 옛날 어느 부족이 이웃 부족과의 전투에서 승리를 거두었다. 적을 굴복시킨 부족은 목숨을 잃은 병사 15명에 대한 전쟁 배상을 요구하였다. 그 부족은 15라는 수를 알지 못했다. 그런데도 그만큼의 병사를 잃었다는 사실은 분명히 알고 있었다. 어떻게 알았을까?
>
> 전쟁에 나가는 병사들은 마을 입구에 돌을 하나씩 던져놓는다. 그리고 전쟁터에서 돌아오는 길에 그 돌을 한 개씩 가져간다. 남겨진 돌의 수가 바로 죽은 병사의 수다. 병사 한 명과 돌 한 개를 짝짓기 하는 '일대일 대응'이다.

이 탁월한 방식의 발견이 수 개념을 탄생시킨 문화혁명이었습니다. 이러한 일대일 대응 관계로부터 점차 상징기호로서의 숫자가 탄생하게 된 인류 역사의 기나긴 발전 과정을 체험해보도록 하는 문제입니다. 숫자 없이 이렇게 일대일 대응 관계를 통해 두 집합 사이의 양을 비교하도록 합니다. 교육학적 용어로 표현하면, 역사발생 원리를 적용한다고 말합니다.

〔문제 3〕 **꽃잎 수와 같은 주사위 눈을 찾아 선으로 연결하세요.**

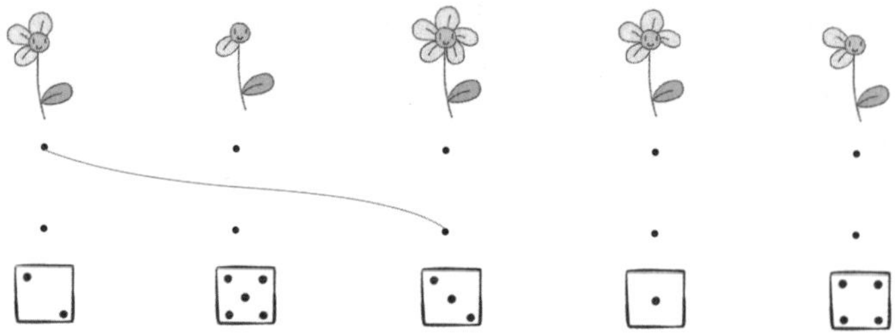

이 문제도 일대일 대응을 적용한 활동입니다. 주사위 눈을 소재로 하였다는 점에 주목할 필요가 있습니다. 1, 2, 3, 4, 5의 눈들의 형태가 기하학적으로 배열되어 있다는 점을 발견하게 됩니다. 이런 배열 패턴은 5개 이하의 수의 개수를 한눈에 알아볼 수 있는 기회를 제공합니다.

〔문제 4〕 **주사위 눈의 수만큼 ○에 색칠하세요.**

(1) 

(2) 

〔**문제 3**〕에서 도입했던 주사위 눈의 개수를 연습하는 문제입니다. 그 개수를 5개의 빈칸에 색칠하여 채워가면서 일대일 대응 원리를 확인하는 것이지요. 문제풀이를 하며 주사위 눈의 형태에 주목할 수 있는 기회를 제공하는 것도 문제의 숨은 의도입니다.

〔문제 5〕 **선으로 연결하세요.**

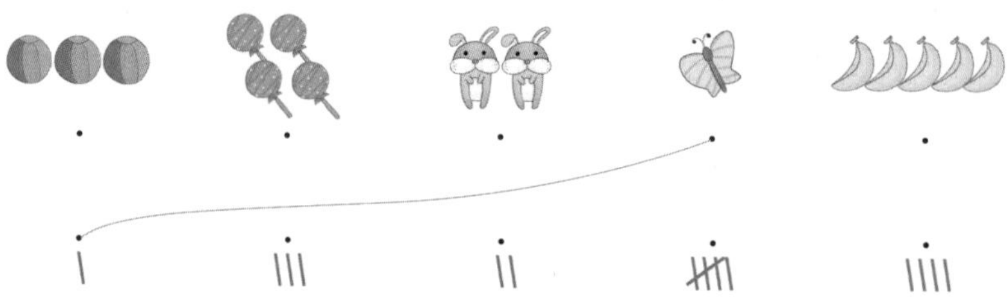

〔문제 6〕 **그림을 보고 같은 수만큼 /표를 그리세요.**

(1) 

(2) 

〔문제 5〕〔문제 6〕에서는 주사위 눈 대신 나뭇가지와 같이 선을 긋는 탤리tally라는 도구가 새로이 등장합니다. 〔문제 5〕에서 5개가 되는 순간에 이를 하나로 묶기 위해 역으로 빗금 쳐진 부분에 주목하도록 합니다. 〔문제 6〕은 직접 탤리를 만들어보는 활동입니다.

수 세기 활동에서도 이렇게 다양한 도구를 제공할 수 있습니다. 각각의 도구는 단지 흥미를 위한 것만이 아닙니다. 숫자가 발명되기 이전에 숫자로 사용된 나름의 수학적 의미가 담겨 있습니다.

직관적 수 세기

수 세기 활동에서 '1부터 5까지의 수'와 '6부터 9까지의 수'를 구분할 필요가 있다는 사실은 '직관적 수 세기'와 '전략적 수 세기'라는 용어에서 이미 드러났습니다. 1부터 5까지의 수는 이후의 전략적 수 세기에서 묶음의 단위가 되므로, 한눈에 직관적으로 파악하는 수준에 도달해야 한다는 점에서 충분히 익숙해지도록 할 필요가 있겠죠. 다음은 이를 위한 활동입니다.

〔문제 1〕 **선으로 연결하세요.**

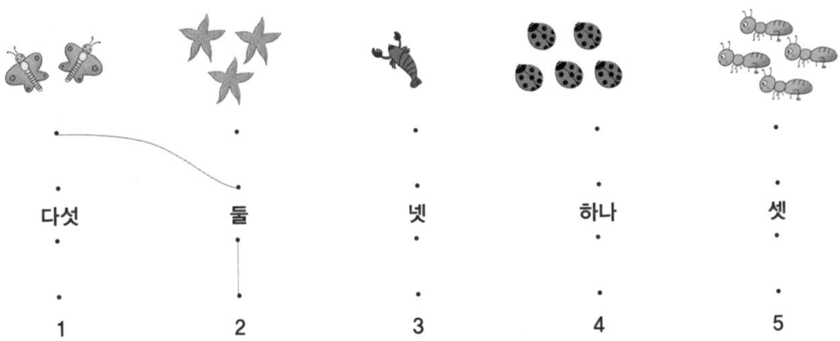

〔문제 1〕은 주어진 대상의 개수를 보고 1, 2, 3, 4, 5라는 아라비아 숫자와 하나, 둘, 셋, 넷, 다섯이라는 우리말 수 단어를 연결하는 문제입니다. 처음부터 숫자나 글자를 쓰게 하는 것이 아닙니다. 이미 아라비아 숫자를 주변에서 보았고, 이를 우리말로 셀 수 있는 현실(물론 한글을 알고 있다는 전제 하에 제시한 문제입니다. 그렇지 않다면 언어로 나타내어도 무방합니다)을 반영한 문제입니다. 짝짓기 방법은 유치원 과정에서 익숙해진 일대일 대응의 방식으로 풀이하는 문제 형식임을 주목하세요.

〔문제 2〕 **선으로 연결하세요.**

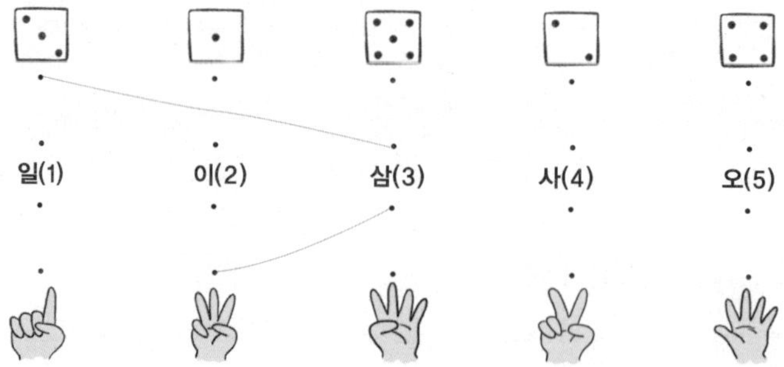

〔**문제 2**〕는 〔**문제 1**〕과 같은 형식의 문제이지만 그 소재에 주목해봅시다. 주사위 눈과 손가락을 우리말 수 단어와 아라비아 숫자가 결합한 형식으로 제시하였습니다. 주사위 눈은 각각의 개수를 한눈에 파악할 수 있는 대칭형입니다. 손가락은 고대 원시인부터 수를 세는 데 활용한 인류의 가장 친근한 수 세기 도구였습니다. 신체의 일부를 활용했다는 점에서 항상 휴대가 가능한 계산기였던 셈이죠.

TIP

최근 우리나라 교실에서 손가락 사용을 금한다는 이야기를 들은 적이 있습니다. 그래서 어떤 아이는 양손을 책상 밑에 숨기고 몰래 들키지 않게 손가락을 사용하여 셈을 하는 웃기고도 슬픈 상황이 그려지더군요. 아마도 되도록 손가락이나 다른 도구를 사용하지 않고 머릿속 암산을 유도하는 것이 추상적인 수학의 속성을 반영하는 것이라는 의도가 담겨 있겠지요.

하지만 이는 수학의 역사와 수학교육에 대한 무지의 소치입니다. 머릿속에서 이루어지는 암산은 구체적인 사물을 대상으로 하는 셈이 충분히 이루어진 후에야 가능합니다. 셈을 할 때에 손가락을 사용하는 것은 아직 그 단계에 이르지 못하였음을 드러낸 것이죠. 그럼에도 불구하고 손가락셈을 장려하기는커녕 아예 그런 기회조차 앗아가고 아이들에게 죄책감을 심어주는 폐단은 사라져야 합니다. 전 세계 여러 나라의 유치원과 초등학교 저학년에서 손가락을 사용하는 것은 중요한 수학적 활동의 하나입니다. 수 세기를 처음 배우는 아이에게 손가락은 가장 훌륭한 교육적 도구라는 것을 잊지 마세요.

〔문제 3〕 **수만큼 ○를 그리세요.**

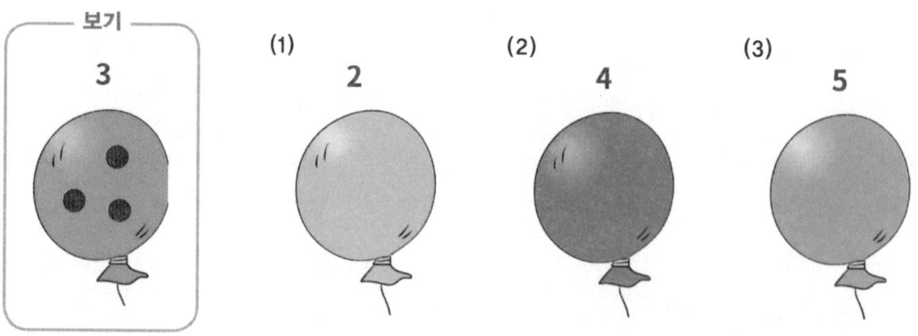

〔**문제 3**〕은 앞의 문제와는 역으로 주어진 숫자만큼의 동그라미를 직접 그려 넣는 문제입니다.

숫자를 보고 숫자가 나타내는 양을 이미지화하여 이를 동그라미라는 구체적인 대상으로 변환하도록 합니다.

〔문제 4〕 **□ 안에 알맞은 수를 써넣으세요.**

(1)  □

(2)  □

(3) 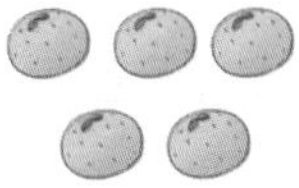 □

(4)  □

이제 처음으로 숫자를 사용하여 개수를 나타냅니다. 하나, 둘, 셋, … 등과 같이 일일이 세어 보는 활동도 허용해야 합니다.

〔문제 5〕 **물건의 수를 세어 □ 안에 알맞은 수를 써넣으세요.**

(1)  □

(2)  □

(3)  □

(4)  □

(5)  □

지금까지 하나의 대상을 놓고 수 세기를 하였다면, 이 문제는 불규칙적으로 흩어져 있는 여러 개의 대상에 대한 수 세기입니다. 즉 여러 사물들을 분류하여 세어보는 경험을 하게 하는 것이죠. 이는 통계 영역에서도 적용할 수 있는 문제입니다. 그런데 지금까지의 문제를 해결하였다고 하여 5까지의 수 개념을 충분히 이해했다고는 말할 수 없습니다. 수 세기를 넘어 수 개념 이해를 위한 다음 단계로 넘어갑시다.

수 세기를 넘어 수 개념으로

여기에서 제시하는 활동은 우리나라의 전통적인 교과서나 교육과정에는 들어 있지 않은 내용입니다. 하지만 수직선 모델 같은 경우는, 유럽 각국의 교과서를 검토한 결과, 이후 전개되는 수 영역뿐만 아니라 연산 영역의 학습을 위해 매우 중요한 수학적 의미를 담고 있습니다. 우리나라 교실 현장에서 활용할 수 있도록 소개하고자 합니다.

(1) 수 단어의 이중구조

우리말과 한자어 수 단어의 학습은 주어진 상황에서 적절한 수 단어를 선택할 수 있도록 해야 합니다. 다음과 같은 문제가 매우 유용할 것입니다.

(문제 1) **보기와 같이 수를 소리 내어 읽고, □ 안에 알맞은 말을 써넣으세요.**

보기

1 < 일 / 하나

농구공이 [한] 개 있습니다.

(1)

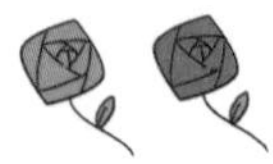

2 < 이 / 둘

꽃이 □ 송이 있습니다.

(2)

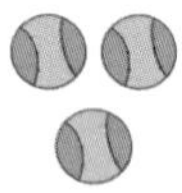

3 < 삼 / 셋

야구공이 □ 개 있습니다.

(3)

4 < 사 / 넷

자전거가 □ 대 있습니다.

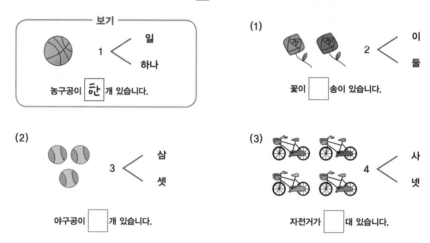

(문제 2) **보기와 같이 □ 안에 알맞게 써넣으세요.**

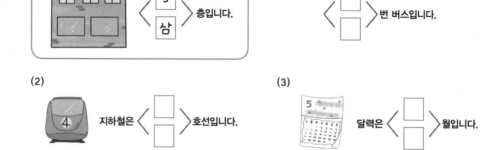

보기

진아네 집은 < [3] / [삼] > 층입니다.

(1)

< □ / □ > 번 버스입니다.

(2)

지하철은 < □ / □ > 호선입니다.

(3)

달력은 < □ / □ > 월입니다.

각각의 상황에 들어 있는 삽화에 주목하기 바랍니다. 저학년 아이들에게 좋은 삽화 한 컷은 한 쪽의 장황한 설명문보다 더 많은 것을 알려줄 수 있으니까요.

(2) 수직선 모델

만일 '1부터 5까지의 수'에 대한 학습이 숫자 읽고 쓰기 그리고 개수 세기에 국한된다면, 앞의 문제를 풀이하는 활동만으로도 충분하겠죠. 하지만 수 감각과 함께 수 개념의 형성이 중요합니다. 따라서 또 다른 활동이 요구됩니다. 여기서 수 개념이란 자연수라는 특징을 인식하는 것입니다. 자연수의 특징은 바로 앞의 수와 바로 그 다음의 수가 무엇인지를 확인할 수 있다는 사실을 뜻합니다. 유리수나 무리수에서는 찾아볼 수 없는 자연수만의 고유한 성질입니다. 추상적인 수의 개념을 아이들이 이해하기 위해서는 그 특징을 형상화한 모델이 필요합니다. 다음은 이를 위한 문제입니다.

〔문제 1〕 **빈칸에 알맞은 수를 써넣으세요.**

(1)

(2)

기차 모양으로 제시한 수직선입니다. 엄밀하게 말하면 간격이 일정한 수직선은 아닙니다. 영어로 번역하면 'number line'보다는 'number path'라는 용어가 더 적절하겠죠. 하지만 아이들의 수 세계는 자연수밖에 없기에 이 책에서는 그냥 수직선 모델이라는 용어로 통일합니다. 선생님들만 사용하는 용어이기에 큰 무리가 없다고 판단했습니다. 또 다른 형태의 수직선 모델을 소개해보겠습니다.

〔문제 2〕 **빈칸에 알맞은 수를 써넣으세요.**

(1)
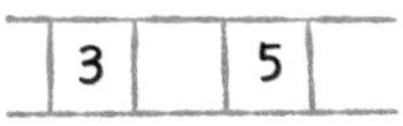

(2)
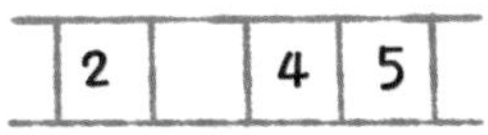

(3)
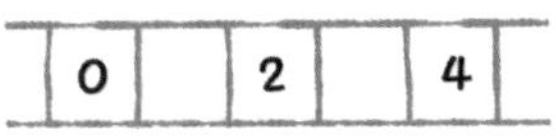

(4)
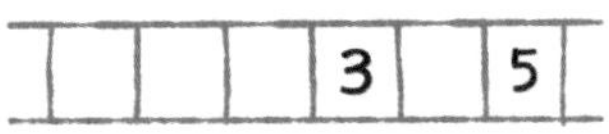

수직선 모델을 1학년 수학 수업에 이용한다고 하면 거부감을 보이는 선생님들이 많은 것도 사실입니다. 하지만 이는 단위 길이가 정확하게 분할되어 있는 '엄밀성'을 가진 수직선을 떠올리기 때문입니다. 앞에서도 언급했듯이, 여기 소개하는 수직선 모델은 자연수만을 나열한 것으로, 마치 역 이름만 표시한 지하철 노선도와 유사합니다. 지하철 노선도에서 중요한 것은 거리가 아니라 운행하는 역의 순서입니다. 역 이름을 차례로 늘어놓은 지하철 노선도를 연상하면, 여기 제시한 수직선 모델과 다르지 않습니다.

초등학교 1학년 아이들의 수준에 맞추어 수직선을 면밀히 살펴보세요. 1 다음의 수가 2, 2 다음의 수가 3이라는 것을 인지하면 그것으로 충분합니다. 수직선 모델은 아이들의 감각에 맞추어 여러 가지 모양으로 제시할 수 있습니다. 다음과 같이 수직, 사선, 징검다리 모양으로 응용하여 수의 차례를 나타낼 수도 있습니다.

〔문제 3〕 **빈칸에 알맞은 수를 써넣으세요.**

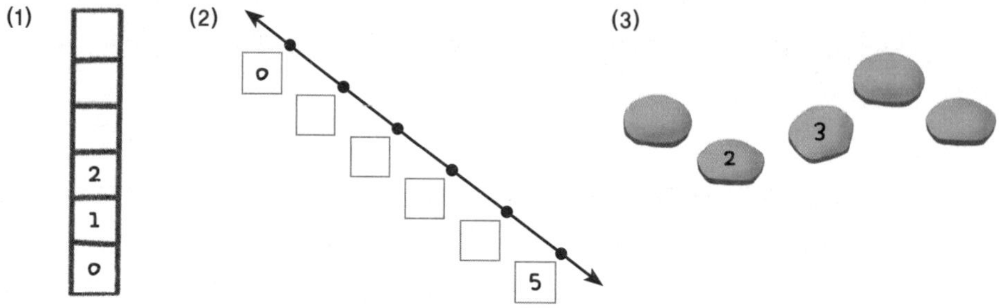

TIP

수직선 모델의 장점

첫째, 수의 배열을 시각적으로 확인할 수 있습니다. 구체물을 대상으로 한 추상화된 개념으로서의 수를 눈으로 확인함으로써 쉽게 받아들이는 것이 가능하고, 또한 추상적 개념의 이미지를 머릿속에 그릴 수 있습니다. 이는 이후에 전개되는 연산, 특히 덧셈과 뺄셈의 받아올림과 받아내림의 알고리즘을 형상화하는 데 커다란 도움이 됩니다.

둘째, 순서수로서의 특징을 자연스럽게 이해하고 습득할 수 있습니다. 수직선 모델의 이미지를 머릿속으로 그릴 수 있을 만큼 충분히 익숙해지면, 하나 더 많거나 하나 더 적다 또는 1 크거나 1 작다와 같은 수의 계열성을 굳이 별도로 가르칠 필요가 없다는 것이죠. 이와 같이 순서수 개념을 자동화하는 것이 수직선 모델의 또 다른 장점입니다.

셋째, 아이들의 상상력을 자극하여 수의 세계를 자연스럽게 확장시킬 수 있습니다. 즉, 왼쪽과 오른쪽 또는 위와 아래로 한없이 수가 연장될 수 있음을 깨닫는다면, 음수의 존재는 물론 무한에 대해서도 어색하지 않게 연결시킬 수 있습니다. 수직선을 충분히 연습한 유치원 아이에게서도 확인할 수 있었습니다.

뿐만 아니라 수직선 모델은 실생활에서 볼 수 있는 여러 가지 측정도구의 토대가 된다는 점에서 그 활용 가치가 무궁무진합니다. 예를 들어, 온도계의 눈금, 해수면을 기준으로 산의 높이와 해저면의 깊이를 보여주는 눈금 등이 수직선 모델의 구체적인 예라 할 수 있으니까요.

기수와 순서수의 구별

똑같은 숫자이지만 순서를 나타내는 순서수로 사용될 수가 있습니다. 그렇다면 순서수와 기수의 개념을 복합적으로 다루는 문제를 해결하면서 그 개념을 공고히 하는 활동이 필요합니다.

다음은 이를 위한 문제입니다.

〔문제 1〕 **그림을 보고 □ 안에 알맞은 말을 써넣으세요.**

(1) 왼쪽에서 두 번째 카드의 무늬 개수는 □개입니다.

(2) 오른쪽에서 □번째 카드가 틀렸습니다. 이 카드는 왼쪽에서 □번째입니다.

트럼프 카드를 이용한 이 문제에서 우선 트럼프 카드의 무늬 개수를 통해 기수 개념을 확인할 수 있습니다. 그리고 카드의 순서를 살펴봄으로써 순서수의 개념을 익힐 수 있습니다. 다음 문제는 순서수 개념이 사용되는 일상생활의 사례입니다.

〔문제 2〕 **그림을 보고 보기와 같이 빈곳에 알맞게 쓰세요.**

보기

5층 왼쪽에서 세 번째 집은 ___토끼___네 집입니다.

(1) 3층 오른쪽에서 두 번째 집은 ________네 집입니다.

(2) 수연이네 집은 연아네 집에서 오른쪽 _______번째입니다.

이 문제는 순서수의 숫자 사용뿐만 아니라 일종의 공간 감각과도 관련이 있습니다. 즉, 오른쪽과 왼쪽 그리고 위와 아래라는 방향을 나타내고 있다는 것입니다. 이때 순서수를 활용하면 어떤 대상의 위치를 확인할 수 있습니다. 좀 더 넓게 생각하면 이차평면 좌표 개념을 익히기 위한 초보 단계라고도 말할 수 있습니다. 1부터 5까지의 숫자를 배우면서도 우리 주변의 삶과 얼마든지 연계할 수 있는 방안이 있다는 사실을 이해하시기 바랍니다.

0의 도입은 어떻게?

수학의 역사를 돌이켜볼 때 0은 가장 늦게 만들어진 수입니다. 피타고라스, 유클리드, 아르키메데스 같은 고대 그리스 수학자들도 0이라는 숫자는 물론 그 개념조차 알지 못했습니다. 0의 개념이 확립된 것은 지금부터 약 1,300년 전인 7세기 무렵이고, 인도의 어느 이름 모를 천재가 고안해냈다고 알려져 있습니다. 0이라는 기호가 만들어지고 나서야 십진법 체계에 의한 숫자 표기가 제대로 위력을 발휘할 수 있게 되었습니다.

만일 0이 없다면 203이라는 수는 2 3처럼 중간에 빈칸을 만들어 표기할 수밖에 없습니다. 23이라는 수와 어쩔 수 없이 혼동될 터이니, 위치기수법에서 0의 중요성은 아무리 강조해도 지나치지 않습니다. 위치기수법은 수를 표기하는 하나의 방법으로, 말 그대로 숫자가 어느 위치에 놓여 있는가에 따라서 그 수의 값이 정해짐을 말합니다. 예를 들어 220이라는 수에서 2는 놓여 있는 자리에 따라 이백을 뜻할 수도 있고, 이십을 뜻할 수 있다는 것이죠.

그런데 0이라는 숫자는 아무 것도 없는 것을 뜻하는 것만은 아닙니다. 예를 들어 다음 문장을 봅시다.

"내일 기온은 0도이다."

이때 0은 아무 것도 없음을 말하는 것이 아닙니다. 온도가 없다는 뜻이 아니라는 것입니다. 0도는 1도보다 낮은 온도이며 얼음이 어는 기준을 나타내는 온도이니까요. 0도 순서수와 기수의 관점에서 동시에 생각할 수 있다는 것을 알 수 있습니다. 다음 문제를 눈여겨보세요.

〔문제 1〕 **수만큼 바구니에 사과를 그리세요.**

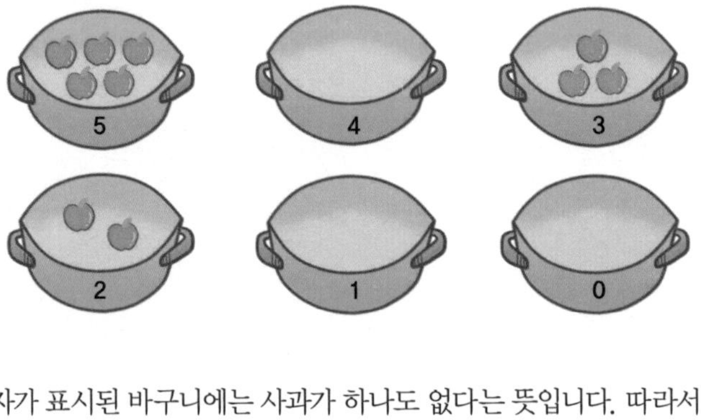

0이라는 숫자가 표시된 바구니에는 사과가 하나도 없다는 뜻입니다. 따라서 기수로서의 0을 말합니다. 그런데 전체 바구니의 패턴에 주목해보면 순서수로 해석할 수도 있습니다. 5개부터 하나씩 줄어들어 4, 3, 2, 1의 순서를 매길 수 있습니다. 그래서 0이 1 다음의 수라는 사실을 유추할 수 있으니, 순서수로서의 0을 의미할 수 있는 것이죠.

〔문제 2〕 **빈칸에 알맞은 수를 써넣으세요.**

(1)

5		3	2		

(2)

	1			4	

(3)

			3		5

사실 순서수 0을 알려주는 모델로 수직선 모델만한 것이 없죠. 위의 문제처럼 사다리 모양 수직선의 앞뒤 숫자를 통해 유추하며 0의 위치를 확인할 수 있습니다.

4 '6, 7, 8, 9' 이렇게 가르쳐요

5를 이용한 묶어 세기

5개 이하의 개수를 단번에 파악할 수 있는 직관적 수 세기 능력은 9까지의 수를 학습하는 데 중요한 역할을 합니다. 그렇다고 5까지의 수에 대한 완전학습이 이루어질 때까지 기다릴 필요는 없습니다. 9까지의 수를 학습하면서 5까지의 수에 대한 수 감각도 함께 자연스럽게 학습할 수 있기 때문이죠.

〔문제 1〕 **세어보고 같은 수끼리 선으로 연결하세요.**

卌 | ·	· 5(오) ·	· 여덟
卌 ||| ·	· 7(칠) ·	· 다섯
卌 ·	· 8(팔) ·	· 일곱
卌 || ·	· 6(육) ·	· 아홉
卌 |||| ·	· 9(구) ·	· 여섯

〔문제 1〕에는 5부터 9까지의 수를 익히기 위해 탤리의 개수에 해당하는 아라비아 숫자, 한자어 수 단어, 순우리말 수 단어가 함께 제시되어 있습니다. 탤리의 형태에 주목하세요. 5개씩 묶여 있습니다. 5 다음의 수를 파악하기 위해서는 우선 5를 하나의 묶음으로 보고, 이어서 하나씩 개수가 증가함에 따라 6, 7, 8, 9가 되는 계열성을 파악하라는 의도입니다.

〔문제 2〕 **세어보고 같은 수끼리 선으로 연결하세요.**

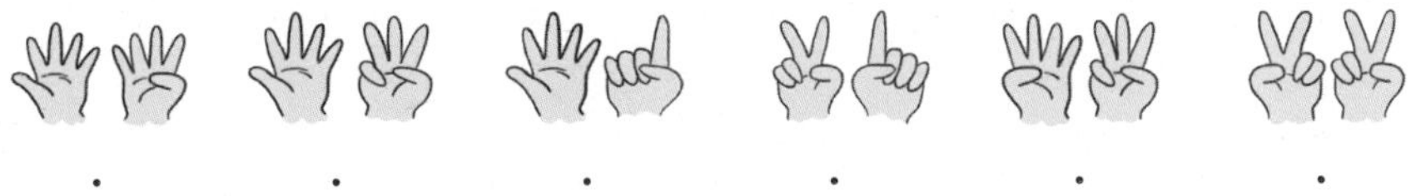

0 1 2 3 4 5 6 7 8 9

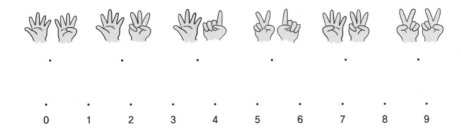

학생들과 그림에 제시되어 있는 손가락 모양을 직접 만들어보며 문제를 풀면 좋습니다. 특히 4를 나타내는 손가락 표현은 다양한 모습을 띨 수 있습니다. 누군가 손가락으로 수를 표현하고 다른 학생이 손가락의 수를 세어보는 활동을 게임처럼 전개하면 수 감각을 기르는 데 도움이 됩니다. 다음은 문제로 표현한 것입니다.

〔문제 3〕 **펼친 손가락 수를 세어 □ 안에 알맞은 수를 써넣으세요.**

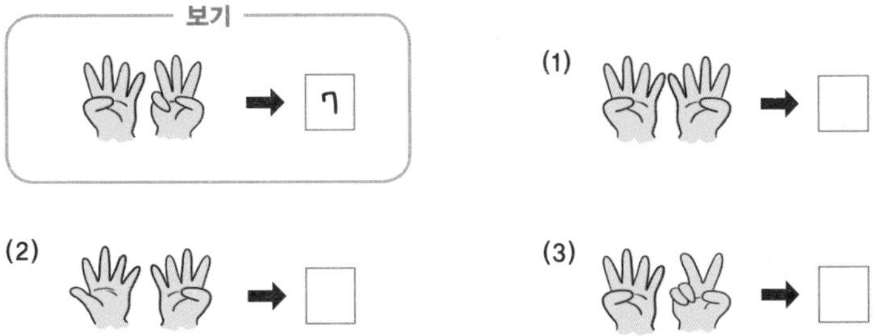

묶어 세기를 이용한 전략적 수 세기

묶어 세기를 스스로 하는 활동입니다. 물론 이때 대부분 5 이하의 수를 묶어 전체 개수를 파악하게 됩니다.

〔문제 1〕 **구슬을 두 부분으로 나누고, 개수를 세어 □ 안에 써넣으세요.**

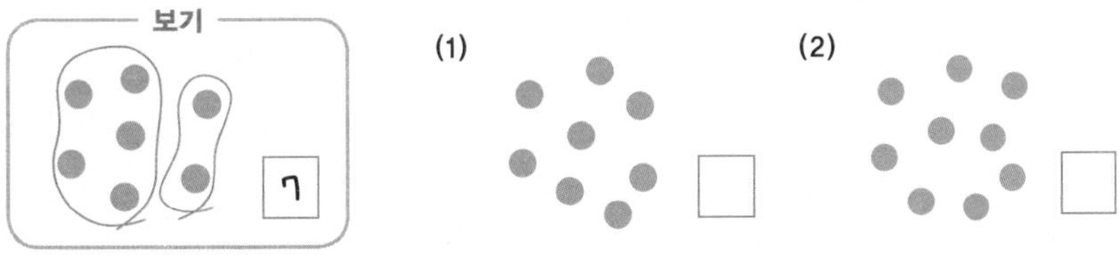

문제 형태에 주목하세요. 보기를 보여주는 것은 굳이 문제를 읽지 않아도 어떻게 해결할 것인지 스스로 생각하게 하려는 의도 때문입니다. 정답은 하나만 있는 것이 아닙니다. 다양한 묶음 전략을 비교하면서 자신과는 다른 전략을 세운 친구들의 의도를 파악하게 하는 것도 중요한 학습입니다. 수 감각이 발달하지 않은 경우에는 다음과 같이 개수를 파악할 수가 있습니다.

"5개를 묶은 후에 여섯, 일곱, 그래서 일곱 개."

〔문제 2〕 **보기와 같이 모자라는 수만큼 ○를 그리세요.**

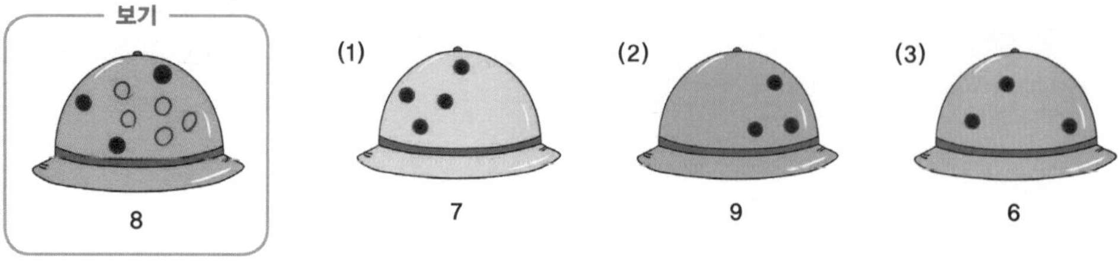

보기를 보세요. 숫자 8이 주어져 있고 3개만 표시되어 있죠. 3개 이후를 이어서 세도록 하는 것이 이 문제의 의도입니다. 즉, 학생이 넷, 다섯, 여섯, 일곱, 여덟 이렇게 이어서 셀 수 있도록 지도합니다. 이 문제는 단순히 이어 세기로 그치는 것이 아니라, 뺄셈이라는 연산과 직결됩니다. 즉 8−3은 얼마인가의 문제로 해석할 수 있다는 것입니다.

〔문제 3〕 **구슬의 개수를 쓰고, 2개씩 짝이 모두 맞으면 '짝' 구슬이 남으면 '홀'이라고 쓰세요.**

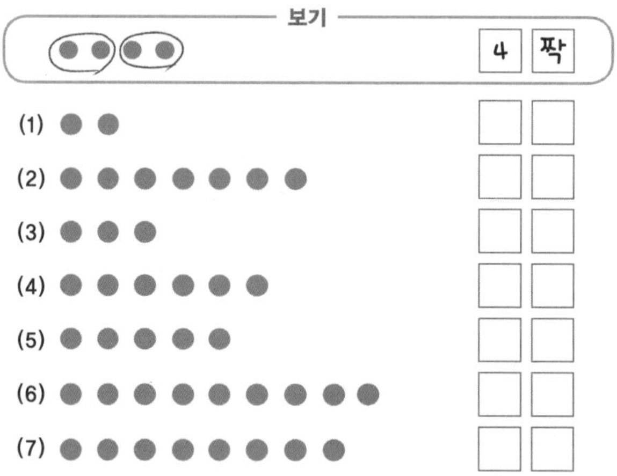

묶어 세기 전략 가운데 사람들이 가장 많이 애용하는 것이 두 개씩 짝짓는 것입니다. 〔**문제 3**〕은 둘씩 짝지어 개수를 세면서 딱 떨어지는 수는 짝수, 그리고 하나가 남으면 홀수라는 것을 함께 익힐 수 있는 문제입니다. 일상생활에서 접한 짝수와 홀수 개념을 아이들이 다시 확인하는 기회가 될 것입니다.

수 단어와 수직선 모델

〔문제 1〕 **보기와 같이 □ 안에 알맞게 써넣고 소리 내어 읽어보세요.**

보기

수건이 ⟨ 7 / 일곱 ⟩ 장 있습니다.

(1)

우리 언니는 ⟨ □ / □ ⟩ 학년 ⟨ □ / □ ⟩ 반입니다.

(2)

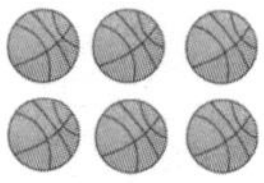

공이 ⟨ □ / □ ⟩ 개 있습니다.

(3)

나는 ⟨ □ / □ ⟩ 시에 학교에 갑니다.

(4)

이 버스는 우리 동네로 가는 ⟨ □ / □ ⟩ 번 버스입니다.

버스에 사람이 ⟨ □ / □ ⟩ 명 타고 있습니다

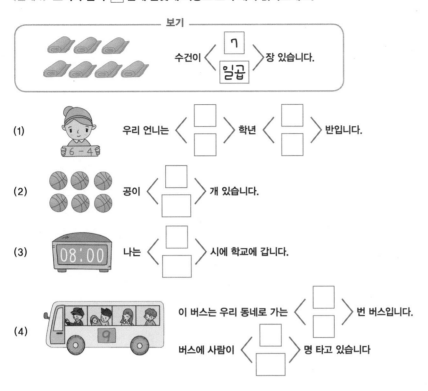

〔**문제 1**〕은 수 단어의 이중구조를 익힐 수 있는 문제입니다.

〔문제 2〕 **보기와 같이 모자라는 수만큼 아래 줄에 구슬을 그리세요.**

보기

(1)

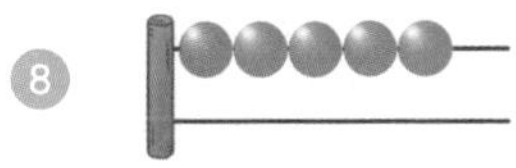

(2)

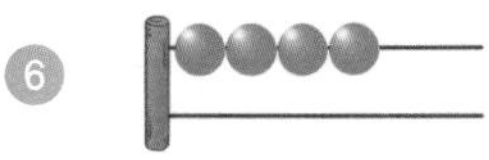

(3)

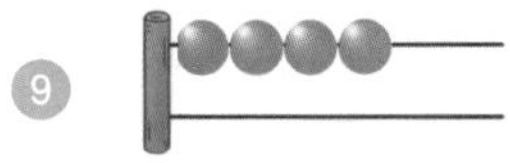

수 구슬 모델을 도입한 문제입니다. 주어진 숫자만큼 아랫줄에 구슬을 더 채워 넣으라는 문제는 앞에서 본 동그라미를 그려 넣는 것과 다르지 않습니다. 소재가 다를 뿐입니다. 수 구슬 모델은 이어지는 덧셈과 뺄셈에서 수직선과 함께 매우 유용한 모델로 사용할 것입니다.

본격적으로 수직선 모델을 익힙니다. 우선 **(문제 3)**과 같은 익숙한 문제부터 시작합니다.

(문제 3) **순서에 맞게 빈칸에 알맞은 수를 써넣으세요.**

(1)

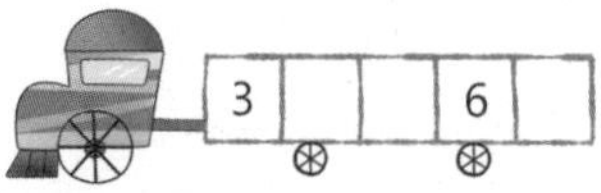

(2)

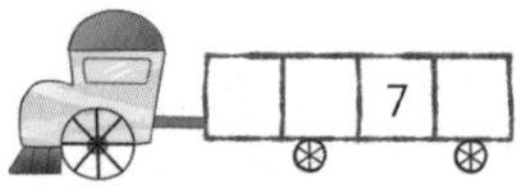

(3)

(문제 4) **선으로 연결하세요.**

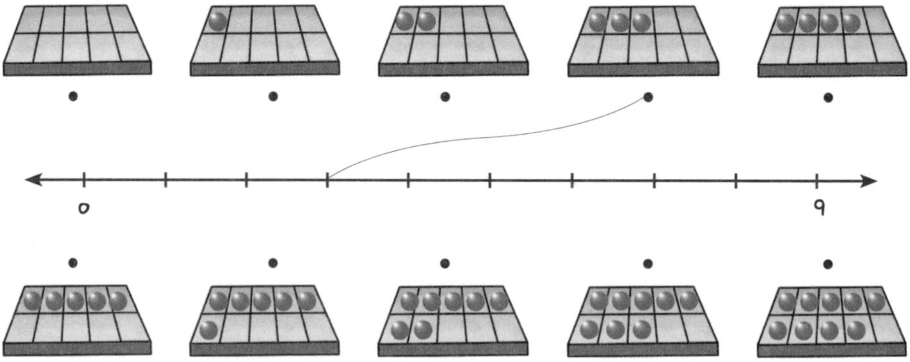

(문제 5) **□ 안에 알맞은 수를 써넣으세요.**

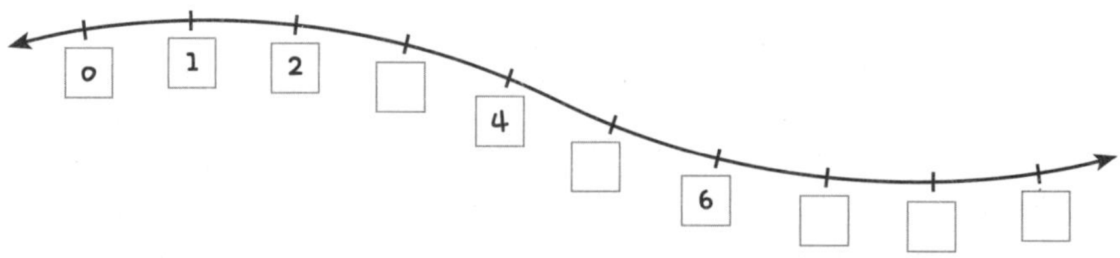

(문제 4)와 **(문제 5)**를 통해 수직선 모델을 점진적으로 소개합니다. 두 개의 문제가 이어서 차례로 소개된 이유를 생각해보세요. 수직선 모델의 전형적인 사례입니다. 학생들이 이와 유사한 문제를 충분히 접함으로써 머릿속에 형상을 자연스럽게 떠올리고, 이어서 수직선으로 확장할 수 있어야 합니다. 다음에 이어지는 순서수의 이해를 위해 필요한 과정입니다.

수의 순서

'1 큰 수와 1 작은 수'를 배우는 것이 왜 필요할까요? 주어진 자연수 바로 앞의 수와 그 다음의 수가 어떤 자연수인가를 말할 수 있기 때문이죠. 이는 자연수만의 고유한 특징입니다. 그 사실이 별로 중요해 보이지 않는 이유는 분수(또는 유리수)나 실수의 성질과 비교될 때 비로소 자연수의 성질이 부각되기 때문입니다. 자연수를 처음 배우는 단계, 그래서 수의 세계가 오직 자연수밖에 없는 상황에서는 그 중요성이 드러나지 않습니다. 이를 굳이 별도로 강조할 필요는 없습니다. 단지 수직선 모델을 익히면서 자연스럽게 이해하게 하는 것이 바람직합니다.

〔문제 1〕 **토끼가 움직인 위치를 찾아 □ 안에 알맞은 수를 써넣으세요.**

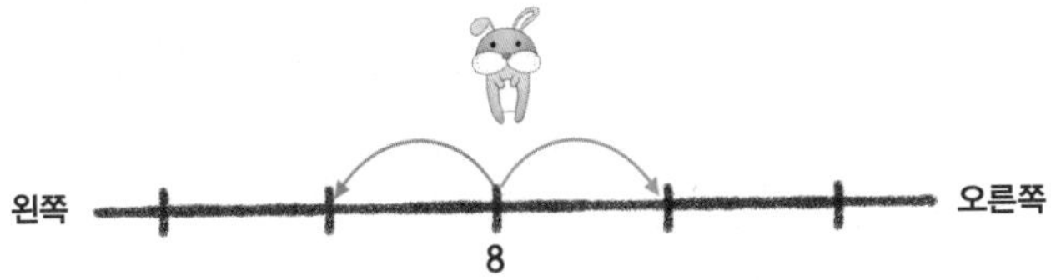

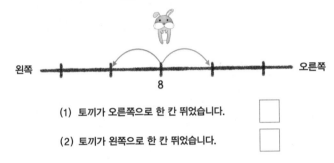

(1) 토끼가 오른쪽으로 한 칸 뛰었습니다. □

(2) 토끼가 왼쪽으로 한 칸 뛰었습니다. □

〔문제 2〕 **(　)안에 알맞은 말을 써넣으세요.**

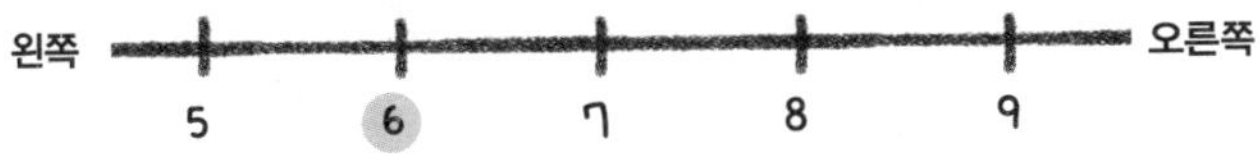

(1) (　)쪽으로 한 칸 뛰면 6보다 1 큰 수 (　)이 됩니다.

(2) (　)쪽으로 한 칸 뛰면 6보다 1 작은 수 (　)가 됩니다.

〔문제 3〕 **수직선을 보고 □ 안에 알맞은 수를 써넣으세요.**

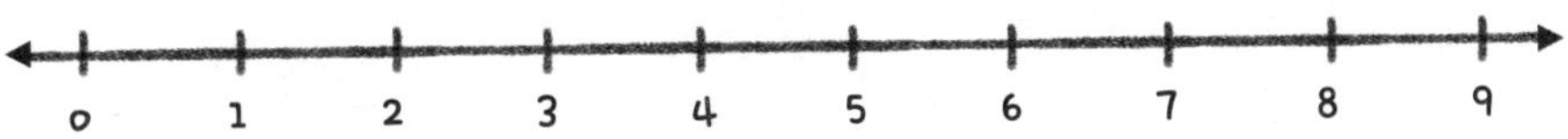

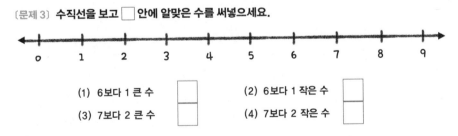

(1) 6보다 1 큰 수 □　　(2) 6보다 1 작은 수 □

(3) 7보다 2 큰 수 □　　(4) 7보다 2 작은 수 □

실생활에서 수직선 모델과 유사한 상황을 찾을 수 있습니다. 여기서도 수의 순서를 쉽게 파악할 수 있습니다.

〔문제 4〕 **그림을 보고 □ 안에 알맞은 수를 써넣으세요.**

(1) 6층은 □층보다 1층 높습니다.

(2) 8층에서 1층 내려가면 □층입니다.

(3) 7층과 9층 사이에는 □층이 있습니다.

(4) 5층에서 2층 올라가면 □층입니다.

부등호의 도입

수학 기호는 수학 학습의 필수요소이지만, 학습의 어려움을 조장하는 하나의 원인이기도 합니다. 그래서인지 현 교육과정에서는 부등호가 한참 뒤에 가서야 도입됩니다. 하지만 수의 순서를 비교해 부등호로 나타내게 하면 일찍부터 수학적 기호의 유용성을 깨닫게 해줄 수 있지 않을까요? 보기 좋은 그림을 통해 개념을 익힐 수 있다면 금상첨화겠죠. 어떻게 도입하는 것이 바람직할까요?

6 > 2　　4 = 4　　3 < 9

이제 이를 활용하는 문제를 해결하면서 부등호 기호를 익히도록 합니다.

〔문제 1〕 **보기와 같이 수를 써넣고, 〉, 〈, = 중 알맞은 것을 써넣으세요.**

보기

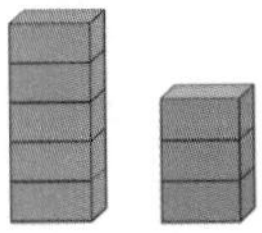

5 [>] 3

(1)

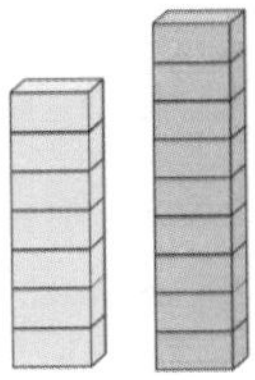

___ [ ] ___

(2)

___ [ ] ___

보기에서 부등호를 어떻게 사용하였는지 보았다면, 부등호를 사용하여 그 옆의 문제를 표현하는 것은 어렵지 않습니다. 그러니 부등호를 너무 어렵게 생각하여 도입을 미룰 필요가 없습니다.

〔문제 2〕 **보기와 같이 빈곳에 알맞게 써넣으세요.**

보기	(1)	(2)	(3)
5 (〈) 7	9 ( ) 3	3 ( ) 3	0 ( ) 1
5는 7보다 작습니다.	9는 3보다 ________.	3과 3은 ________.	0은 1보다 ________.

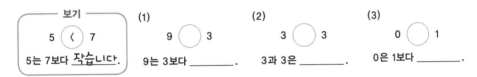

앞에 소개한 수 구슬 모델도 부등호 익히기에 사용할 수가 있습니다. 다음 문제는 이를 위한 것입니다.

〔문제 3〕 **보기와 같이 비어 있는 줄에 구슬을 그리고, [ ] 안에 알맞게 써넣으세요.**

보기

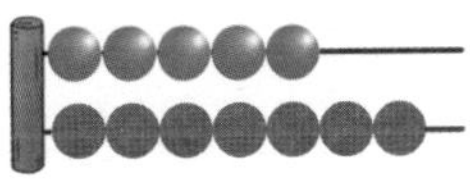

5 [<] 7

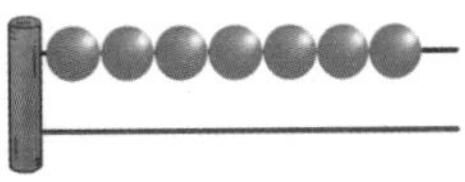

7 [ ] 6

순서수

하나의 숫자가 기수를 나타낼 수도 있고, 순서수를 나타낼 수도 있습니다. 예를 들어, 이 책의 쪽수를 나타내는 밑에 있는 숫자 62는 61쪽 다음이고 63쪽 앞에 있음을 나타내기 때문에 당연히 순서수입니다. 순서수 개념은 상황을 통해 학습하는 것이 바람직하겠죠.

실제 숫자와 공간 감각은 일상생활에서 함께 사용되기 때문에 밀접한 관련을 맺는데, 다음은 이를 위한 문제입니다.

〔문제 1〕 **친구들과 나의 위치를 빈곳에 써넣으세요.**

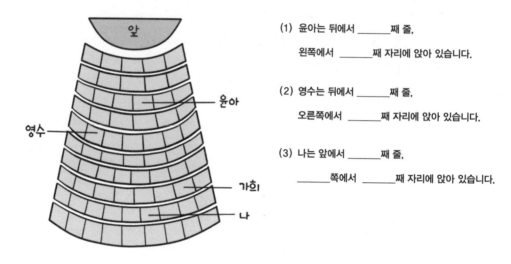

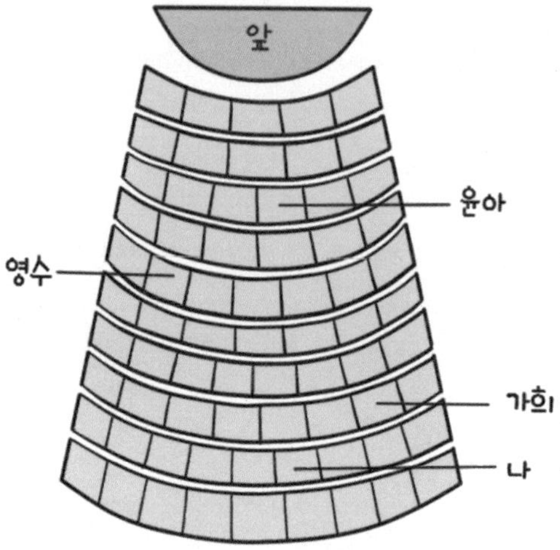

(1) 윤아는 뒤에서 _______째 줄,

왼쪽에서 _______째 자리에 앉아 있습니다.

(2) 영수는 뒤에서 _______째 줄,

오른쪽에서 _______째 자리에 앉아 있습니다.

(3) 나는 앞에서 _______째 줄,

_______쪽에서 _______째 자리에 앉아 있습니다.

이와 같이 상상력을 충분히 동원하면 아이들의 실생활과 밀접한 순서수 문제를 얼마든지 제시할 수가 있습니다. 그리고 공간 감각이라는 기하학적 사고의 초보 단계도 함께 익히는 부수적인 결과를 얻게 됩니다.

1부 수

Chapter 2

19까지의 수

I 수업의 흐름

19까지의 수

10~19까지 수 읽고 쓰기	십 막대 모형을 이용한 수 세기를 통해 10~19까지 수를 읽고 쓴다.
↓	
수의 계열성	수직선 모델과 수 배열표 모델을 활용하여 수의 계열성을 파악한다.
↓	
우리말과 한자어 수 단어	상황에 따른 수 단어의 이중구조를 이해하고 상황에 알맞은 수 단어를 사용할 수 있도록 한다.
↓	
여러 학습 모델을 활용하여 수 익히기	수 구슬 활용하기 / 탤리 작성하기 / 쌓기나무 세기 / 화폐 활용하기
↓	
수의 관계	수의 순서와 위치를 파악하고 크기를 비교하도록 한다.

01 10~19까지 수 읽고 쓰기

WHY?

십 막대 모형을 이용한 수 세기를 통해
구슬 10개가 십 막대 1개가 됨을 이해하고
10~19까지 수의 패턴을 파악할 수 있다.

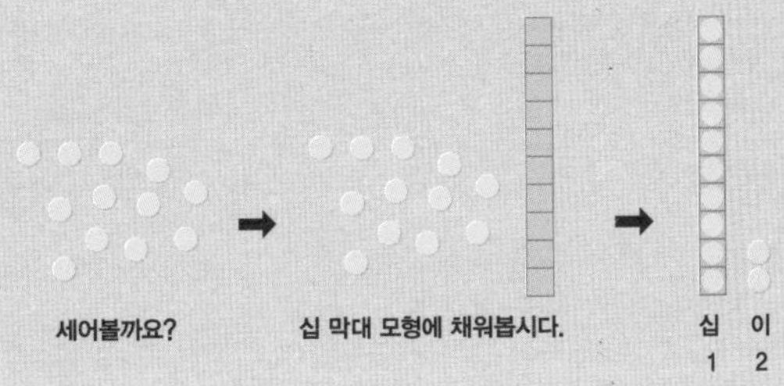

02 수의 계열성

WHY?

수직선과 수 배열표는 수의 순서를 시각적으로 익힐 수 있고, 수를 확장하는 데 도움이 되는 모델이다.

빈칸에 알맞은 수를 써넣으세요.

	11		13					18	

0			3			6			9
10	11			14	15			18	

수직선에서 익힌 내용을 바탕으로 숫자를 차례로 연결하여 19까지의 수를 익힌다.

1부터 차례대로 숫자 구슬을 꿰어보세요.

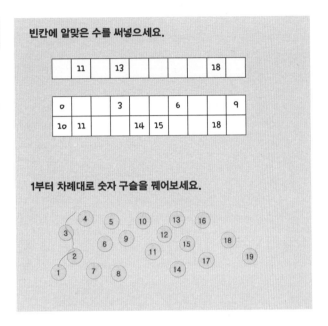

03 수단어의 이중구조

WHY?

상황에 따라 우리말과 한자어를 적절하게 사용할 수 있도록 연습한다.

문장에 나오는 수를 바르게 읽어보세요.

11(십일/열하나)월 19(십구/열아홉)일 오늘은 반별 체육대회가 있다.
우리 반은 여학생 12(십이/열두)명, 남학생 14(십사/열네)명이 참가한다.
오전 9(구/아홉)시에 시작하여 오후 12(십이/열두)시에 끝난다.

04 여러 학습 모델 활용하기

WHY?

수 구슬은 묶어세기를 할 때 시각적으로 도움이 되는 모델이다. 빨간색 5개, 파란색 5개씩 2줄로 배열되어 있어서 직관적 수 세기가 동시에 이루어진다.

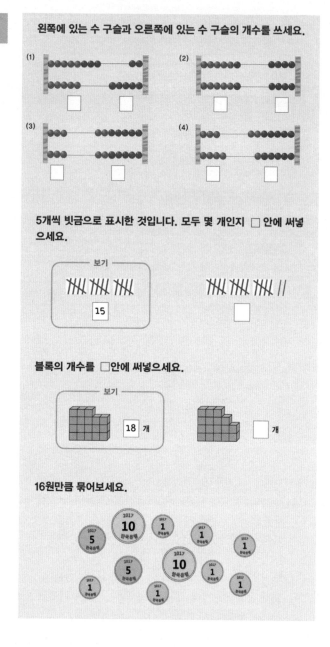

왼쪽에 있는 수 구슬과 오른쪽에 있는 수 구슬의 개수를 쓰세요.

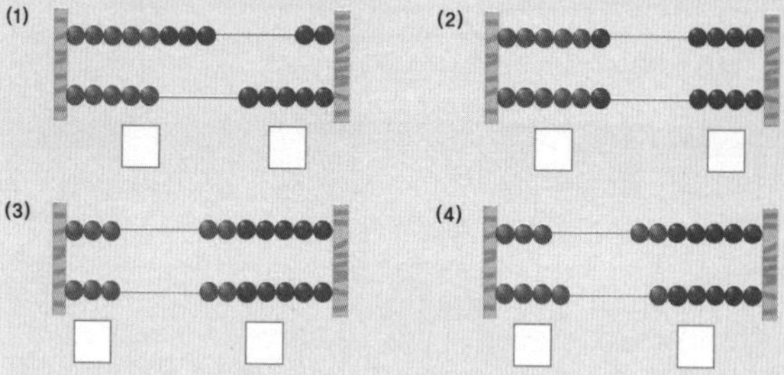

탤리는 5개씩 묶어 세고 낱개를 이어 세는 방식으로 수 세기가 가능하다.

5개씩 빗금으로 표시한 것입니다. 모두 몇 개인지 □ 안에 써넣으세요.

쌓기나무를 5개 또는 10개씩 한 줄에 배열하여 묶어 세기를 유도한다.

블록의 개수를 □안에 써넣으세요.

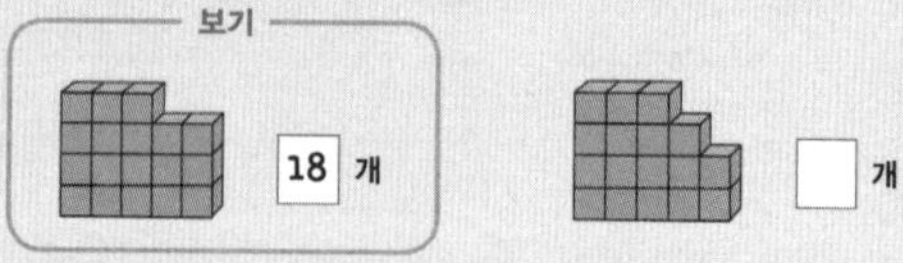

화폐는 쓰여 있는 숫자로 크기가 결정된다. 낱개가 모두 보이지 않는 세기이다. 숫자를 보고 묶어 세기, 뛰어 세기를 연습한다.

16원만큼 묶어보세요.

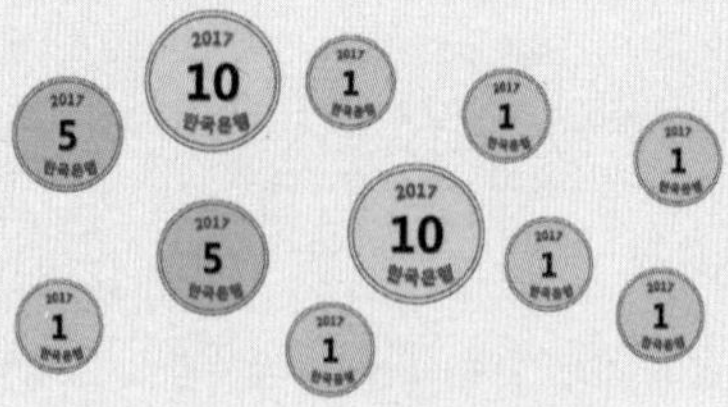

05 수의 관계

WHY?

수직선과 수 배열표에서 학습한 수의 순서를 생각하며 수직선에서 수의 위치를 찾아본다. 수의 위치를 파악하면 수의 크기 비교는 자연스럽게 해결된다.

두 수의 위치를 화살표로 표시하고, ○ 안에 >, =, <를 알맞게 넣으세요.

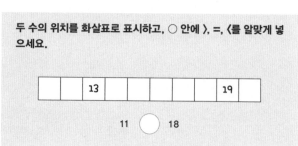

		13						19	

11 ○ 18

2 핵심 개념

'9까지의 수'만으로 덧셈과 뺄셈이 가능할까?

> 초등학교 수학 1~2학년군에서 가장 중점적으로 다루는 부분은 수와 연산 영역으로, 그 중에서도 덧셈과 뺄셈에 관한 내용이 대부분이다.

2016년도 1학년 2학기 5단원의 교사용 지도서에 적혀 있는 내용입니다. 수와 연산이 얼마나 중요한가를 강조하고 있습니다. 초등학교 1학년 수학은 '0부터 9까지의 수' 단원을 먼저 다룬 다음 곧바로 '덧셈과 뺄셈' 연산 단원이 이어집니다. 이러한 구성 순서에 대하여 대부분의 사람들은 매우 당연하게 여기는 것 같습니다. 교육과정이 시작된 이래 반세기 동안 변함없이 이어져 내려왔기에 일종의 전통처럼 존재하고 있으니까요.

지난 30년 동안의 1학년 1학기 수학 교과서 단원 순서를 한번 살펴볼까요? 다음 표에서 알 수 있는 바와 같이, 한결같이 '9까지의 수'를 배우고 나서 '덧셈과 뺄셈'을 배우는 순서로 단원이 구성되어 있습니다.

우리는 여기서 이렇게 오랜 세월에 걸쳐 난공불락의 요새와도 같은 교육과정의 구성을 비판적 이성의 안목으로 검토하고자 합니다. 여기에는 다음과 같은 의문이 제기되기 때문입니다.

"그 순서가 과연 적절하고 타당한 구성이라고 말할 수 있을까? 정말 아이들의 사고과정에 가장 적합한 최선의 체계인가? 그런 순서로 구성한 의도의 본질은 무엇일까?"

3차 (1973)	1. 수와 숫자-9까지의 수 2. 덧셈 3. 뺄셈
4차 (1982)	3~6. 9까지의 수 7~15. 덧셈과 뺄셈 16~17. 두 자리의 수
5차 (1989)	3. 수(2)-9까지의 수 5. 더하기와 빼기
6차 (1995)	3. 수(2)-9까지의 수 5. 수놀이: 가르기와 모으기 6. 덧셈과 뺄셈(1)
7차 (2000)	2. 9까지의 수 5. 더하기와 빼기
2007개정 (2009)	1. 5까지의 수 2. 9까지의 수 4. 더하기와 빼기
2009개정 (2011)	1. 9까지의 수 3. 덧셈과 뺄셈 5. 50까지의 수
2015개정 (2017)	1. 9까지의 수 3. 덧셈과 뺄셈 5. 50까지의 수

혹자는 이러한 의문에 고개를 갸웃할지도 모릅니다. 하지만 우리의 문제 제기는 진지하고 심각한 교육적 반성에서 비롯되었다는 사실을 힘주어 강조하고자 합니다. 전통적인 교육과정의 순서를 따르다 보면 가르치는 교사와 배우는 학생이 어쩔 수 없이 느끼게 되는 불편함과 어색함을 회피할 방법이 없기 때문입니다. 좀 더 구체적으로 살펴보기 위해 현재(2017년도) 1학년에서 다루는 수와 연산 내용을 다음 표를 통해 가까이 들여다보도록 합시다.

1학년 수 연산 교육과정 (2015 개정)

1학년 1학기	1단원	9까지의 수		
	3단원	덧셈과 뺄셈	3+4=7	8-5=3
	5단원	50까지의 수		
1학년 2학기	1단원	100까지의 수		
	3단원	덧셈과 뺄셈 (1)	12+13=25	78-32=46
	5단원	덧셈과 뺄셈 (2)	8+6=14	12-9=3

※1학년 2학기는 2016년 교과서에 따름.

앞에서 언급한 것처럼 첫 단원 '9까지의 수'에서 한 자리 수를 배우고, 곧 이어 3단원의 '덧셈과 뺄셈'에서 한 자리 수의 덧셈과 뺄셈을 배웁니다. 하지만 이는 온전한 한 자리 수끼리의 연산이라고 말할 수 없습니다. 반쪽짜리 연산에 지나지 않으니까요. 예를 들어 3+4만 다루고 8+6과 같은 한 자리 수의 덧셈은 다루지 않습니다. 이 덧셈은 무려 반년 이상의 시간이 지난 2학기 후반에 접어들어서야 배우게 됩니다. 그 이유가 무엇 때문인지 정말 궁금하지 않을 수 없군요. 그 다음에 어떤 내용이 전개되는지 좀 더 살펴봅시다.

두 자리 수를 분리하여 50까지의 수는 1학기 말에 그 다음 100까지의 수는 2학기 초에 배우도록 두 개의 단원으로 구성하고 있음을 위의 표에서 확인할 수 있습니다. 곧 이어 12+13과 78−32와 같은 두 자리 수의 덧셈과 뺄셈을 배우게 됩니다. 그런데 마지막으로 2학기 5단원에서 다시 8+6이나 12−9와 같은 한 자리 수의 덧셈과 뺄셈을 다루고 있습니다.

1학년 전체의 수와 연산에 대한 이러한 구성은 무엇을 의미할까요? 앞에서 인용했던 교사용 지도서는 다음과 같이 그 의도를 밝히고 있습니다.

> 앞서 학생들은 9 이하의 수의 가르기와 모으기, 덧셈과 뺄셈, 덧셈과 뺄셈의 관계 그리고 받아올림이 없는 두 자리 수의 덧셈과 받아내림이 없는 두 자리 수의 뺄셈에 대한 학습을 해왔다. 이제 학생들은 덧셈과 뺄셈을 배우면서 가장 큰 어려움을 겪으며 좌절을 경험하게 되는데 그것은 바로 받아올림이 있는 덧셈과 받아내림이 있는 뺄셈이다. 1학년의 덧셈과 뺄셈을 완성하게 되는 이 단원에서는 받아올림이 있는 덧셈과 받아내림이 있는 뺄셈을 배우기에 앞서 덧셈구구와 뺄셈구구를 완성하는 것을 최종 목표로 삼고 있다.
>
> –《초등학교 수학 1학년 2학기 교사용 지도서》 5. 덧셈과 뺄셈(2) 단원 소개 중

1학년 수학 학습의 최종 목표는 결국 받아올림이나 받아내림이라는 알고리즘의 습득이라는 점을 스스로 밝히고 있습니다. 8+6이라는 한 자리 수 덧셈이 왜 12+13이라는 두 자리 수의 덧셈을 배우고 나서, 그리고 12−9와 같이 답이 한 자리 수인 뺄셈을 왜 78−32라는 두 자리 수의 뺄셈을 배운 후에 도입하는지 그 이유가 드러난 것이죠. 이에 따르면, 8과 6을 더했을 때 합이 10을 넘고, 12에서 9를 빼는 경우에도 10의 자리에 있는 수로부터 뺄셈을 해야 하는 자릿값 바꿈이 나타나기 때문이라는 것입니다. 그리고 이 경우에 어떤 절차를 따르도록 할 것인가의 노하우, 즉 알고리즘의 습득을 학습의 최종 목표로 설정했다는 점이 지도서의 공식적인 견해입니다.

수학의 공식이나 알고리즘의 습득을 수학 학습이라고 간주하는 것에 이의를

제기하지는 않겠습니다. 다만 수학자들이 만들어놓은 공식과 알고리즘을 제시하고 이를 따라 익히도록 하는 것을 수학교육이라고 간주하는 관점에는 동의할 수 없습니다. 우리는 앞에서 이러한 관점을 이미 내비게이션 수학이라고 규정한 바 있습니다.

이 책에서 우리가 생각하는 수학교육은 그러한 공식과 알고리즘을 아이들 스스로 재발명 또는 재발견(수학자가 이미 완성한 것이므로)하도록 하는 것입니다. 그러한 공식과 알고리즘의 습득이야말로 진정한 수학 학습이고, 이때 교사와 교재의 역할은 아이들이 과정을 밟아갈 수 있도록 안내하는 것입니다. 물론 이 경우에 우리는 아이들을 지시한 길을 따라만 가는 수동적 존재가 아니라 지적 호기심이 충만한 능동적 탐구자로 바라보는 것이죠.

그렇다면 수학교육에 대한 이러한 관점이 한 자리 수의 덧셈과 뺄셈이라는 단원의 교육과정에 어떻게 반영될 수 있을까요? 우리가 단순하게 '어떻게 가르칠 것인가?'라는 도구적 이성이 아닌 비판적 이성을 적용하여 교육과정을 검토하는 까닭은 이 질문에 답하기 위해서입니다. 우리는 이를 위해서 가장 먼저 수학적 내용이 아닌 학습자의 상황에 주목할 것을 제안합니다.

21세기를 살아가는 우리 아이들은 그 이전의 어떤 아이들보다도 일상생활 속에서 풍부한 수 개념과 숫자를 경험하며 살고 있습니다. 유치원 교육 여부와 관계가 없습니다. 대부분의 많은 아이들이 휴대폰 번호나 아파트 동 호수 또는 수십 개의 TV 채널을 통해 숫자를 접할 수 있는 기회가 항상 열려 있으니까요. 이러한 환경에 놓인 아이들의 수 감각을 고려하자는 것입니다. 일상적 경험을 통해 얻어진 비형식적 지식을 형식적 지식으로 수학화mathematization하는 것이 수학교육의 과제라는 점에 동의한다면, 아이들의 일상적 경험을 헛된 것으로 무시하기보다는 소중히 여겨 수학의 교수-학습에 활용해야 하지 않을까요?

그런 관점에서 8+5와 같은 한 자리 수의 덧셈을 생각해봅시다. 이 덧셈은 반드시 알고리즘을 적용하는 일, 즉 받아올림에 의해서만 13이라는 답을 얻을 수 있는 것이 아닙니다. 학교에 갓 입학한 아이들은 이 문제를 개수 세기에 의해 해결할 수 있습니다. 구체적 사물 8개와 5개를 함께 놓고 개수 세기를 통해 전체 개수가 13개임을 말할 수 있다는 것이죠. 수 영역의 지식이 연산 영역으로 확장될 수 있다는 것입니다.

이 과정은 연산 영역에서 자세히 설명하려고 합니다. 그 전에 여기서 한 가지 사실을 언급하고자 하는데, '덧셈'과 '덧셈식'의 구분에 대한 것입니다. 덧셈식은 아이들이 생애 최초로 배우는 형식화된 추상적인 수학식입니다. 반면에 덧셈식을 배우지 않아도 아이들이 덧셈을 할 수 있다는 사실을 잊지 맙시다. 수 세기를 배우는 과정에서 자연스럽게 덧셈을 터득할 수 있으니까요. 이러한 아이들의 수 세기 경험을 존중하고 이를 덧셈식이라는 형식적 수학을 익히는 데 활용하는 것이 수학교육의 기본 원리 아닐까요? 우리는 그런 기본 원리를 충실하게 따르자는 소박한 견해를 피력할 뿐입니다. 다시 말해 수 세기 경험을 확장하여 8+5=13과 같은 덧셈식으로 나타낼 수 있도록 적용하는 것이 수학의 본질을 구현하는 연산 교육이라는 것이죠.

그렇다면 연산 교육이라고 하여 아이들에게 생경한 받아올림이라는 알고리즘을 무작정 강요하는 것이 결코 적절하지 않음은 분명합니다. 아이들이 수 세기 활동을 익숙하게 하면서 덧셈으로 나아간 후에 형식적인 덧셈식으로 확장해나가는 경험을 거치도록 하여 알고리즘을 자연스럽게 이해할 수 있도록 하자는 것입니다. 그런 관점에서 볼 때 현재 교과서의 단원 순서는 수 세기 활동이 연산 활동으로 확장될 수 있도록 구성되었다고 말하기 어렵습니다. 수 영역과 연산 영역을 별도로 간주한 채 집필진 또한 분리해 작업하였기 때문에 둘 사이를 연계할 수 없었던 것이고, 따라서 받아올림과 받아내림이라는 알고리즘만을 적용하는 연산교육을 강요하는 결과로 나타난 것입니다.

19까지의 수를 먼저 가르친다

1학년의 수 영역에서 다루는 수의 범위는 두 자리 수까지입니다. 50까지의 수는 1학기 말에, 그 다음 100까지의 수는 2학기 초에 배우도록 두 개의 단원으로 분리하여 구성되어 있는데, 그 이유는 분명하지 않습니다. 단지 수가 크기 때문이라고 추측할 수도 있지만, 곧이어 배우게 되는 세 자리와 네 자리 수의 크기가 훨씬 큰데도 그렇지 않은 것을 볼 때 반드시 그래야 할 이유가 있는 것은 아닙니다. 어떤 수학적 근거나 교육적 필요에 의해 두 개의 단원이 분리되었다고는 말할 수 없습니다.

사실 십진법의 수를 배우는 과정에서 자릿값 개념의 중요성은 아무리 강조해도 지나치지 않습니다. 십진법 체계에서 자릿값 개념은 세 자리와 네 자리 수 등으로 수의 크기가 확장되면서 매우 중요한 수학적 내용을 갖습니다. 사칙연산에서 나타나는 오류의 대부분은 자릿값 개념에서 비롯된 것이라 하여도 틀리지 않으니까요. 그렇다고 하여 한 자리 수에서 두 자리 수로 확장하면서 자릿값의 개념을 명시적으로 가르치는 것은 적절하지 않습니다. 이는 1학년 이후로 미루어야 합니다. 1학년 아이들에게는 자릿값의 이론적 개념보다는 수에 대한 감각과 직관에 바탕을 둔 수 세기에 중점을 두어야 합니다. 아울러 덧셈식과 뺄셈식이라는 형식화된 수학식을 처음 배우는 단계라는 사실도 함께 고려해야 합니다. 즉, 수 영역과 연산 영역의 자연스러운 연계성을 이해하도록 해야 한다는 것입니다.

그런 관점에서 두 자리 수를 어떻게 도입하고 가르칠 것인가를 생각하자는 것입니다. 우리의 제안은 전통적인 교육과정을 그대로 답습하기보다는 19까지의 수를 먼저 도입하자는 것입니다.

다음 10개의 두 자리 수를 살펴봅시다.

10, 11, 12, 13, 14, 15, 16, 17, 18, 19

자릿값 개념의 시작은 19까지 10개의 아라비아 숫자에 나타나는 일정한 패턴을 익히는 것에서 출발합니다. 명시적으로 십의 자리를 알려주기보다는 이미 알고 있는 19까지의 두 자리 수만을 별도로 익히도록 하자는 것이죠. 처음 두 자리 수를 배우는 과정에서 충분한 시간을 갖도록 하여 아이들 스스로 그 패턴을 발견하도록 하려는 의도입니다.

처음 10을 도입할 때에 십의 자리 숫자 1의 의미가 일의 자리에 있는 숫자 1과 다르다는 것을 인지하도록 해야 합니다. 하지만 이를 명시적으로 알려주어 암기하도록 강요해서는 안됩니다. 이미 아이들은 '열' 그리고 '십'이라는 수 단어를 일상생활에서 접한 바 있습니다. 이를 아라비아 숫자 10으로 나타낼 수 있으면 충분합니다, 이때 십의 자리 1을 직관적으로 이해할 수 있는 방안을 고려해야 하는데, 다음 절에서 제시하려 합니다. 어쨌든 십 몇에 해당하는 숫자들을 읽고 쓰면서 아이들은 스스로 자연스럽게 두 자리 수의 패턴을 발견할 수 있습니다.

11,	12,	13,	14,	15,	16,	17,	18,	19
(열)하나,	(열)둘,	…						(열)아홉
(십)일,	(십)이,	…						(십)구

한 자리 수에서 배웠던 숫자 1, 2, … 9와 우리말 수 단어인 하나, 둘, 셋, … 여덟, 아홉, 그리고 한자어 수 단어인 일, 이, 삼, … 팔, 구가 십의 자리 숫자인 1(열 또는 십)과 결합하는 패턴의 구조를 쉽게 익힐 수 있지 않나요? 이렇게 19까지의 숫자들을 먼저 도입하여 두 자리 수를 학습하도록 합니다. 이와 같은 십 몇 하는 숫자에 대한 학습은 이후에 이어지는 20, 21, 22, … 73, 74, … 98, 99까지의 두 자리 수에 대한 학습을 효과적이고 자연스럽게 도와줍니다.

처음이 중요합니다. 십의 자리만 바뀌고 일의 자리는 일정한 패턴을 유지한다는 사실을 발견하면 십진법 체계에서의 두 자리 숫자는 물론 수 단어 읽기도 자연스럽게 익힐 수 있으니까요. 물론 열, 스물, 서른, … 아흔과 같은 우리말 수 단어는 좀 더 많은 시간과 연습을 필요로 합니다. 그래서 20 이상의 수에 대한 학습은 뒤로 미루는 것이 좋습니다.

19까지의 수를 먼저 배우는 가장 중요한 이유는 이어서 등장하는 한 자리 수의 덧셈/뺄셈과 밀접한 관련이 있기 때문입니다. 새로운 패러다임의 수학교육을 지향하는 이 책에서는 1학년의 수와 연산 학습 과정을 다음과 같은 순서에 의해 진행할 것을 제안합니다.

새로운 패러다임의 1학년 수 연산 교육과정

5까지의 수	0, 1, 2, 3, 4, 5	
9까지의 수	6, 7, 8, 9	
19까지의 수(또는 20까지의 수)	10, 11, 12, … 19, (또는 20)	
한 자리 수의 덧셈과 뺄셈	3+4=7 8+6=14	8-5=3 12-9=3
20부터 99까지의 수	20, 21, … 99, (또는 100)	
두 자리 수의 덧셈과 뺄셈	32+45=77 36+47=83	79-52=27 82-38=44

위의 표에서는 전통적 교육과정에 나타났듯이 받아올림과 받아내림이라는 알고리즘을 분리하여 별도로 다루지 않았습니다. 그렇다고 이를 가르치지 말자는 것은 아닙니다. 자릿값 개념을 익히는 과정에서 '패턴의 발견'이라는 수학의 본질을 구현하였듯이, 알고리즘 또한 아이들 스스로 그 패턴을 발견하도록 하여 기계적인 연산 훈련이 아니라 생각하는 연산 학습이 이루어지도록 하자는 것입니다. 새로운 패러다임의 연산 교육을 어떻게 가르칠 것인지는 2부에서 자세히 논하려고 합니다.

'19까지의 수' 이렇게 가르쳐요

3

10~19 수 읽고 쓰기

십 몇이라는 두 자리 수를 익히기 위해 9 다음 수인 10을 먼저 도입하지 않는 것이 바람직합니다. 아이들이 이미 생활 속에서 두 자리 수를 알고 있다는 현실을 고려합시다. 그리하여 십의 자리와 일의 자리를 명확하게 구별할 수 있는 12, 13 같은 수를 먼저 도입합니다. 개수 세기에 의해 두 자리 숫자를 읽고 쓰는 것을 배우도록 하자는 것이죠.

막대 모형을 활용하면 효과가 좋습니다. 아이들은 주어진 물건 열 개를 채워 넣으면서 10개의 낱개가 십 모형 1개가 됨을 이해합니다. 십 모형 1개와 2개의 낱개를 '십이'라고 읽고 12로 표기하는 것을 배우도록 합니다. 같은 방식으로 나머지 숫자를 익힙니다. 마지막으로 10을 읽고 쓰도록 합니다. 이때 일의 자리가 0이 된다는 것을 자연스럽게 인지할 수 있도록 하자는 것이죠.

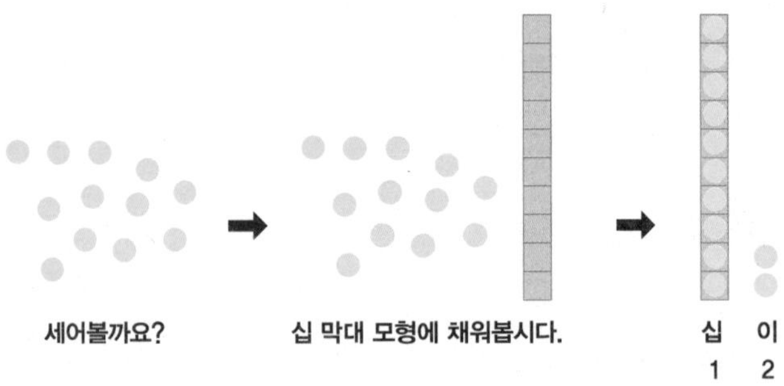

세어볼까요?
십 막대 모형에 채워봅시다.
십
이
1
2

〔문제 1〕 **십 막대 아래 빈칸에 알맞은 수와 수 단어를 써넣으세요.**

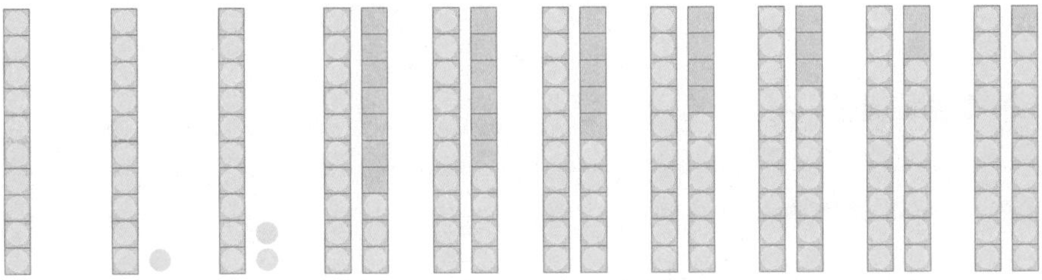

1	0					1	3					1	6			1	8		
십		십	일	십	이			십	사	십	오			십	칠			십	구
열		열	하나			열	셋	열	넷			열	여섯			열	여덟		

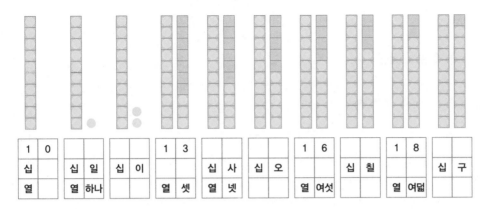

한자어와 우리말을 같이 사용하도록 합니다. 수 단어의 이중구조 지도는 잠시 후에 상황을 통해 다시 한 번 익힐 기회를 마련합니다.

수직선 활용하기

〔문제 1〕 **아래 빈칸에 알맞은 수를 써넣으세요.**

(1)

	11		13					18	

(2)

(3)

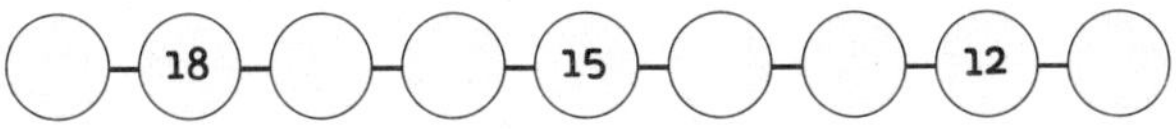

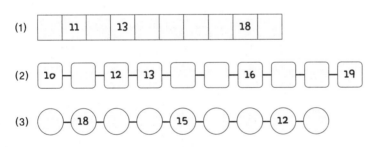

덧셈과 뺄셈에서 수직선을 도입하면 매우 유용합니다. 수직선에 알맞은 수를 써넣으면서 수의 순서, 규칙성, 그리고 수의 크기를 익힐 수 있습니다. 순차적 세기뿐만 아니라 거꾸로 세기도 연습하며 두 자리 숫자를 능숙하게 사용할 수 있도록 합니다.

〔문제 2〕 **1부터 차례대로 숫자 구슬을 꿰어보세요.**

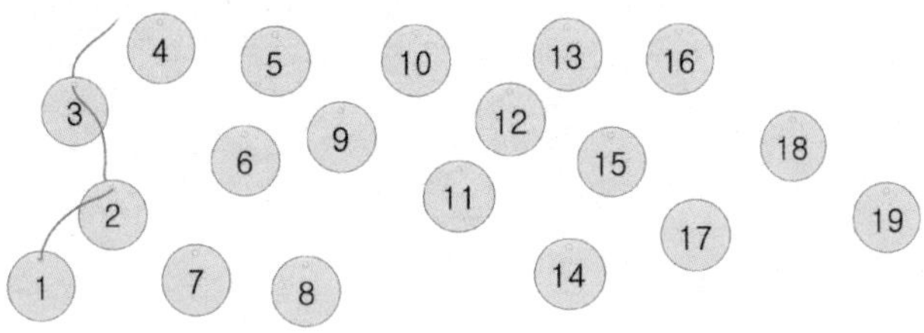

수직선에서 익힌 내용을 바탕으로 숫자를 차례로 연결하여 19까지의 수를 학습합니다.

수 배열표 활용하기

〔문제 1〕 **표를 완성하세요.**

0			3			6			9
10	11			14	15			18	

수 배열표라는 새로운 모델을 제시합니다. 숫자띠가 열 개씩 가로로 배열되어 있습니다. 수직선과 마찬가지로 수의 배열을 시각적으로 확인할 수 있고, 순서수로서의 특징을 자연스럽게 이해하고 습득할 수 있습니다. 뿐만 아니라 수 배열표는 연산에도 활용할 수 있습니다. 수 배열표 빈칸에 수를 채우면서 가로로 진행될 때의 수의 규칙과 세로로 진행될 때의 패턴을 발견하는 것은 연산을 위한 기초가 됩니다. 따라서 수 배열표를 활용하는 수 익히기는 연산 영역으로 자연스럽게 이행하도록 합니다.

〔문제 2〕 **물음에 맞는 수를 찾아 배열표에 색칠하세요.**

0	1	2	3	4	5	6	7	8	9
10	11	12	13	14	15	16	17	18	19

(1) 파란색 : 숫자 2가 들어 있는 수
(2) 노란색 : 두 개의 홀수가 들어 있는 수

〔문제 3〕 **수 배열표의 □와 ■ 안에 들어갈 수를 써넣으세요.**

	2			5					10
		13							

조건에 맞는 수를 찾아 색칠하면서 수 배열표의 규칙성을 파악하도록 합니다. 수 배열표가 익숙해지면 빈칸에 들어가는 수를 모두 채우지 않고도 색칠되어 있는 칸에 들어갈 수를 예상할 수 있습니다.

TIP

수 배열표의 활용

〔문제〕 물음에 맞는 수를 찾아 배열표에 색칠하세요.

(1) 6보다 4 큰 수
(2) 17보다 4 작은 수

0	1	2	3	4	5	6	7	8	9
10	11	12	13	14	15	16	17	18	19

이 문제는 '~ 큰 수' '~ 작은 수'에 관한 것으로서, 수 영역에서 다루는 수의 크기 비교에 해당합니다. '~ 큰 수'는 덧셈, '~ 작은 수'는 뺄셈의 의미를 포함하고 있습니다. 6보다 4 큰 수는 6+4, 17보다 4 작은 수는 17-4로 표현할 수 있는 것이지요. 연산 기호를 쓰지 않았을 뿐이지, 다루고 있는 내용은 연산의 의미를 담고 있는 것입니다. 수 영역에서부터 수 배열표를 꾸준히 활용하면 연산 영역에서도 효과적인 모델로 사용할 수 있습니다. 아래에서 보는 100까지의 수 배열표는 앞으로 두 자리 수의 덧셈과 뺄셈에 활용할 예정입니다.

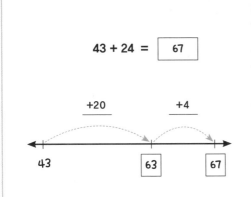

43 + 24 = 67

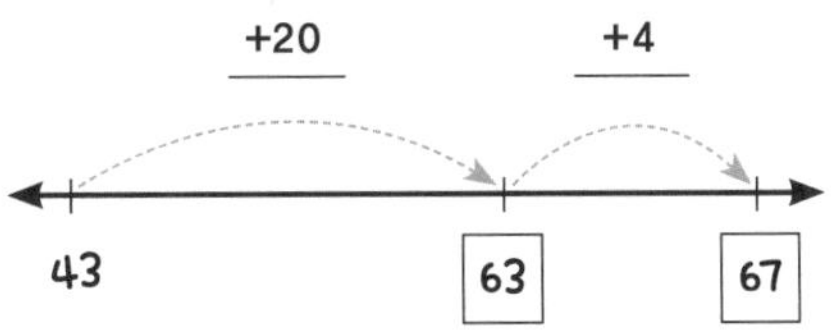

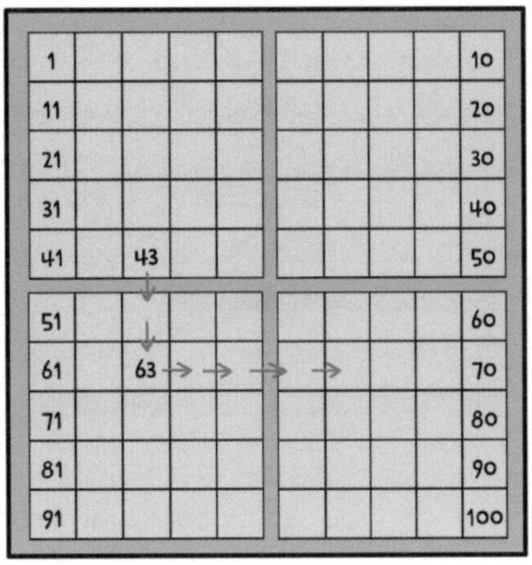

수 단어의 이중구조 익히기

〔문제 1〕 **문장에 나오는 수를 바르게 읽어보세요.**

11(십일/열하나)월 19(십구/열아홉)일
오늘은 반별 체육대회가 있다.
우리 반은 여학생 12(십이/열두)명,
남학생 14(십사/열네)명이 참가한다.
오전 9(구/아홉)시에 시작하여
오후 12(십이/열두)시에 끝난다.

'9까지의 수'에서도 다루었듯이 수 단어의 이중 구조를 상황을 통해 익히도록 합니다. 생활 속에서 학생들이 경험하게 되는 상황들을 다양한 예시로 제시하여 연습해보도록 합니다.

수 구슬 활용하기

9까지의 수에서 사용한 수 구슬 모델은 두 자리 수를 익히는 데 더 효과적입니다. 구슬은 자유로이 자리를 옮겨 수의 조합을 구성할 수 있기 때문에 실물을 이용하는 것이 바람직합니다.

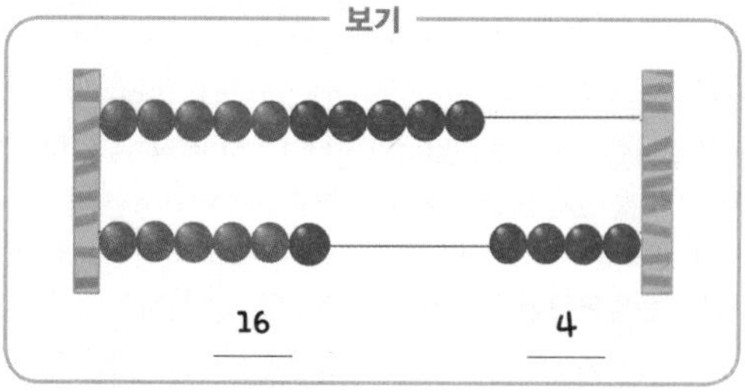

9까지의 수에서 직관적 수 세기가 가능한 것이 5까지의 수라고 하였습니다. 그래서 구슬의 색을 5개씩 다르게 구성한 것입니다. 위의 수 구슬의 경우, 다음과 같이 '16'을 파악할 수 있습니다.

(1)

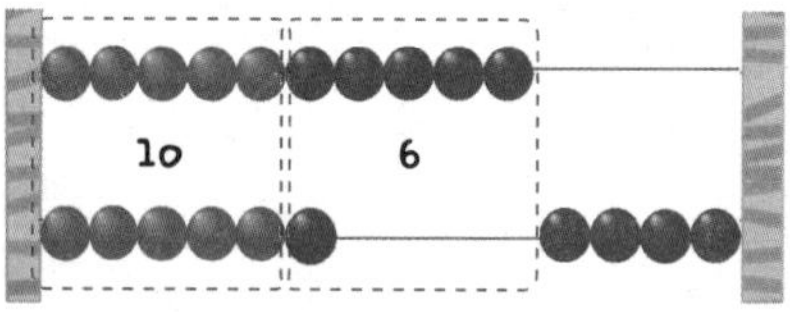

(2)

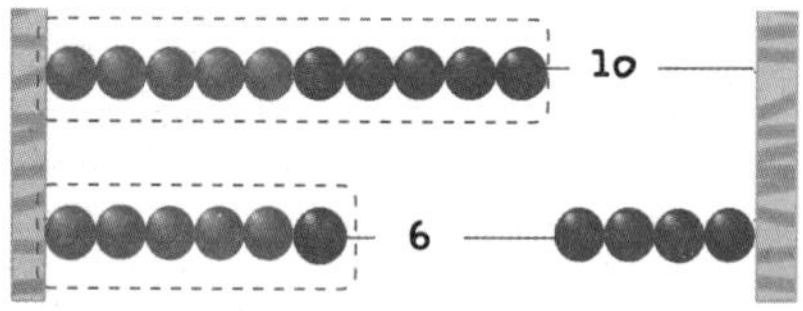

5개씩 서로 다른 색으로 나누어져 있는 묶음은 직관적으로 파악할 수 있는 수의 조합으로 생각할 수 있습니다. (1)의 경우 빨강5/빨강5→빨강10, 파랑5/파랑1→파랑6이므로 총 16개, (2)는 한 줄이 모두 해당하므로 10, 그리고 빨강5/파랑1→6이므로 총 16개로 파악할 수 있습니다. 학생들이 순식간에 이런 조합의 과정을 거쳐 개수를 구하는 것은 아니지만, 수 구슬을 이용하여 수 세기하는 과정을 경험함으로써 수를 가르고 모으는 방법을 익히게 됩니다.

〔문제 1〕 **왼쪽에 있는 수 구슬과 오른쪽에 있는 수 구슬의 개수를 쓰세요.**

(1)

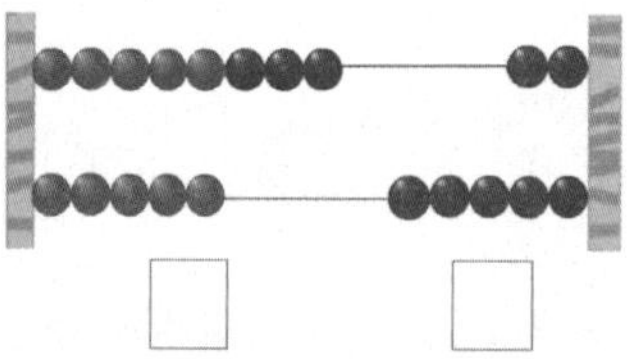

(2)

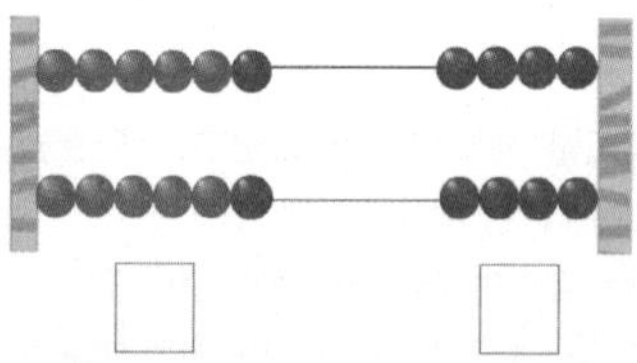

(3)

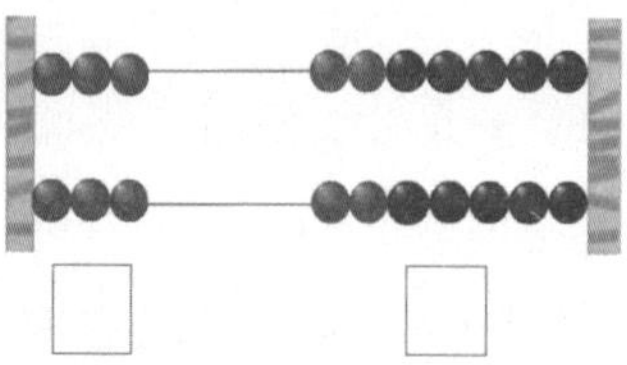

(4)

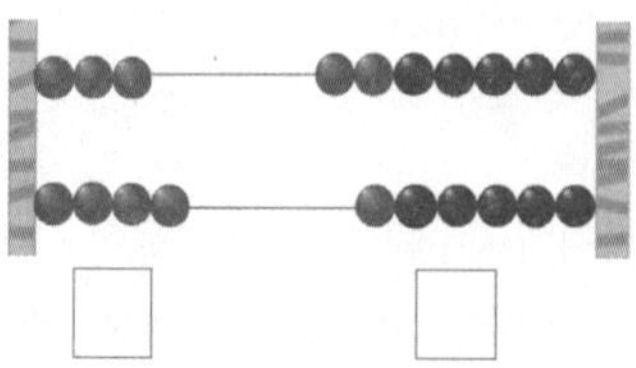

〔문제 2〕 **보기처럼 수 구슬을 그리고, ☐ 안에 알맞은 수를 써넣으세요.**

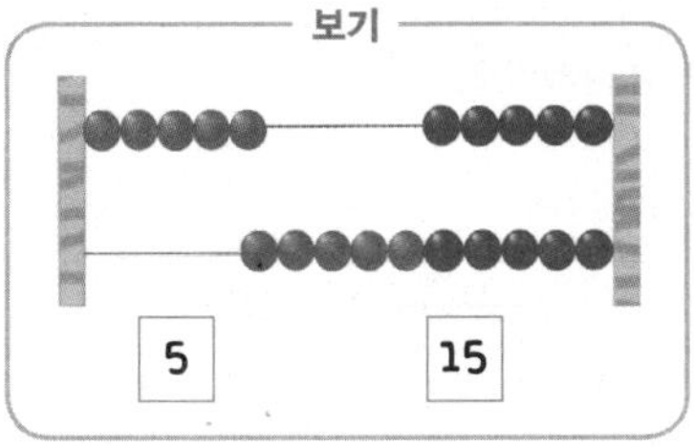

(1)

(2)

(3)

실물을 이용하여 교사가 말한 수에 맞추어 수 구슬을 놓아보는 활동도 가능합니다.

탤리로 나타내기

〔문제 1〕 **5개씩 빗금으로 표시한 것입니다. 모두 몇 개인지 ☐ 안에 써넣으세요.**

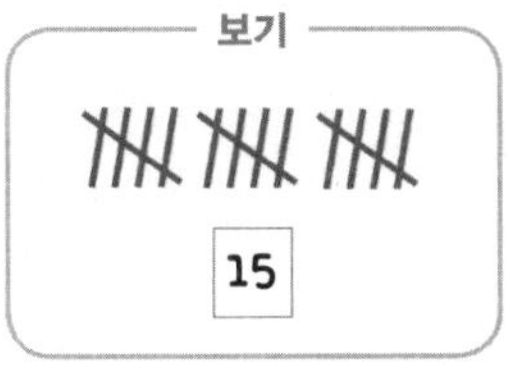

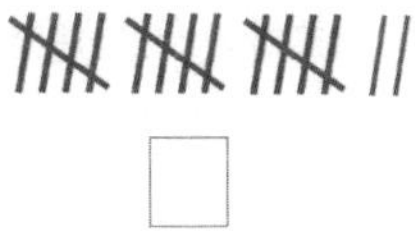

탤리는 5개 묶음의 전략적 수 세기를 위한 모델입니다. 두 자리 수를 5개씩 묶어 세기로 익히도록 합니다. 주어진 수를 탤리로 나타내는 문제입니다.

〔문제 2〕 **보기와 같이 5개씩 묶음으로 수를 나타내어 보세요.**

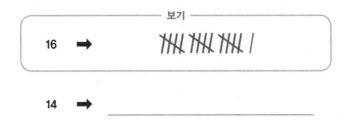

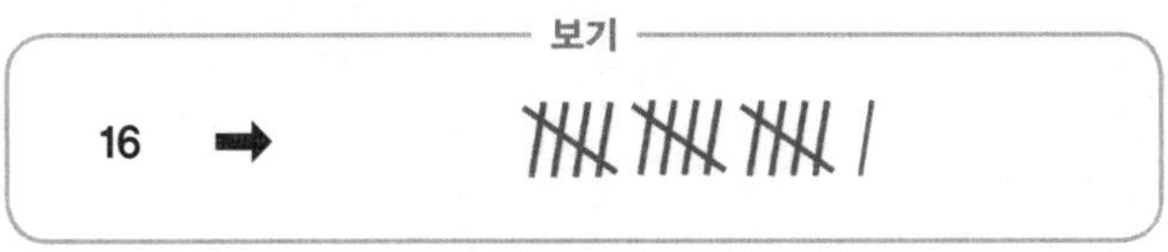

14 ➡ ________________

쌓기나무 세기

〔문제 1〕 **보기와 같이 주어진 수만큼 모눈종이에 색칠하세요.**

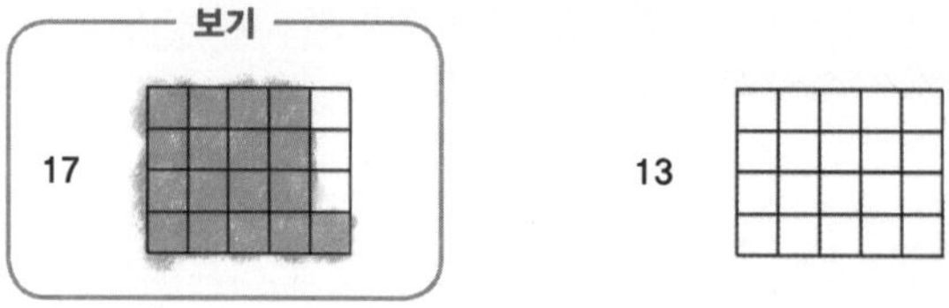

〔문제 2〕 **블록의 개수를 □ 안에 써넣으세요.**

쌓기나무(블록)는 10개 또는 5개씩 한 줄로 배열하여 쌓습니다. 학생들이 개수를 셀 때 10 또는 5씩 묶어 세는 경험을 할 수 있도록 하기 위해서입니다. 그렇게 하지 않고 3개나 7개씩 한 줄로 배열하여 제시하면, 많은 아이들은 낱개로 1, 2, 3, 4, … 13과 같은 방식으로 세기를 할 것입니다.

〔문제 3〕 **블록의 개수에 해당하는 숫자에 색칠하세요.**

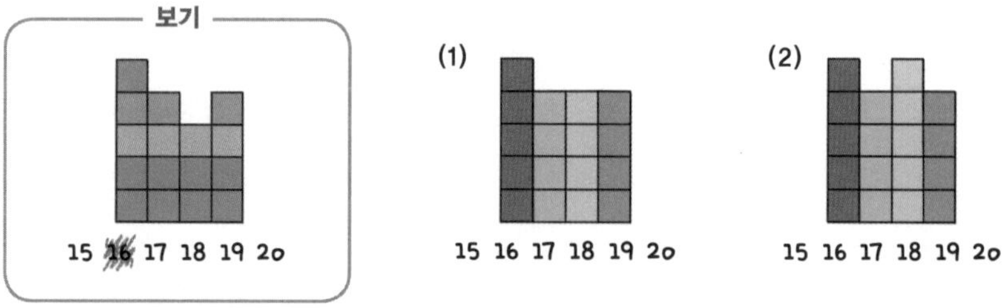

5개씩의 방향이 바뀐 쌓기나무 모델입니다. 눈에 보이는 블록을 세는 방법만 있는 게 아니라, 비워진 자리의 개수를 빼나가는 세기 방법도 있습니다. 즉 거꾸로 세기가 적용되는 것이죠. 위의 모델은 입체 모델보다 빈자리가 눈에 더 분명하게 보입니다. 만약 빈자리가 모두 채워졌다면 20개이겠지요. 〔보기〕의 경우 20에서 4개가 빠져 있으니, 19, 18, 17, 16 그래서 16개라고 답을 찾을 수도 있습니다. 20이라는 숫자를 배운 다음에는 거꾸로 세기가 더 효율적이겠죠.

〔문제 4〕 **주차된 차는 모두 몇 대인가요?**

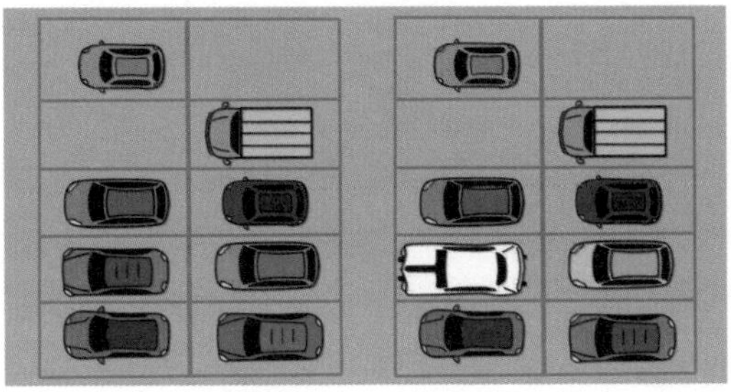

주차된 차량은

모두 ☐ 대입니다.

주차장에 주차된 차가 몇 대인지 구하는 문제입니다. 어떻게 수 세기를 해야 할까요?

(1) 1, 2, 3, … 14, 15, 16이니까 모두 16대.
(2) 주차칸이 5칸씩 2줄로 2세트 그려져 있으므로 주차할 수 있는 차는 모두 20대이다.
그런데 비어 있는 칸이 4칸이므로 19, 18, 17, 16 해서 16대.

학생들은 어떤 방법을 더 많이 선택할까요? 많은 학생들이 (1)의 방법으로 수 세기를 합니다. 거꾸로 세기보다는 차례로 세기를 편안하게 느끼기 때문입니다. 잘못된 방법이 아니고 답을 맞혔으니 다음으로 넘어갈까요? 아닙니다. 20을 익힌 다음에는 (2)와 같은 방법을 경험해보아야 합니다. 낯설고 불편하다고 해서 계속 피하게 되면 더 나은 방법을 찾을 수 없게 되겠지요. 상황에 따라 수 세기 전략이 달라질 수 있음을 경험하는 것입니다.

화폐 활용하기

〔문제 1〕 **16원만큼 묶어보세요.**

〔문제 2〕 **보기처럼 빈칸에 알맞은 동전을 각각 다르게 그려넣으세요.**

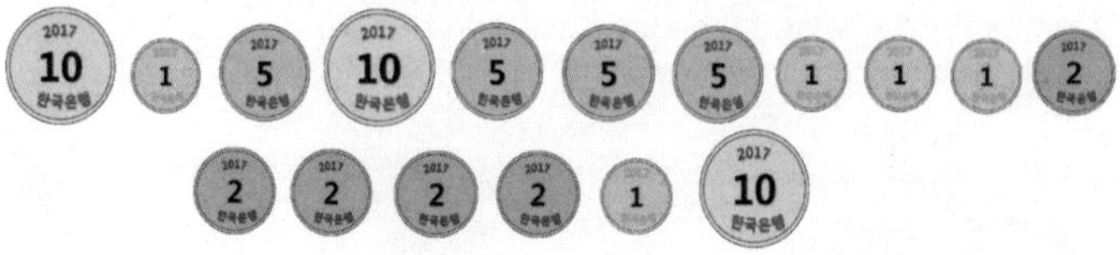

(1)

(2)

(3)

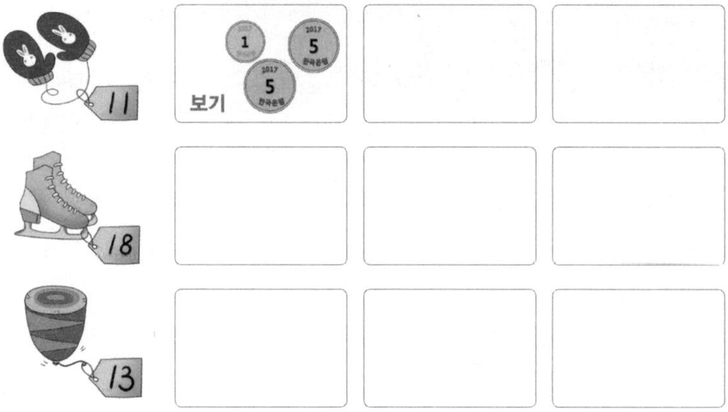

앞서 여러 모델들을 통해 연습한 묶어 세기를 종합하는 활동이라고 할 수 있습니다. 낱개가 눈에 보이지 않는, 이미 묶여진 5원, 10원짜리로 수 세기를 진행해보는 것입니다. 여기서 사용되는 화폐는 10, 5, 2, 1로 10의 인수들입니다. 우리는 십진수를 사용하기 때문에 10의 인수로 묶어서 셀 때 수를 쉽게 파악할 수 있습니다.

수 관계 익히기

〔문제 1〕 **개구리가 주사위 눈의 수만큼 뛰어 옮겨간 지점의 숫자를 써넣으세요.**

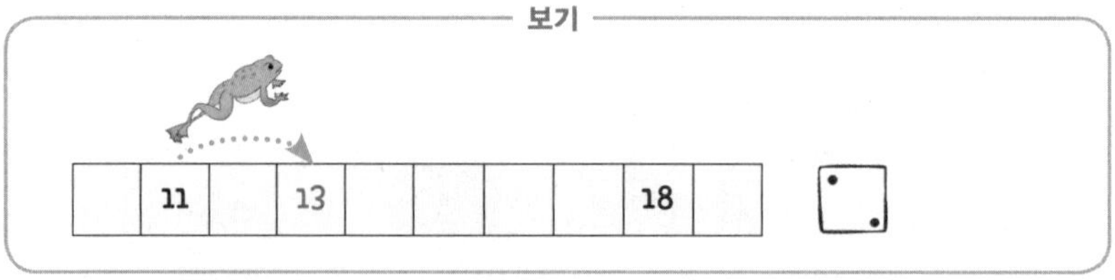

(1)

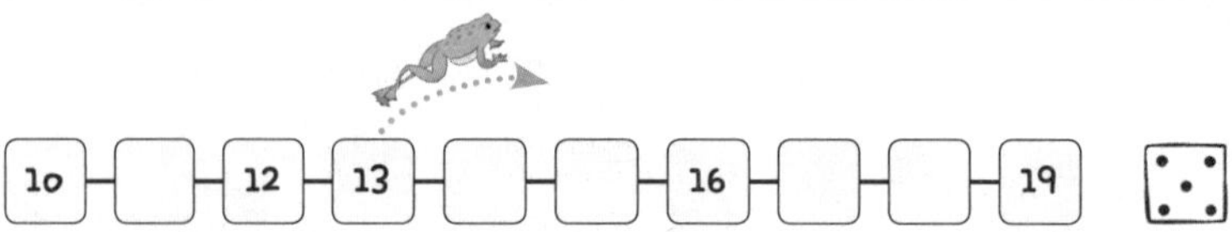

(2)

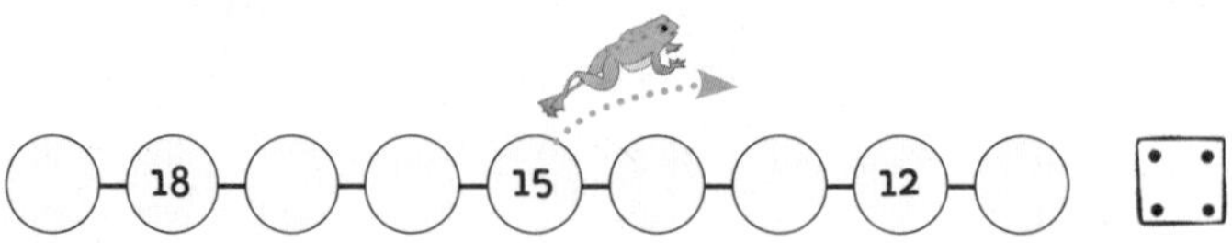

〔문제 2〕 **(　) 안에 알맞은 말을 써넣으세요.**

12	13	14	15	16	17	18	19

(1) (　)쪽으로 한 칸 움직이면 15보다 1 큰 수 (　)이 됩니다.

(2) (　)쪽으로 한 칸 움직이면 15보다 1 작은 수 (　)이 됩니다.

〔문제 3〕 **□ 안에 알맞은 수를 써넣으세요.**

	11		13					18	

(1) 14보다 2 큰 수 □　　(2) 14보다 2 작은 수 □

(3) 15보다 4 큰 수 □　　(4) 15보다 4 작은 수 □

〔문제 4〕 **물음에 맞는 수를 찾아 배열표에 색칠하세요.**

0	1	2	3	4	5	6	7	8	9
10	11	12	13	14	15	16	17	18	19

(1) 3보다 10 큰 수　　(2) 9보다 7 큰 수

(3) 16보다 4 작은 수　　(4) 18보다 10 작은 수

앞에서 학습한 수직선과 수 배열표를 활용하여 수의 위치를 파악하고 크기를 비교합니다. 수직선 모델에서 수를 익히면 자연스럽게 수의 위치가 파악되고, 아래와 같이 위치에 따라 크기 비교가 가능해집니다.

〔문제 5〕 **두 수의 위치를 화살표로 표시하고, ○ 안에 〉, =, 〈를 알맞게 넣으세요.**

		13						19	

11 ○ 18

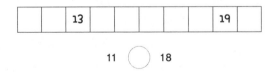

〔문제 6〕 **주어진 수를 알맞은 위치에 써넣으세요.**

10 - □ - □ - □ - □ - □ - □ - □ - □ - 19

12, 17, 18

2부

한 자리 수의 덧셈과 뺄셈

I 수업의 흐름

한 자리 수의 덧셈과 뺄셈

9 이하의 수 가르기와 모으기
수 세기와 덧셈과 뺄셈 연산을 연결해주기 위해 9 이하의 수에 대해 가르기와 모으기를 할 수 있도록 한다.

↓

+ 와 —
주어진 상황에서 필요한 연산이 무엇인지 학생 스스로 판단하고, =가 없는 덧셈식과 뺄셈식을 만들 수 있도록 한다.

↓

화살표식
등호를 도입하기 전의 디딤돌로서 화살표를 이용한 덧셈식과 뺄셈식을 만들며 연산의 동적인 의미를 이해하도록 한다.

↓

등호와 교환법칙
등호를 도입하여 덧셈식과 뺄셈식을 만들고 덧셈의 교환법칙을 이해하도록 한다.

↓

10 가르기와 모으기
10 가르기와 모으기를 통해 10이 되는 덧셈과 10에서 빼는 뺄셈을 할 수 있도록 한다.

↓

몇 + 몇 = 십 몇
수 막대, 수직선, 수 배열표 등의 다양한 모델을 통해 합이 10이 넘는 한 자리 수의 덧셈을 익히도록 한다.

↓

십 몇 - 몇 = 몇
수 막대, 수직선, 수 배열표 등의 다양한 모델을 통해 (십 몇)-(몇)=(몇)을 익히도록 한다.

01 9 이하의 수 가르기와 모으기

WHY?

여러 구체물과 주사위, 수직선 모델 같은 반구체물, 그리고 숫자만 제시하는 문제 등 다양한 상황과 모델을 이용한다. 9 이하의 수의 가르기와 모으기를 익힘으로써 수 세기를 이용한 덧셈과 뺄셈을 할 수 있도록 한다.

보기와 같이 구슬을 묶고, 빈칸에 알맞은 수를 써넣으세요.

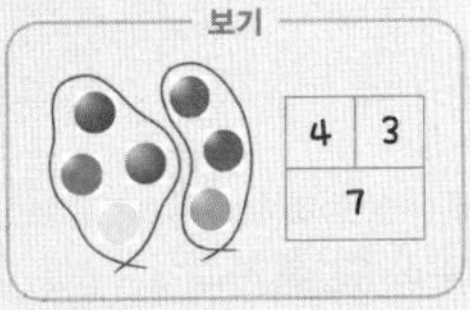

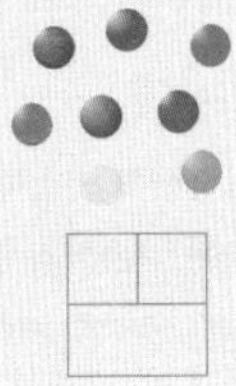

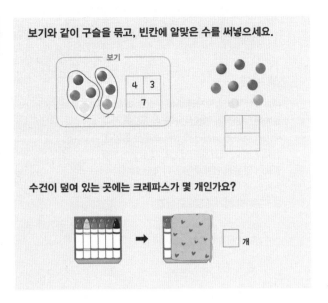

수건이 덮여 있는 곳에는 크레파스가 몇 개인가요?

□ 개

02 +와 - 알아보기

WHY?

학생들이 수학 기호를 처음 접한다는 사실을 인식하며 그림이나 문장 등으로 다양한 덧셈과 뺄셈 상황을 제시하여 알맞은 기호를 선택하도록 한다.

보기와 같이 그림을 보고 알맞은 부호에 ○표 하세요.

(1)

(2)

(3)

(4)

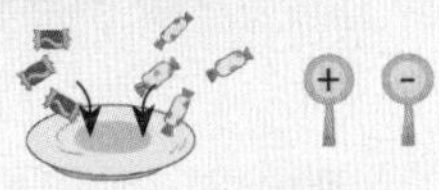

03 화살표식 익히기

WHY?

상태 변화라는 동적인 의미의 등호를 이해시키기 위한 디딤돌로서 화살표식을 익히도록 한다.

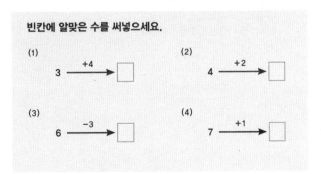

빈칸에 알맞은 수를 써넣으세요.

(1) $3 \xrightarrow{+4} \square$

(2) $4 \xrightarrow{+2} \square$

(3) $6 \xrightarrow{-3} \square$

(4) $7 \xrightarrow{+1} \square$

04 등호와 교환법칙 이해하기

WHY?

화살표식이 익숙해지면 이제 등호로 대치시켜 올바른 덧셈식과 뺄셈식을 쓸 수 있도록 한다. 나아가 더하는 순서가 바뀌어도 계산 결과가 변하지 않고, 계산 결과가 반드시 우변에 있을 필요가 없음을 인지시킨다. 다양한 형태의 문제를 제시하여 등호에 대한 학생들의 잘못된 고정관념이 생기지 않도록 한다.

□ 안에 알맞은 수를 써넣으세요.

보기

$6 \xrightarrow{+2} \boxed{8}$ ➡ $6+2=\boxed{8}$

(1) $5 \xrightarrow{+1} \square$ ➡ $5+1=\square$

(2) $9 \xrightarrow{-2} \square$ ➡ $9-2=\square$

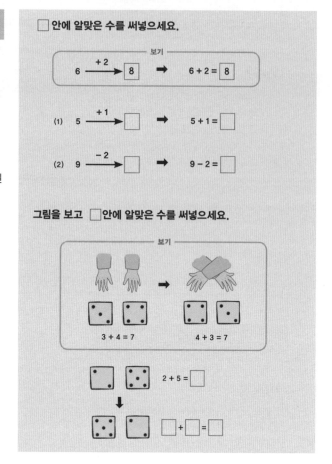

그림을 보고 □ 안에 알맞은 수를 써넣으세요.

보기

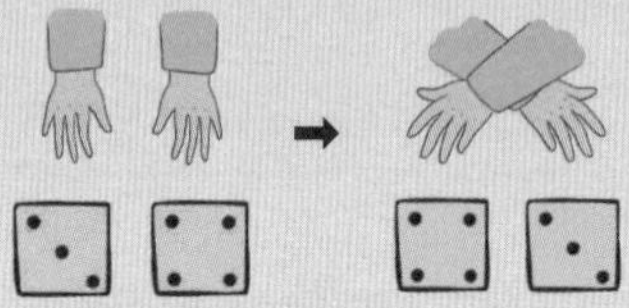

3 + 4 = 7   4 + 3 = 7

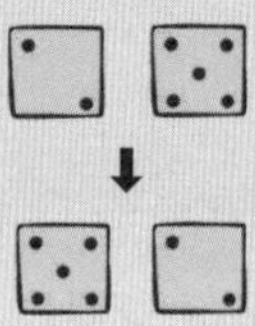

$2+5=\square$

$\square+\square=\square$

05 10 가르기와 모으기

WHY?

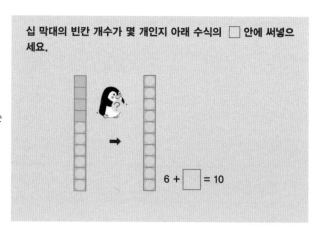

합이 십 몇이 되는 덧셈과 피감수가 십 몇인 뺄셈을 위해서 10 가르기와 모으기를 한다. 단순 가르기, 모으기 활동으로 끝나는 것이 아니라 10이 되는 덧셈식, 10에서 빼는 뺄셈식을 익혀 10의 보수 관계를 이해하도록 수 막대, 수 구슬, 수직선 등 다양한 모델을 활용한다.

십 막대의 빈칸 개수가 몇 개인지 아래 수식의 □ 안에 써넣으세요.

$6+\square=10$

06 (몇)+(몇)=(십 몇)

WHY?

합이 10이 넘는 덧셈을 받아올림의 원리가 아닌 가르기와 모으기 그리고 수 세기 전략을 이용하여 해결할 수 있도록 수 막대, 수 구슬, 수직선, 수 배열표 등 다양한 모델을 활용한다.

보기와 같이 수 구슬을 이용하여 덧셈을 하세요.

보기

8 + 5 = □

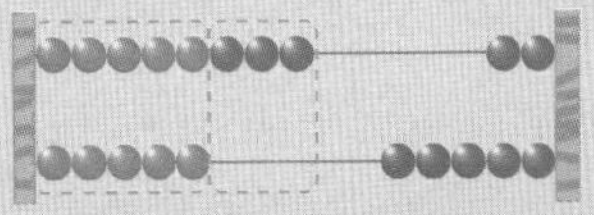

(1)

7 + 8 = □

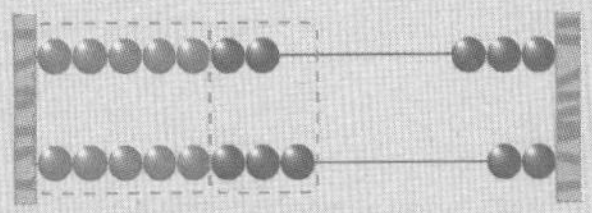

(2)

9 + 5 = □

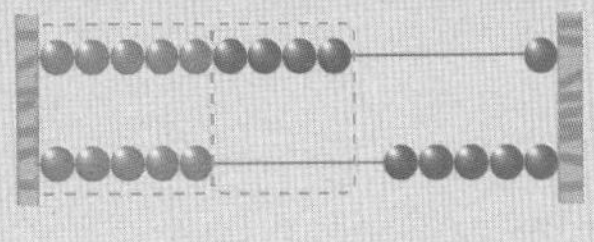

07 (십 몇)-(몇)=(몇)

WHY?

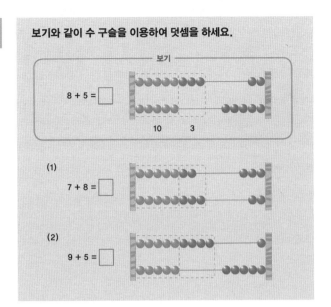

십 몇에서 몇을 빼는 뺄셈을 받아내림의 원리가 아닌 가르기와 모으기 그리고 수 세기 전략을 이용하여 해결하도록 수 막대, 수 구슬, 수직선, 수 배열표 등 다양한 모델을 활용한다.

보기와 같이 계산하세요.

보기

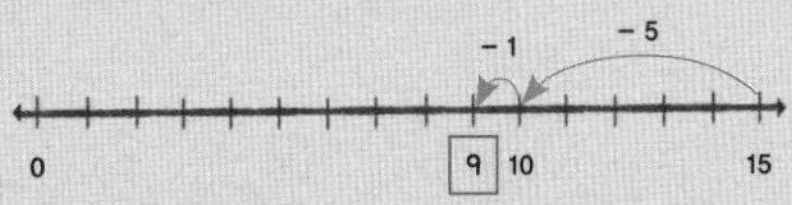

15 − 6 = 9

(1)

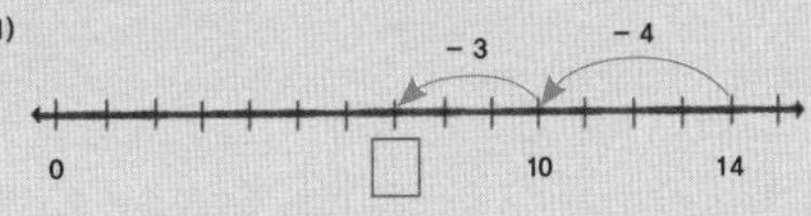

14 − 7 = □

(2)

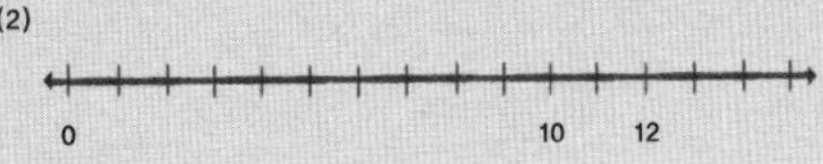

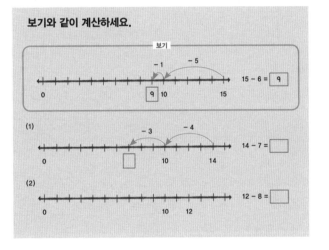

12 − 8 = □

2 핵심 개념

덧셈과 뺄셈의 세 가지 상황

(1) 더하기와 합하기

초등수학의 많은 내용 중에서 연산은 특히 실생활과 가장 밀접하게 관련되어 있습니다. 그러므로 연산 학습의 가장 중요한 목표는 생활 속에서의 덧셈과 뺄셈 상황을 수학적으로 표현하고 해결하는 것이죠. 흔히 알고 있는 것처럼 초등학교 연산 교육은 단순 계산을 통해 정답을 구하는 기능적인 것만은 아닙니다. 과목 이름이 산수가 아니라 수학이라는 사실은 이 주장을 더욱 뒷받침합니다. 학생들이 3+2라는 덧셈의 정답을 5라고 말했다고 하여 덧셈 연산을 할 수 있다고 착각해서는 안됩니다. 간단한 계산을 통해 덧셈과 뺄셈의 정답을 쉽게 구할 수 있지만, 그 식의 의미까지 모두 이해했다고는 말할 수 없으니까요. 예를 들어, 다음 문제를 생각해봅시다.

(1) 3명의 승객이 타고 있는 버스에 다음 정류장에서 2명의 승객이 더 탔다. 버스 승객은 모두 몇 명인가?
(2) 거실에 남자 3명과 여자 2명이 앉아 있다. 거실에는 모두 몇 명이 있는가?

두 문제 모두 3+2=5라는 하나의 똑같은 덧셈식으로 나타낼 수 있습니다. 그러나 문제 상황의 구조까지 동일한 것은 아닙니다.

문제 (1)은 버스 안에 있던 3명의 승객에 새로운 승객 2명을 '더'하는 상황입니다. 그 결과 수량의 변화가 일어나는데, 이를 그림으로 나타내면 다음과 같습니다.

"세 명에 두 명을 더한다."

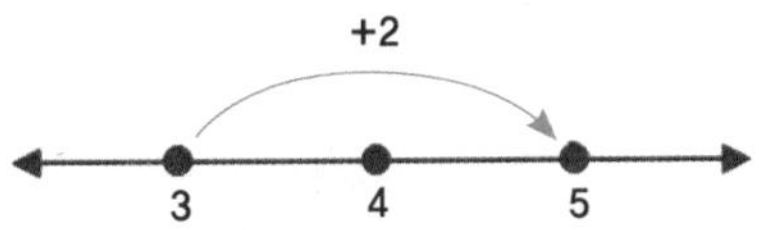

"3에서 출발하여 2(둘)만큼 더 간다."

그림에서 문제 상황의 구조가 분명하게 드러납니다. 여기에 들어 있는 세 가지 요소는 다음과 같습니다.

처음에 주어진 양 : 3　　　변화된(더하는) 양 : 2　　　결과 : 5

이를 토대로 덧셈이라는 용어는 아마도 다음과 같은 맥락에서 만들어진 것으로 짐작됩니다.

'더한다' → '더하는 셈' → '덧셈'

처음보다 '더' 늘어났거나 덧붙여진 변화가 일어났을 때 이를 헤아리는 셈인 '더하는 셈'을 줄여 '덧셈'이라는 용어가 만들어졌다고 짐작할 수 있습니다.

그런데 문제 (2)의 상황은 문제 (1)의 '더하기' 상황과는 다릅니다. 남자와 여자라는 두 그룹을 '합合'하는 것으로 보는 것이 적절합니다. 다음과 같은 그림으로 나타낼 수 있습니다.

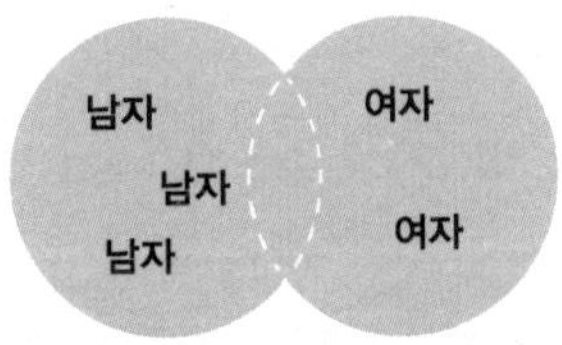

"남자 그룹과 여자 그룹을 합한다."

서로 다른 두 집합을 결합하여 하나의 새로운 집합을 만드는 것이죠. 이와 같은 '합'하기 상황을 나타내는 덧셈은 그 결과인 새로운 집합의 원소의 개수를 구하는 것입니다.

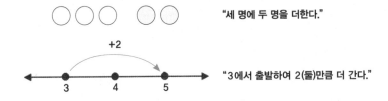

'더'하기 상황과 '합'하기 상황 사이에 들어 있는 미묘한 차이를 파악하셨나요? 그런데 서로 다른 이 두 가지 상황을 '+'라는 공통된 기호를 사용하여 '3+2'라는 똑같은 하나의 덧셈식으로 나타내야 하므로, 주어진 식만으로는 상황의 구분이 잘

드러나지 않습니다. 더욱이 상황에 따라 식에 들어 있는 숫자(위의 예에서 3과 2)가 각기 다른 의미라는 사실도 역시 쉽게 알아차릴 수 없습니다.

예를 들어, 더하기 상황에서는 '3에 2를 더'하는 것이므로 처음에 주어진 상태(더해지는 수 3)와 변화되는 양(더하는 수 2)으로 3과 2는 그 위상이 다릅니다. 반면에 합하기 상황에서의 3(남자 수)과 2(여자 수)는 동등합니다. 합하기 상황에서는 두 수를 바꾸어 사용해도 무방합니다. 그러므로 덧셈의 교환법칙은 더하기 상황보다는 합하기 상황에서 더 쉽게 설명할 수가 있습니다.

이렇게 덧셈(더하기)과 합산(합하기)은 단순히 우리말과 한자어의 차이만을 뜻하는 것이 아닙니다. 동일한 식으로 표현되어 겉으로는 드러나지 않지만 상황에 따라 의미가 다르니까요. 수직선과 벤 다이어그램 모델은 더하기와 합하기의 차이를 눈으로 확인할 수 있도록 해줍니다. 수직선 모델에서 처음 숫자 3(더해지는 수)은 출발점을 나타내고 다음 숫자 2(더하는 수)는 변화된 양을 뜻합니다. 그런 관점에서 수직선 모델은 두 집합이 동등하게 그래서 두 숫자 3과 2도 동등하게 다루어지는 벤 다이어그램과는 분명하게 구별됩니다.

(2) 빼기와 떼어내기

3+2=5라는 하나의 덧셈식이 상황에 따라 더하기와 합하기로 구분되듯이, 8−3=5라는 뺄셈식도 이와 짝을 이루는 두 가지 상황을 나타낼 수 있습니다. 더하기와 짝을 이루는 '빼기', 합하기와 짝을 이루는 '떼어내기'가 그것입니다. 다음 문제를 살펴봅시다.

> (1) 8대의 자동차가 있던 주차장에서 3대의 자동차가 빠져나갔다. 주차장에는 몇 대의 자동차가 남아 있는가?
> (2) 방 안에 있는 사람 8명 가운데 3명만 남자다. 여자는 몇 명인가?

두 문제 역시 8−3=5라는 동일한 하나의 뺄셈식으로 나타나기 때문에 잘 드러나지 않지만, 상황의 구조에는 분명한 차이가 들어 있습니다.

문제 (1)은 처음에 8대의 자동차가 있던 주차장 상황을 보여줍니다. 그후 3대의 자동차가 '빠져나가'는 변화가 일어납니다. 이를 그림으로 나타내면 다음과 같습니다.

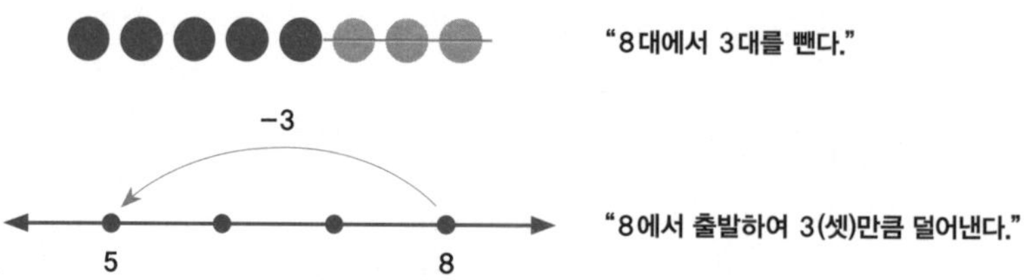
"8대에서 3대를 뺀다."
−3
5
8
"8에서 출발하여 3(셋)만큼 덜어낸다."

그림 옆에 제시한 문장에서 그 뜻을 보다 분명하게 알 수 있습니다. 여기에는 다음과 같은 세 가지 요소가 들어 있습니다.

처음에 주어진 양 : 8   변화된(덜어내는) 양 : 3   결과 : 5

위의 그림은 주어진 대상 8개에서 그 일부인 3개를 '덜어'내거나 또는 '빼내'는 것을 보여줍니다. 따라서 8－3이라는 뺄셈식에는 '빼어낸 나머지를 셈한다'는 뜻이 들어 있습니다. 이를 나타내는 '뺄셈'이라는 용어는 다음과 같은 맥락에서 만들어졌을 것으로 짐작됩니다.

'뺀다' → '빼는 셈' → '뺄셈'

여기서 뺄셈은 어떤 대상 전체에서 일부를 없애거나, 가져가거나, 먹어버리거나, 잃어버리거나, 또는 스스로 사라져버리거나 등등의 이유로 개수가 줄어든 남아 있는 대상의 개수를 알고 싶을 때 적용됩니다. 이때의 뺄셈식은 "몇 개가 남아 있는가?"라는 물음에 답하는 수식인 것이죠.

다음 두 번째 뺄셈 상황도 덧셈과 짝을 이룹니다. 두 개의 그룹을 '합'했던 덧셈의 역 상황입니다. 따라서 앞의 빼기 상황과 차이를 보입니다. 주어진 전체 8에는 남자와 여자라는 두 집합이 들어 있고, 이 중 하나의 집합(남자)을 떼어낸 나머지 집합(여자)의 원소의 개수를 구하는 상황이니까요. 합을 나타내는 덧셈의 역이므로 '분리'를 뜻합니다. 집합을 빌어 말하면 어떤 집합(남자)의 여집합(餘集合, 나머지를 뜻하는 여)의 원소의 개수를 구하는 것입니다.

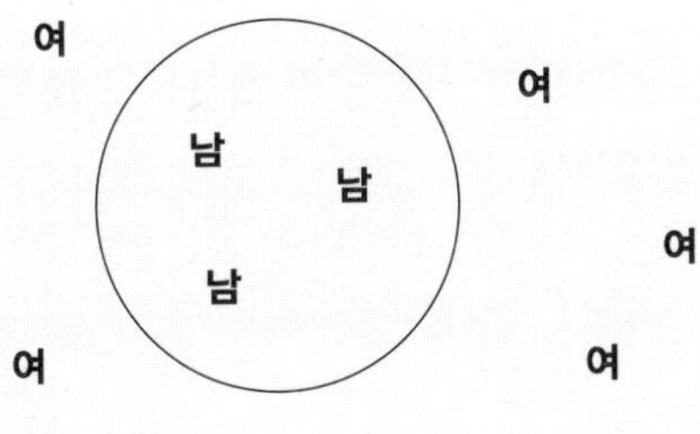

속성이 다른 이질적인 두 개의 집합이 전체를 이루는 상황이므로 앞의 빼기와는 상황의 구조에서 차이를 보입니다. 문제 자체도 '얼마 남아 있는가?'에서 '~가 아닌 것은 몇 개인가?'라는 형식으로 바뀝니다.

TIP

교사용 지도서나 교육학 책에서 더하기 상황은 '첨가', 합하기 상황은 '합병', 빼기 상황은 '구잔', 떼어내기 상황은 '구차'라는 용어를 사용하고 있습니다. 이런 용어를 듣고 어떤 덧셈과 뺄셈 상황인지 의미가 잘 연상되나요? 교육학 용어는 반드시 어려운 한자어를 사용해야만 전문성이 드러나는 걸까요? 한글 전용주의자는 아니지만 한글로 의미를 전달할 수 있다면, 그리고 한글이 의미를 더 잘 드러낸다면 굳이 한글 용어를 마다할 이유가 없습니다. 특히 '구잔'과 '구차'는 일상에서 전혀 사용되지 않을뿐더러, 무슨 뜻인지 쉽게 파악하기 어렵습니다. 일본 수학교육 책의 한자어를 직역했기 때문입니다. 그래서 이 책에서는 더하기, 합하기, 빼기, 떼어내기 같은 용어를 사용합니다. 무엇이 더 적절한지는 여러분의 판단에 맡깁니다.

(3) 비교를 위한 덧셈과 뺄셈

하나의 덧셈식과 뺄셈식이 각각 더하기/빼기와 합하기/떼어내기의 두 가지 상황을 나타낼 수 있다는 것을 알았습니다. 수량의 변화는 더하기/빼기, 두 집단의 크기는 합하기/떼어내기에 의해 파악하는 것이죠. 이 네 가지 상황만 고려한다면 덧셈과 뺄셈을 단순한 계산이라고 여길 수 있습니다. 하지만 또 다른 덧셈과 뺄셈 상황이 등장하기 때문에, 연산은 그리 간단치 않습니다. 한번 살펴봅시다.

〔문제〕 **형은 도넛 8개, 동생은 5개를 가지고 있다. 다음 물음에 답하세요.**

형

동생

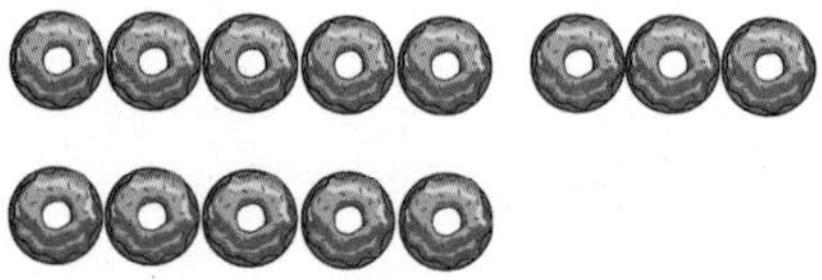

(1) 형은 동생보다 도넛 몇 개를 더 많이 가지고 있는가?

(2) 동생은 형보다 도넛 몇 개를 더 적게 가지고 있는가?

두 양을 비교하는 상황을 나타내는 문제입니다. 두 문제 모두 하나의 똑같은 뺄셈식으로 나타낼 수 있습니다.

$$8 - 5 = 3$$

그런데 이 상황을 다음과 같은 덧셈식으로도 나타낼 수 있습니다.

$$5 + \square = 8$$

이때 더하는 수가 미지수이므로, 이를 문장으로 나타내면 다음과 같습니다.

(3) 동생에게 몇 개의 도넛을 주면 형이 가진 도넛과 같은 개수가 되는가?

그런데 이 문제는 다음과 같은 뜻을 가진 문장으로도 나타낼 수 있습니다.

(4) 형이 가진 도넛에서 몇 개를 덜어내면 동생의 도넛 개수와 같아지는가?

이 상황은 빼는 수를 미지수로 하여 다음과 같은 또 다른 식으로 나타낼 수 있습니다.

$$8 - \square = 5$$

위의 네 개의 문장제들은 모두 형과 동생의 도넛 개수를 비교하는 상황을 나타낸 것입니다. 앞에서 보았던 더하기/빼기 그리고 합하기/떼어내기와는 상황이 다르지만, 여전히 덧셈식과 뺄셈식을 적용할 수 있습니다.

비교 상황에서 질문의 형태는 앞의 상황들과 사뭇 다릅니다. 비교 상황의 질문은 다음과 같은 형식을 가집니다.

"얼마나 더 많은가?" / "얼마나 더 적은가?"
"얼마나 더 필요한가?" / "얼마나 더 남는가?"

모두 두 양의 차이를 묻는 것이죠. 그런데 아이들은 덧셈과 뺄셈을 처음 배우면서 비교하는 상황의 문제를 가장 어려워합니다. 그 이유는 무엇 때문일까요?

우선 비교 상황에서는 다른 상황과는 달리 '두 수의 차이'라는 세 번째 양을 파악해야 하기 때문입니다. 문제는 세 번째 양이 문제 상황에서 직접 드러나지 않는다는 점입니다. 따라서 큰 수에 남아 있는 여분의 양 또는 작은 수가 큰 수와 같아지기 위해 모자라는 결핍된 양으로서의 '차이'를 아이 스스로 확인해야만 합니다.

비교 상황의 문제를 어려워하는 또 다른 이유는 제시된 문장이 복합적으로 기술되어 있기 때문입니다. 앞의 상황을 문장으로 표현해볼까요?

(5) 형은 8개의 도넛을 가지고 있다. 형은 동생보다 3개의 도넛을 더 많이 가지고 있다(또는 동생은 형보다 3개의 도넛을 더 적게 가지고 있다.). 동생은 몇 개의 도넛을 가지고 있는가?

'형은 동생보다 3개의 도넛을 더 많이 가지고 있다'는 문제 속의 문장은 '형은 동생보다 도넛을 더 많이 가지고 있다'와 '3개가 더 많다' 또는 '동생은 형보다 도넛을 더 적게 가지고 있다'와 '3개가 더 적다'는 두 개의 문장이 결합된 것입니다.

아이들은 이러한 형식의 문장을 처음 접할 때 혼란스러워하는 경우가 많습니다. '더 많다' 또는 '더 적다'라는 사실과 그 다음에 들어 있는 '3개'라는 조건에 모두 집중해야 하기 때문입니다. 문제의 문장이 길어지고 파악해야 할 조건이 많으니까 비교 상황 문제를 어렵게 느낄 수 있다는 것이죠. 그러므로 이런 비교 상황의 문장은 두 부분으로 나누어 제시함으로써 학생들이 상황 정보를 보다 쉽게 파악하도록 하는 세심한 지도가 필요합니다. 문장제에서 독해력이 중요한 이유는 이런 측면 때문입니다.

따라서 비교 상황 문제에서는 두 가지 요소를 동시에 고려해야 합니다. 비교되는 두 양 가운데 하나의 양과 '더 많다' 또는 '더 적다'와 같은 비교 표현을 가리킵니다. '더 많다'와 '더 적다' 두 가지 표현 모두를 자유로이 구사하는 연습이 필요합니다. 뿐만 아니라 '같아진다'라는 표현 방식도 익혀야 할 것입니다. 하나의 상황을 다양한 문장으로 진술하도록 하는 것이야말로 수학적 의사소통 능력을 기르는 방법입니다.

문제 상황을 나타내는 그림을 보여주면 이해력을 높여줄 수 있습니다. 비교하는 대상을 짝지어 대응시킨 그림과 숫자가 들어 있는 막대 그림의 두 가지가 가능합니다. 이런 그림들은 문장제 상황을 이해하는 데 많은 도움을 줄 것으로 기대됩니다.

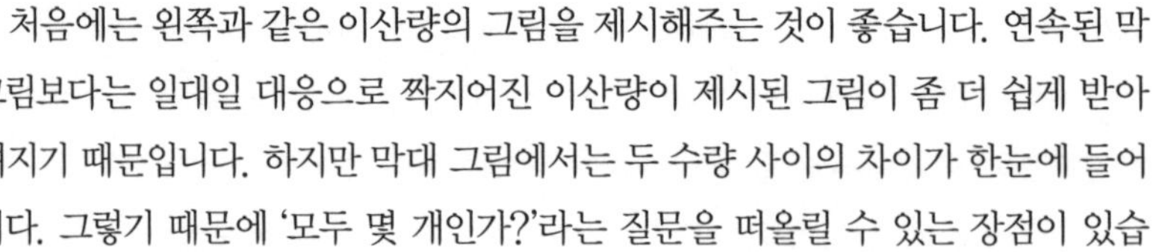

처음에는 왼쪽과 같은 이산량의 그림을 제시해주는 것이 좋습니다. 연속된 막대그림보다는 일대일 대응으로 짝지어진 이산량이 제시된 그림이 좀 더 쉽게 받아들여지기 때문입니다. 하지만 막대 그림에서는 두 수량 사이의 차이가 한눈에 들어옵니다. 그렇기 때문에 '모두 몇 개인가?'라는 질문을 떠올릴 수 있는 장점이 있습니다.

비교 상황의 문제를 그림으로 파악하는 데 어느 정도 익숙해졌다면 이제는 굳이 문장제로 계속하여 제시할 필요가 없습니다. 그림만 보고도 상황을 파악하여 바로 수식으로 표현하는 활동이 필요합니다. 같은 문제를 보고도 두 개의 식으로 나타낼 수 있다는 점을 유의하십시오. 틀린 것이 아닙니다.

8 − 5 = □ 또는 5 + □ = 8

지금까지 두 수량을 비교하는 문장제에 대하여 살펴보았습니다. 마지막으로 비교되는 양 가운데 하나가 미지의 양일 때, 아이들이 자주 범하는 오류를 살펴보겠습니다. 다음 문제를 예로 들어 설명하겠습니다.

> 동생은 5개의 도넛을 가지고 있다. 동생은 형보다 3개의 도넛을 더 적게 가지고 있다. 형은 몇 개의 도넛을 가지고 있는가?

앞에서 보았던 문제 (5)와 유사하지 않습니까? 그런데도 종종 다음과 같이 해결하는 아이들이 나타납니다.

5 − 3 = 2

뺄셈을 적용하는 문제 상황이 아님에도 불구하고 이런 오류가 나타나는 데는 나름의 이유가 있습니다. '적게 가지고 있습니다'는 표현만 보고 뺄셈을 적용한 것입니다. '철수가 3개의 쿠키를 먹었다. 영희는 2개의 쿠키를 먹었다. 그들이 먹은 쿠키는 모두 몇 개인가?'라는 문제를 '먹는다'라는 단어만 보고 으레 뺄셈 문제로 간주하는 것과 같습니다. 만일 문제 상황을 '형은 동생보다 2개의 도넛을 더 많이 가지고 있습니다'와 같이 제시했다면 이런 오류는 나타나지 않았을 것입니다. 이런 단어가 나오면 이런 절차로 풀어야 한다는 이른바 '유형별 학습'의 강요에 따른 폐단입니다.

아이들이 문장제에 어려움을 갖는 것은 단순히 어휘력의 문제가 아닙니다. 이처럼 문제 상황 전체를 파악하는 주의력이 관건입니다. 그러므로 기계적인 풀이를 적용하면 오류가 발생하는 문장제를 이따금 제시하여 아이들이 더 집중해서 문제 상황을 파악하도록 할 필요가 있습니다.

덧셈 풀이의 세 가지 수준

아이들에게 산수가 아닌 수학을, 계산이 아닌 연산을 가르치는 것이 우리의 목표입니다. 수학을 수학답게 가르치려는 선생님들은 이 말의 의미를 충분히 이해하고, 우리 아이들을 싸구려 계산기로 만들지 말자는 주장에 고개를 끄덕이실 겁니다. 물론 몇몇 선생님은 그래도 계산 능력이 중요하지 않느냐며 짐짓 마음이 놓이지 않으실 것입니다. 계산이 아닌 연산에 중점을 두자는 것을 계산을 소홀히 하는 것으로 오해한 것이죠. 이런 오해 또한 그동안 우리가 얼마나 계산에 집착했는가를 역설적으로 보여주는 증거입니다. 계산 능력은 매우 중요합니다. 다만 우리가 이의를 제기하는 것은 그 능력을 향상시키는 유일한 길처럼 간주되어온 전통적인 관점에 대한 것입니다. 그동안 계산 능력은 기계적인 반복 훈련을 거쳐야 습득할 수 있는 것으로 여겨져 왔습니다. 사실 이는 수학 학습이 무엇인가에 대한 관점과 밀접한 관련이 있습니다. 간혹 학창 시절에 수학을 좋아했다고 말하는 사람들을 만날 수 있는데, 그 이유를 많은 사람들은 다음과 같이 말합니다.

"정답이 하나로 딱 떨어지기 때문에 수학 과목이 좋아요."

글쎄요. 이 같은 반응은 수학문제집의 문제풀이를 수학 학습이라고 여기고, 문제풀이를 통해 얻은 정답에만 초점을 맞추는 데서 나타난 현상일 것입니다. 보이는 것이 전부는 아닙니다. 정답은 하나일지라도 그곳에 이르는 길이 매우 다양하다는 사실을 간과할 수는 없으니까요.

우리는 연산 교육을 훈련training이 아닌 교육education의 논리로 풀어보고자 합니다. 연산 과정은 아무런 생각 없이 기계적인 절차만을 따르는 것이 아니라, 수학적 사고를 거치는 생각하는 수학이 되어야 합니다. 연산의 결과는 매우 간단한 하나의 숫자로 나타나겠지만, 그 결과를 얻기까지의 사고과정 또한 분명하게 수학적 사고를 거쳐야 한다는 것입니다.

4+8이라는 덧셈의 풀이 과정을 한번 살펴볼까요? 12라는 답을 얻기 위해 우리 학생들은 다양한 형태의 사고를 거친다는 사실을 알 수 있습니다.

(1) 모두 세기

'사과 4개가 들어 있는 바구니에 8개의 사과를 더 넣었다. 바구니에는 모두 몇 개의 사과가 들어 있는가?'라는 문제는 유치원 아이들도 정답을 맞출 수 있습니다. 4+8과 같은 형식적인 덧셈식을 배우지 않았어도 제시된 덧셈 문제를 해결할 수 있다는 것이죠. 그들은 어떻게 답을 알 수 있을까요?

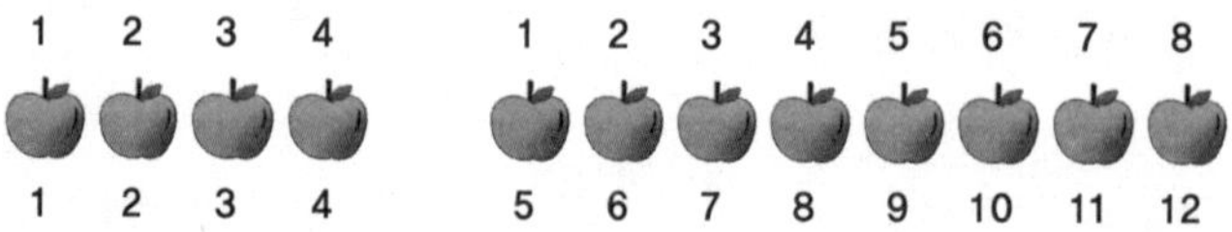

유치원 아이들은 세 번의 수 세기를 통해 덧셈을 해결할 수 있습니다. 먼저 바구니에 들어 있는 사과 4개를 세어보고 이후에 바구니에 넣을 사과 8개를 따로 세어봅니다. 다음에는 이들을 함께 모아서 처음부터 다시 세어갑니다. 그리고 마지막 세어본 숫자 12를 정답이라고 말합니다.

이렇게 전체 개수를 일일이 모두 세어보는 과정을 거쳐서 덧셈 문제를 해결하는 과정을 '모두 세기'라고 합시다. 덧셈식을 배우지 않은 유치원 아이 또는 갓 입학한 1학년 아이들이라 할지라도 '모두 세기'를 통해 얼마든지 덧셈을 할 수 있습니다. 사실 덧셈식은 덧셈이라는 상황을 형식적으로 표현한 것에 불과하죠. 따라서 덧셈은 반드시 숫자로 나타낸 계산에 의해서만 답을 구할 수 있는 것은 아닙니다. 지금 보았듯이 개수 세기에 의해 정답을 얻을 수도 있으니까요. 이처럼 유치원 아이들은 수 세기를 배우면서 점차 덧셈 연산 능력을 형성하게 됩니다. 형식적인 덧셈과 뺄셈을 배우기 직전인 1학년 학생들에게도 나타나는 현상입니다. 그러므로 1학년 덧셈과 뺄셈 지도에서 중요한 출발점은 아이들이 '모두 세기'에 의해 덧셈을 할 수 있다는 교사의 깨달음이라 할 수 있습니다.

(2) 이어 세기

모두 세기를 충분히 익히는 과정에서 아이는 어느 정도의 수 감각도 함께 형성할 수 있습니다. 그리고 모두 세기를 익숙하게 수행할 수 있게 되면서 같은 문제라 하더라도 좀 더 발전된 전략을 자연스럽게 구사하게 됩니다. 그 과정을 다음 그림에서 확인해보세요.

아이들은 이제 더 이상 4개와 8개를 모아 다시 전체의 개수를 세어가는 '모두 세기'를 하지 않습니다. 이때쯤이면 4개를 일일이 세어보지 않고도 직관적 수 세기에 의해, 즉 4개라는 것을 단번에 파악할 수 있습니다. 4개를 먼저 파악한 후에 곧 이어서 다섯, 여섯, … 열, 열하나, 열둘 하고 말하며 전체 개수를 파악합니다. 우리는 이를 '이어 세기'라고 부릅니다.

1학년에 입학하는 아이들은 대부분 이런 이어 세기를 할 수 있습니다. 하지만 간혹 그렇지 않은 아이를 발견할 수 있는데, 이와 같은 '이어 세기' 전략을 보여주며 익혀나가도록 지도해야겠죠.

(3) 다양한 전략적 수 세기

1학년에 입학한 아이들 대부분은 '모두 세기'와 '이어 세기'를 할 수 있습니다. 따라서 4와 8을 더한 값이 얼마인지 정답 12를 말하는 것은 그리 어렵지 않습니다. 덧셈식을 배우지 않았다 하더라도 한 자리 수의 덧셈이 가능하다는 것이죠. 그런데 한 자리 수의 덧셈이라는 간단한 덧셈에도 나름의 다양한 전략이 구사될 수 있습니다. 어떤 전략이 있는지 알아봅시다.

① 큰 수부터 더하기

우선 큰 수부터 더하는 전략을 적용하여 보다 쉽고 빠르게 답을 얻을 수 있습니다.

4와 8을 더할 때 이어 세기를 하는데, 간혹 어떤 아이는 4가 아닌 8부터 세어본 후에 그 다음 4를 이어서 세는 전략을 사용합니다. 큰 수부터 세는 것이 훨씬 편리하고 시간도 절약할 수 있다는 점, 그리고 4와 8을 더하든 8과 4를 더하든 그 값은 같다는 덧셈의 교환법칙을 감각적으로 터득했다는 증거입니다. 물론 누군가 이런 전략을 사용하는 것을 보고 모방하여 자기 것으로 만들 수도 있습니다. 그래서 문제 풀이 과정을 함께 이야기하는 것이 필요하고 또 중요합니다. 물론 '교환법칙'이라는 용어를 아이에게 일러줄 필요는 없습니다.

② 10 만들기

큰 수부터 세어보는 전략을 구사하지 않더라도 다음과 같이 '10 만들기 전략'을 구사할 수 있습니다.

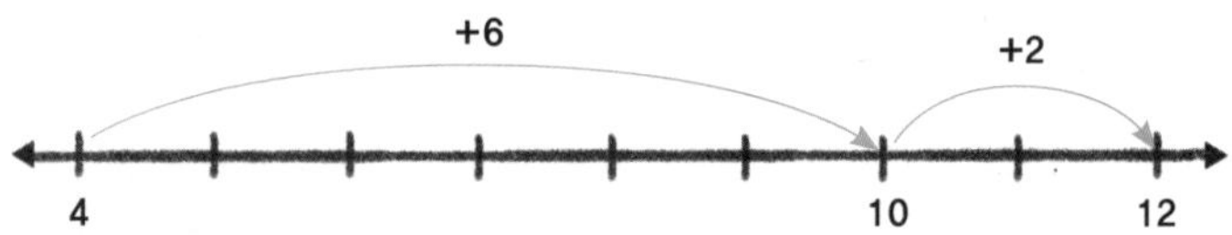

이 전략을 식으로 나타내면 다음과 같습니다.

$$
\begin{aligned}
4+8 &= 4+(6+2) \\
&= (4+6)+2 \\
&= 10+2 = 12
\end{aligned}
$$

물론 아이들에게 식을 쓰도록 강요해서는 안됩니다. 사고 과정을 식으로 나타낸 것에 불과합니다. 이렇게 풀이하려면 먼저 4와 6을 모아 10이 된다는 사실과 이를 위해 8을 6과 2로 가르기할 수 있다는 사실을 충분히 이해해야 합니다. 즉, 가르기와 모으기를 학생이 자유자재로 구사할 수 있어야 가능한 전략입니다. 일단 10을 만들고 나머지 숫자를 일의 자리에 배치하면 답을 얻을 수 있다는 사실을 이해하는 것이죠.

사실 이는 받아올림이라는 덧셈의 알고리즘을 말합니다. 하지만 이러한 절차를 굳이 명시적으로 알려주는 것은 바람직하지 않습니다. '받아올림'이라는 알고리즘이 있는지조차 의식하지 못한 채 아이 스스로 발견하여 적용할 수 있도록 하자는 것이죠. 수학을 '패턴의 발견'이라고 언급한 것과 같은 맥락입니다. 이때 수직선 그림을 제시하면 그 과정을 시각적으로 확인할 수 있다는 점을 주목하기 바랍니다.

③ 큰 수부터 10 만들기

큰 수부터 더하기와 10 만들기 전략을 동시에 구사할 수도 있습니다.

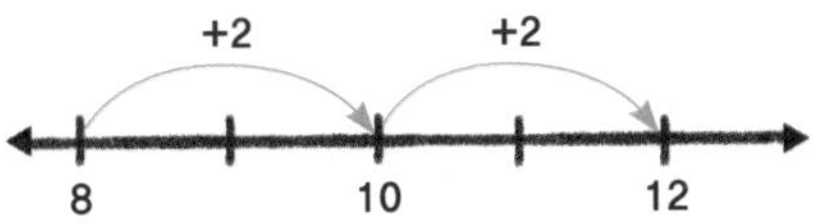

이 전략도 다음과 같이 식으로 나타낼 수 있습니다.

$$8+4 = 8+(2+2)$$
$$= (8+2)+2$$
$$= 10+2=12$$

만일 큰 수부터 10 만들기 전략을 구사할 수 있다면, '받아올림'이라는 알고리즘의 개념이 완벽하게 형성되었음을 보여주는 증거입니다. 이 같은 개념을 형성하는 데 수직선 모델이 더욱 효과적임을 굳이 강조하지 않아도 충분히 이해할 수 있으리라 봅니다.

10 만들기 전략에 대해 좀 더 덧붙여보겠습니다. 여기에도 하나의 방식만 있는 것이 아닙니다. 예를 들어, 7+8의 경우에 다음과 같이 여러 가지 방식으로 10 만들기를 해나갈 수 있습니다.

$$7+8 = 7+(3+5) = (7+3)+5 = 10+5=15$$

$$7+8 = 8+7 = 8+(2+5) = (8+2)+5 = 10+5=15$$

$$7+8 = (5+2)+(5+3) = (5+5)+(2+3) = 10+5=15$$

④ 두 배씩 더하기

일상생활에서 덧셈을 할 때에, 우리는 잘 의식하지 못하지만 두 배수 더하는 전략을 사용하는 경우가 많습니다. 같은 수를 두 번 더하는 것이 쉽다는 사실을 경험한 후에 이를 덧셈에 적용하는 것이지요. 아이들 가운데 다음과 같이 두 배수 더하기를 적용하는 사례를 종종 발견할 수 있습니다.

$$4+7 = (4+4)+3 = 8+3=11$$

$$7+9 = (7+7)+2 = 14+2=16$$

$$6+8 = (6+6)+2 = 12+2=14$$

⑤ 알고리즘의 도입은 언제?

2+7 또는 5+8과 같은 한 자리 수 덧셈의 답을 얻는 풀이 과정이 이렇게 다양할 수 있다는 사실이 놀랍지 않은가요? 어떤 방식으로 더하는가에 대한 것은 전적으로 아이의 수준에 따릅니다. 하지만 우리가 널리 알고 있는 받아올림(세로셈)이라는 덧셈 알고리즘은 아직도 제시되지 않았다는 사실에 주목하세요. 한 자리 수끼리의 덧셈은 세로셈으로 구현할 필요가 없기 때문입니다. 세로셈은 75+18과 같은 두 자리 수 이상의 덧셈에 적합한 풀이방식이니까요. 세로셈에서의 받아올림과 받아내림 도입은 가능한 한 미루어두고 소개하지 않는 것이 1학년 아이들의 수학적 사고에 훨씬 도움이 됩니다.

일단 알고리즘을 사용하기 시작하면, 마치 내비게이션에 의지해 운전하듯이 아무 생각 없이 그냥 주어진 절차에 따라 기계적으로 계산하고 답을 구하게 되기 때문입니다. 위에서 살펴본 다양한 방안을 시도해보기는커녕 생각할 기회조차 앗아가는 결과를 초래하게 됩니다.

일반적으로 학교에서 배워야 할 수학 지식이라 하면 두말할 필요도 없이 당연히 알고리즘과 같은 효과적인 풀이 수단이나 복잡한 여러 단계의 식을 깔끔하게 정리해놓은 공식들을 떠올립니다. 그런데 수학에서의 알고리즘이나 공식은 하루아침에 만들어진 것이 아닙니다. 오랜 기간에 걸쳐 인류가 시행착오를 거듭한 끝에 정제된 지식으로 세련되게 만든 최종 결과물입니다. 학교라는 장에서 수학을 가르치고 배운다는 것은 공식을 주입 받고 익히는 것이 아니라 바로 이러한 인류의 지적 성장과정을 압축적으로 재현해보는 것이라고 말할 수 있지 않을까요? 최종 결과물만을 던져주는 것은 아이들의 성장을 가로막는 비교육적인 행위라 하여도 틀리지 않습니다.

이러한 관점에서 볼 때 '이런 문제의 정답은 이렇게 풀이하여 얻는 것이다'는 식으로 느닷없이 먼저 알고리즘을 익히도록 한 후에 '다른 여러 가지 방법으로 풀어보라'는 요구는 정말 아무런 의미도 없습니다. 가르치는 사람이나 배우는 사람 모두 얼마나 맥 빠지는 일인지 이해할 수 있으리라 봅니다. 목적지에 이르는 빠르고 편한 지름길을 기껏 알려주고 나서 이번에는 진흙탕 길을 따라 저 멀리 한참 돌아오라는 것과 다르지 않으니까요. 배우지도 않았는데 전혀 새로운 문제를 느닷없이 불쑥 제시하고는 '어떻게 해결할 것인지 이야기해보세요'라는 요구도 교육적이라고 할 수 없습니다. 배우는 사람과 가르치는 사람을 곤혹스럽게 하는 무책임한 질문은 정말 재고해야 마땅합니다.

우리가 수 영역에서 1부터 9까지가 아닌 19까지의 수를 먼저 다루고 덧셈과 뺄셈을 도입한 이유는 그것이 보다 효율적으로 연산과 연계되기 때문입니다. 수를 다루는 과정에서 습득한 수 감각과 수 세기 능력을 자연스럽게 연산과 연계하기 위한 것이죠. 그래야만 나중에 아이 스스로 덧셈의 알고리즘인 받아올림을 능숙하게 적용하게 될 테니까요.

뺄셈 풀이의 세 가지 수준

한 자리 수의 뺄셈 과정에서도 덧셈에 대응되는 세 가지 수준을 구별할 수가 있습니다. 16−9=7이라는 뺄셈식의 풀이를 살펴봅시다.

(1) 모두 세기

덧셈과 마찬가지로 뺄셈 또한 수식만이 아니라 상황을 함께 제시해야 합니다. 다음과 같은 문제 상황을 떠올려볼 수 있습니다.

> 사과 16개가 들어 있는 바구니에서 9개의 사과를 가져갔다면, 바구니에는 모두 몇 개의 사과가 남아 있는가?

덧셈에서도 그랬듯이, 이 문제 역시 초등학교에 입학하기 이전인 유치원 아이들에게 답을 물어볼 수 있습니다. 물론 16−9와 같은 형식적인 뺄셈식을 제시하는 것은 아닙니다. 단지 문제 상황을 알려주고 정답을 말하도록 합니다. 그러면 아마 다음과 같은 풀이 과정을 밟을 것입니다.

먼저 16개의 전체 사과를 세어보는 것이죠. 그리고 다시 처음부터 9개의 사과를 세어가며 제외합니다. 그리고 나머지 사과를 차례로 세어 그 개수가 7개임을 확인합니다. 이러한 일련의 과정은 덧셈에서의 모두 세기와 다르지 않죠. 전체 개수를 센 다음에 가져가는 사과의 개수를 세고, 마지막으로 남은 사과의 개수를 세어 보고 있으니까요. 수 세기를 배우면서 뺄셈이라는 연산으로 자연스럽게 이행하는 과정의 초기에 나타나는 풀이 과정입니다.

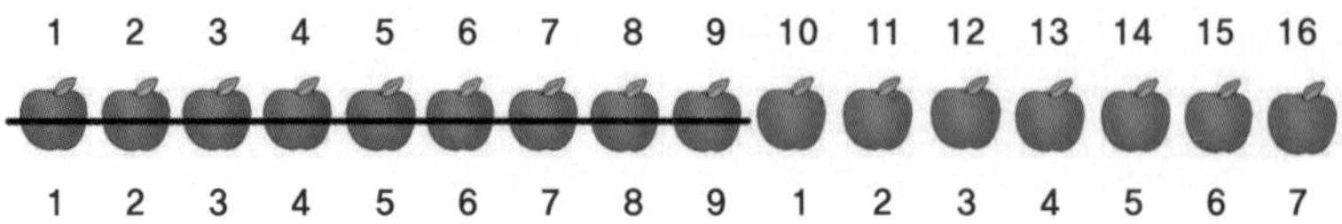

유치원 아이들도 덧셈과 뺄셈을 할 수 있습니다. 그런데 대부분이 지금 보았던 모두 세기의 수준에 머무르고 있습니다. 초등학교 1학년 뺄셈 교육은 모두 세기의 수준에 있는 아이들에게 정답이 얼마인가를 말하는 것이 아니라 모두 세기를 뛰어넘는 수준의 풀이 전략을 구사하도록 하는 데 초점을 두어야 합니다. 정답이 얼마인가가 아니라 어떻게 풀이하는가에 초점을 두어야 합니다.

(2) 이어 세기

모두 세기를 뛰어넘는 수준에서 16−9라는 뺄셈을 해결한다는 것은 무엇을 의미할까요? 두 수량의 차이를 구하는 비교 상황에서의 16−9라는 뺄셈식을 예로 들어봅시다.

(1) 나는 16개의 사과를, 동생은 9개의 사과를 가지고 있다. 나(동생은)는 동생(나)보다 몇 개의 사과를 더(덜) 가지고 있는가?

분명히 다음과 같은 뺄셈식으로 나타낼 수 있습니다.

$$16 - 9 = \square$$

그런데 이 문제 상황을 다음과 같이 재해석해봅시다.

(2) 나는 16개의 사과를, 동생은 9개의 사과를 가지고 있다. 동생에게 몇 개를 더 주면 나와 같은 개수의 사과를 가지게 될까?"

아이들은 이미 덧셈에 익숙해져 있다는 사실을 고려해야 합니다. 그렇다면 이런 비교 상황도 다음과 같은 덧셈식으로 나타낼 수 있습니다.

$$9 + \square = 16$$

그리고 이 덧셈식에서 얼마를 더했는지는 앞에서 보았던 이어 세기에 의해 답을 구할 수 있습니다. 즉, 9부터 시작하여 16까지 차례로 세어가면 됩니다. 이때 손가락을 활용할 수도 있습니다. 손가락 개수가 모두 7개임을 확인한 후에 정답이 7이라고 답할 수 있겠죠.

"9가 있었으니, 10, 11, 12, … 15, 16."

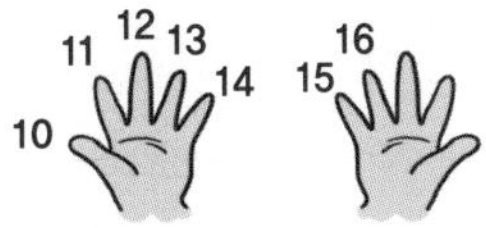

덧셈식 $9+\square=16$은 사실상 뺄셈식 $16-9=\square$와 다르지 않습니다. 따라서 16에서 9를 뺀다는 것은 9에 얼마를 더해 16이 되는가의 문제로 발상의 전환을 해야만 합니다. 위의 문제를 오직 뺄셈으로만 인식하는 사람에게 해당하는 이야기입니다. 처음에 뺄셈을 도입하는 과정에서부터 비교하는 상황을 제시하며 덧셈과 뺄셈을 자유롭게 관련짓는 활동을 한다면 그리 어렵지 않게 발상의 전환을 할 수 있습니다. 위의 뺄셈에 대한 수학적 정의를 식으로 나타내면 다음과 같습니다.

$$a-b=x \quad \Leftrightarrow \quad b+x=a$$

문장으로 표현하면 다음과 같겠죠.

a에서 b를 빼는 것(a-b)은 b에 덧셈을 하여 a가 되도록 하는 수(x)이다.

우리들에게는 익숙하지 않죠. 그런데 미국인들은 일상생활에서 뺄셈을 이렇게 하는 경우가 많습니다. 예를 들어, 68센트짜리 껌 한 통을 사고 1달러를 주었더니, 거스름돈 계산을 다음과 같이 하더군요.

"68센트, 그리고 10센트 3개 그래서 98센트이니까 1센트 2개만 더 주면 1달러. 여기 거스름돈 32센트요."

이렇게 말하며 10센트짜리 동전(dime) 3개와 1센트짜리 동전 2개를 거스름돈으로 주는 것입니다. 즉 100−68=□라는 뺄셈을 68+□=100이라는 덧셈으로 바꾼 것입니다. 더 나아가 68+(10+10+10)+(1+1)=100이므로, 괄호 안에 있는 32가 뺄셈의 답이라는 것입니다. 실제로 미국의 초등학교에서는 이렇게 뺄셈을 가르치는데, 그 이유에 대해서는 다음과 같이 말합니다.

"직접 뺄셈을 하기보다는 얼마를 더해야 전체가 되는가 하는 덧셈으로 변환하여 이어 세기를 통해 답을 얻는 것이 훨씬 실수를 줄일 수 있어요."

전적으로 공감할 수는 없지만, 덧셈과 뺄셈의 관계를 형식적으로 이해하도록 강요하는 것보다는 아이들이 훨씬 쉽게 접근할 수 있다는 점은 주목할 만합니다. 우리는 뺄셈을 덧셈과 동등하게 또 다른 하나의 연산으로 다루고 있다고 말할 수 있습니다. 반면에 미국인들의 뺄셈에 대한 수학적 정의는 뺄셈을 덧셈에서 파생되는, 즉 덧셈의 역이라는 관계로 간주하고 있는 것입니다. 정답 구하기에만 치우친 계산 기능 위주의 학습으로는 이러한 뺄셈의 구조적 정의를 이해하기 쉽지 않습니다. 수학적 사고에 따르는 발상의 전환이 요구된다는 점은 높이 평가할 만합니다.

일반적으로 8−3과 같은 뺄셈에서는 먼저 뺄셈의 대상인 수(피감수) 8에 주목해야 했습니다. 즉, 주어진 전체 8개의 일부인 3개를 제거하여 남는 것을 헤아리거나, 8과 3을 동등하게 놓은 후에 이 둘을 비교하며 차이를 헤아리거나, 또는 전체 8에서 시작하여 3만큼 거꾸로 세어가는 데 익숙해 있었다는 것이죠. 하지만 지금처럼 덧셈의 역의 관계로 뺄셈을 파악하는 것은 다른 접근이 요구됩니다. 즉, 피감수가 아닌 감수, 즉 전체가 아닌 부분을 지칭하는 3에서 시작하여 8이라는 종착점에 이르는 것입니다.

분명히 앞의 것과는 다른 사고 과정이며, 그래서 발상의 전환이 있어야만 가능합니다. 자유로운 발상의 전환이 가능하기 위해서는 이어 세기 능력이 전제되어야 합니다. 따라서 차이를 구하는 문제를 단순히 뺄셈으로만 가르치는 것은 지양해야겠지요. 아이들 사고의 다양성을 위해서는 더욱 그렇습니다.

(3) 다양한 전략적 수 세기

① 10에서 먼저 빼기

16−9=7이라는 뺄셈의 정답을 구하는 다양한 방법 중에서 좀 더 수준이 높은 풀이 방법을 살펴봅시다.

우선 16을 10과 6으로 가르기할 수 있습니다. 이때 10−9=1을 얻습니다. 앞에서 가르기하였던 6과 지금 얻은 1을 더하여 7을 얻습니다. 이를 식으로 나타내면 다음과 같습니다.

$$
\begin{aligned}
16-9 &= (10+6)-9\\
&= (10-9)+6\\
&= 1+6=7
\end{aligned}
$$

물론 아이들에게 이런 수식을 강요하는 것은 어불성설이죠. 선생님의 이해를 돕기 위해 제시한 식일 뿐입니다. 아이들은 다음 그림에서와 같이 개수 세기로 이 뺄셈식을 이해하도록 합니다.

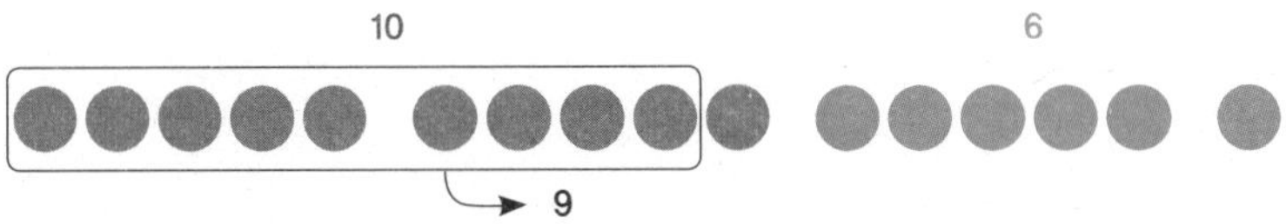

② 이어 세기에서 10 만들기

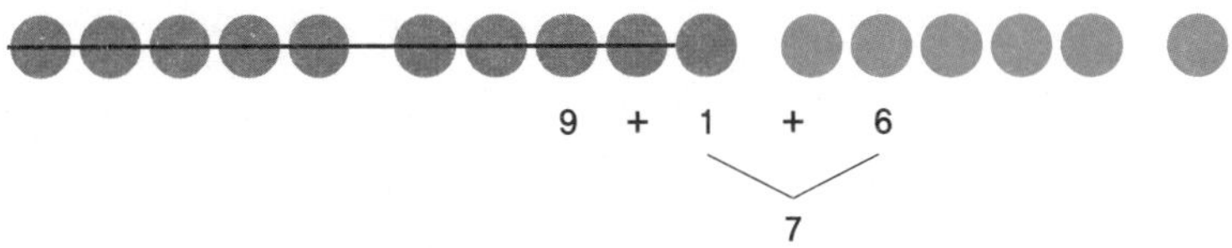

$16-9=\square$인 뺄셈식을 $9+\square=16$인 덧셈식으로 변환합니다. 그리고 16을 만들기 위해 먼저 10을 만듭니다. 즉 $9+\square=10$을 생각하여 1을 얻습니다. 그리고 이때 구한 1에 나머지 6을 더하여 7이라는 답을 얻습니다. 그림에서 보듯이 9에서 16까지 이어 세기를 하는데, 먼저 10 만들기 전략을 사용하는 것입니다. 또 다른 방안이 있습니다.

③ 10 만들어 빼기

$$
\begin{aligned}
16-9 &= 16-(6+3)\\
&= (16-6)-3\\
&= 10-3 = 7
\end{aligned}
$$

16(피감수)을 10과 6의 합으로 생각하고 일의 자리 6을 먼저 제거하는 방법입니다. 9를 빼야 하는데 6을 먼저 뺐으니 남은 10에서 3을 빼면 7을 얻을 수 있습니다. 가르기에서 10의 보수 관계를 충분히 익혔다면 훨씬 수월한 전략입니다.

유치원 아이들도 덧셈과 뺄셈을 할 수 있습니다. 하지만 대부분의 아이들이 모두 세기 수준에 있으며, 수식 표현 또한 다루지 않습니다. 초등학교 1학년 아이들의 연산 학습은 유치원 아이들의 모두 세기 수준을 토대로 진행해야만 합니다. 물론 최종목표는 알고리즘의 습득이지만 점진적인 과정을 밟아가야 합니다.

1학년 덧셈과 뺄셈을 위와 같이 단계적으로 지도하기 위해서는 학교에 입학할 때 다음과 같은 능력을 충분히 갖추고 있는지 확인해야 합니다.

— 능숙하게 수 세기를 할 수 있다.
— 손가락 세기를 자유롭게 구사할 수 있다. 특히 어느 손가락이 어떤 수를 말하는지 재빨리 인식한다.
— 5 이하의 수에 대한 가르기와 모으기를 자유자재로 할 수 있다.
— 합이 5 이하의 수에 대하여 덧셈과 뺄셈을 모두 세기의 방법으로 할 수 있다.

예를 들어, 2+3=5, 5−4=1과 같은 덧셈과 뺄셈을 할 수 있어야 합니다. 덧셈식과 뺄셈식은 이를 수학적 기호로 나타내는 것에 불과합니다. 그런데 5 이하의 수에 대한 덧셈과 뺄셈은 가르기, 모으기와 관련이 있습니다. 사실 가르기와 모으기는 수 감각 형성을 위해 매우 중요한 활동이면서 동시에 덧셈과 뺄셈의 연산 활동을 위한 것이므로, 수 영역과 연산 영역의 가교 역할을 한다고 말할 수 있습니다. 그러면 가르기와 모으기에 대해 알아봅시다.

가르기와 모으기는 왜 필요한가?

유치원에 다니는 아이들의 말을 귀 기울여 듣다 보면 다음과 같이 말하는 것을 발견할 수 있습니다.

"빨간 풍선 3개, 노랑 풍선 2개, 풍선이 5개 있어요."

3과 2라는 두 수를 모으면 5가 된다는 사실을 알고 있는 것이죠. 다음과 같이 말할 수도 있습니다.

"5명 중에서 3명이 남자, 2명은 여자."

이 말은 5라는 수를 3과 2로 가르기할 수 있다는 것을 보여줍니다.

수 세기 활동에 익숙해지면서 수 감각이 발달하게 되고, 이를 토대로 주어진 자연수에 들어 있는 작은 수로 가르기할 수 있는 눈이 떠지는 것이죠. 예를 들어, 6이라는 수가 1과 5 또는 3과 3, 또는 4와 2 같은 두 개의 수로 분리될 수 있음을 파악하게 됩니다. 물론 수 세기의 연장선상에서 가르기 능력이 나타나고, 이는 자연스럽게 덧셈과 뺄셈이라는 연산으로 이어집니다.

사실 학교 수학 교육과정에 담겨 있는 수 영역과 연산 영역의 구분은 가르치는 사람의 편의에 따른 분류에 지나지 않습니다. 아이들에게는 그런 구분이 필요 없습니다. 수를 배우면서 수 감각이 무르익으면 자연스레 연산 능력으로 이어지니까 수와 연산 영역의 경계가 의미가 없습니다. 아이들이 처음에 실행하는 연산은 알고리즘에 의한 것이 아닙니다. 연산을 배우는 초기에 그들은 덧셈과 뺄셈을 그런 식으로 하지 않습니다. 그러한 형식적인 절차는 나중에 인위적으로 만들어진 최종 결과물이므로, 처음부터 알고리즘에 의한 연산을 강요해서는 안되겠죠. 새로운 지식의 형성은 이미 알고 있는 지식을 토대로 확장해나가는 것이 가장 효과적인 교육 방법이라는 사실을 잊지 맙시다. 무에서 유가 창조되는 것은 아니니까요. 따라서 연산 영역의 학습은 수 영역과 단절되지 않은 채 수 세기 활동을 토대로 자연스럽게 이루어지도록 교육과정이 구성되어야 합니다. '가르기와 모으기'는 그런 관점에서 두 영역의 연결고리입니다.

먼저 '모으기'부터 살펴봅시다. 다음 문제는 구체적인 대상의 개수를 세어보는 문제입니다. '구슬은 모두 몇 개인가?'라는 물음에 답해야 하므로 전체의 개수를 세는 문제군요. 이때 아이들은 앞에서 언급했듯이, 모두 세기보다는 이어 세기에 의해 7개를 파악합니다. 예를 들어, 4개와 3개의 두 묶음으로 묶어서 '4, 그리고 5, 6, 7. 그러니까 7'과 같이 이어 세기를 적용하여 답을 얻습니다. 5 이하의 수는 직관적으로 파악할 수 있다는 사실을 떠올려보세요.

[문제] **보기와 같이 구슬을 묶고, 빈칸에 알맞은 수를 써넣으세요.**

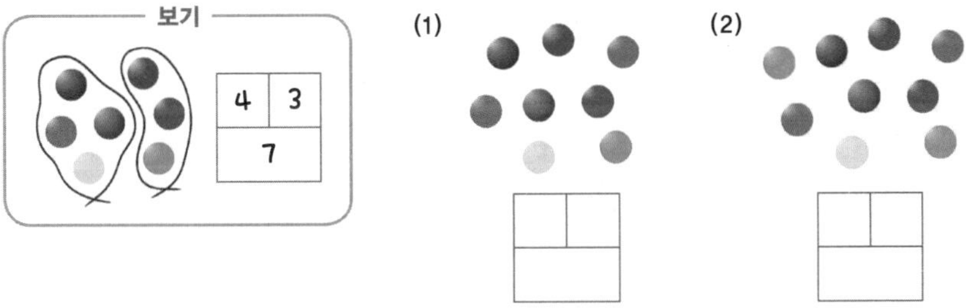

구체물을 대상으로 연습한 다음에는 수직선 위에서 가르기와 모으기를 할 수 있습니다. 이제는 수직선을 도입하고, 더 나아가 숫자만 나타난 형태를 제시해도 됩니다. 우리는 아이들이 이 과정에서 이미 덧셈을 하고 있다는 사실에 주목할 필요가 있습니다. 단지 3+2=5라는 형식적인 덧셈식으로 나타내지 않았을 뿐입니다. 덧셈이라는 실제 연산 행위와 이를 문자로 나타낸 덧셈식은 구별해야 합니다.

그렇다면 형식적인 덧셈식은 덧셈을 충분히 경험한 후에 도입하는 것이 바람직하다는 결론을 얻을 수 있습니다. '가르기와 모으기'는 그래서 필요합니다. '가르기와 모으기' 활동을 통해 덧셈과 뺄셈의 개념 형성이 축적되면, 자연스럽게 그리고 매우 쉽게 덧셈식과 뺄셈식으로 이어질 수 있으니까요.

〔문제〕 **빈칸을 채우세요.**

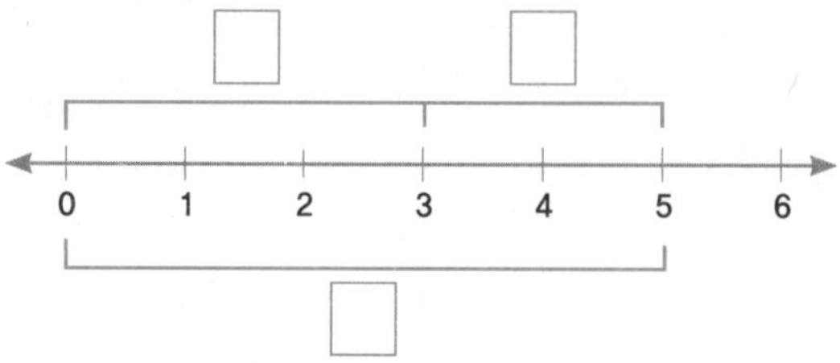

'가르기' 활동은 특히 중요합니다. 6이라는 수가, 예를 들어 4와 2로 분해되는 것은 6이라는 수에 대한 감각이 충분히 형성되었다는 것을 말해줍니다. 이와 같은 능력은 고학년 때 배우는 약수와 배수와도 연관이 있습니다. 즉 6=4+2라는 덧셈 형식에 의한 분해가 가르기였다면, 6=3×2라는 곱의 형식에 의한 분해는 인수(약수)분해를 말합니다. 하나의 자연수를 곱으로 분해하는 약수는 덧셈 형식으로 분해하는 가르기를 배우고 난 다음 몇 년 후에 배우는 어려운 개념입니다. 그렇다면 가르기 활동은 어떻게 도입해야 할까요? 구체적인 상황을 통해 경험할 수 있는 문제를 살펴보겠습니다.

〔문제〕 **바구니에 샌드위치와 햄버거가 모두 6개 들어 있습니다. 샌드위치와 햄버거가 각각 몇 개씩 들어 있을지 생각해 보기와 같이 나타내보세요.**

보기

내 생각에는 샌드위치 __4__ 개, 햄버거 __2__ 개가 들어 있을 것 같아.

내 생각에는 샌드위치 ____ 개,

햄버거 ____ 개가 들어 있을 것 같아.

또한 '가르기' 활동은 놀이를 통해 경험할 수도 있는데, 다음은 그 예입니다.

〔놀이〕 **9명의 아이들이 앞에 나와 있습니다. 교사가 호루라기를 불면서 숫자를 불러주면 그 숫자만큼의 어린이가 훌라후프 안으로 들어갑니다. 보고 있는 어린이들은 훌라후프 안에 들어간 어린이 수와 밖에 있는 어린이 수를 외치는 놀이입니다. 아이들이 9명이라면 4명/5명, 8명/1명, 3명/6명 등으로 가를 수 있습니다. 숫자를 눈으로 확인하는 것이 필요하면, 외치면서 숫자 카드를 드는 방법도 있겠지요.**

일부분이 가려진 상황에서 수 가르기를 할 수도 있습니다. 주어진 구체물을 머릿속에서 조작하거나 실제 상황 또는 놀이를 통해 '가르기와 모으기'를 충분히 경험하도록 하는 것이 중요합니다.

〔문제〕 **수건이 덮여 있는 곳에는 크레파스가 몇 개인가요?**

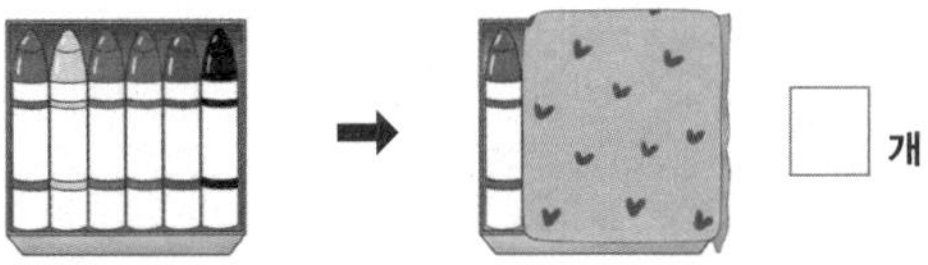

'가르기' 활동의 다음 단계는 반구체물에서 이루어집니다. 다음 문제를 살펴봅시다.

〔문제〕 **주사위 눈의 수를 서로 다르게 가르기해 □ 안에 써넣으세요.**

(1)

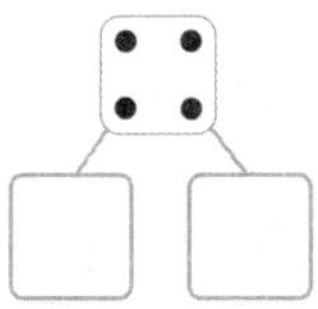

(2)

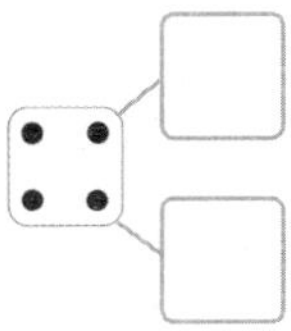

이와 같은 종류의 문제를 10까지의 모든 수에 대해 체계적으로 제시하여 모든 경우의 가르기를 경험하도록 해야 합니다. 10까지의 수에 대한 가르기 경험은 수 감각 형성에 매우 중요하니까요. 물론 지루하지 않도록 다양한 형식의 문제를 만날 수 있어야겠지요. 곧 학습에 유용한 여러 유형의 문제를 만나볼 수 있습니다. 추상적인 숫자로 이루어진 문제는 마지막에 제시하는 것이 좋습니다. 다음 문제가 그것입니다.

〔문제〕

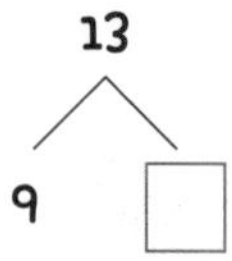

아래 문제와 같이 빈칸에 숫자를 써넣으면서 모두 경우의 수를 확인하게 합니다. 단순히 숫자를 써넣는 것으로 그치기보다는 빈칸을 채우면서 어떤 패턴을 발견할 수 있도록 배려하는 것이 좋습니다. 즉, 윗줄의 수가 하나씩 늘어날 때마다 아랫줄 수는 하나씩 줄어드는 것을 확인할 수 있습니다. 곧 배우게 될 덧셈의 교환법칙이 이 문제에 들어 있다는 점에도 주목합시다. 따라서 빈칸을 채우는 것에 그치지 말고 이러한 사실을 되새겨볼 수 있도록 문제 풀이 이후에 학생들과 함께 이야기를 나누는 것도 필요합니다.

〔문제〕

5	0	1	2		4	
	5			2		0

연산과 문장제 학습에 대한 오해

연산 기호 +와 −는 어른들에게 너무나 쉽고 익숙한 기호입니다. 이미 연산 전문가이니까 당연하겠지요. 하지만 1학년 아이들도 그렇게 받아들일 것이라고 섣불리 판단할 수는 없습니다. +와 − 기호는 아이들이 생애 처음 마주하는 추상적인 수학 기호라는 점을 생각해야 합니다. +와 −는 하나의 상황만을 나타내는 기호가 아닙니다. 앞에서 언급했듯이, '더'하기/'빼'기 또는 '합'하기/'떼어'내기, 그리고 '비교'하기 등의 여러 다양한 상황을 덧셈식 혹은 뺄셈식으로 나타내는 데 사용됩니다. 우리가 여기서 상황에 대한 분류를 제시한 것은 가르치는 선생님만을 위한 것입니다. 아이들에게 각각의 상황을 구별하도록 요구해서는 안됩니다. 아이들은 주어진 상황을 수학식으로 나타내기 위해 +와 − 중에서 어떤 기호를 선택하는 것이 적절한가를 판단할 수 있으면 충분합니다.

연산 교육이 필요한 이유는 무엇일까요? 주어진 현실 상황을 기호를 사용해 간단히 표현하는 수학식의 효용성을 이해하고 맞닥뜨린 상황을 해결하는 일이 그 가운데 하나라는 데 동의하십니까? 그렇다면 우리 주위에서 지금도 횡행하는 전통적인 연산 교육에 대하여 전면적으로 재고해야 마땅합니다.

"계산은 잘하는데, 문장으로 상황이 제시되는 문제가 나오면 상당히 어려워 하네요."

"아마도 응용력이 부족한가 봐요."

"어쩌면 문장을 이해하지 못해서 그런 것 같은데… 독해력이 부족하니까 독서 교육부터 해야 하는 것 아닌가요?"

문장제와 관련하여 주변에서 흔히 들을 수 있는 말입니다. 학부모뿐만이 아니라 선생님들도 아주 당연한 듯이 이렇게 진단하는 것을 목격할 수 있습니다. 만일 그것이 사실이라면 계속되는 다음 질문에도 답할 수 있어야 합니다.

'수학의 문장제를 해결하기 위해서는 어떤 책을 읽어야 하나요?'

'독해력이 향상될 때까지 문장제 해결을 중단하고 기다려야 하나요?'

'문장제의 문장이 그렇게 독해하기 어려운가요? 어떤 문장제의 문장이 그렇다는 것이죠?'

문장제 문제 해결에 어려움을 겪는 아이들은 응용력이 부족하거나 독해력이 부족해서일까요? 아이들의 능력 탓으로 돌리는 것이 과연 적절할까요? 혹시 우리의 연산 교육에 문제점은 없는지 진지하게 성찰해볼 수는 없을까요? 유감스럽게도 그런 시도가 있었다는 사실을 듣기 어렵습니다. 지금 우리에게는 진지한 성찰이 필요한 시점입니다.

흔히들 생각하는 연산 교육의 절차는 두 단계로 구성되어 있습니다. 먼저 계산 능력을 완벽하게 습득하게 합니다. 그러고 나서 문장제라는 응용문제를 연습하는 것이죠. 학교에서는 계산의 결과를 얻기 위한 정해진 절차, 즉 알고리즘에 따라 가르칩니다. 정해진 절차를 따라가면 계산 능력이 향상된다는 믿음 속에서 실수 없이 그리고 빠른 시간 내에 정답을 찾아낼 수 있도록 기계적인 반복 훈련을 시키는 것이죠.

아이들이 빠르고 정확하게 계산할 수 있다고 판단되면, 소위 문장제라는 응용문제 풀이 연습을 같은 방법으로 반복하게 합니다. 유형별 문제가 수록된 교재들은 어떤 '핵심 단어'가 나오면 어떤 연산을 수행하라는 암시를 담고 있습니다. 곱셈의 예를 들어봅시다. '12의 1/3'이라는 문제와 같이 '의'라는 단어가 나오면 무조건 곱하기를 하면 답을 얻을 수 있다는 식입니다. "'먹어버린다' 또는 '사라진다'와 같은 단어가 들어 있는 문장제는 뺄셈을 하면 된다"는 식으로 풀이 요령을 알려줍니다. 이런 훈련 과정이 수학교육으로 둔갑되어 있습니다. 아이들이 문제 풀이 요령에 길들지 않도록 다음과 같은 문제를 제시해봅시다.

〔문제〕 **나는 8개의 빵을 먹었고, 동생은 3개의 빵을 먹었다. 모두 몇 개의 빵을 먹은 것일까?**

모두 몇 개의 빵인지 그 개수를 알기 위해서는 당연히 덧셈을 적용해야죠. 하지만 아이들은 '먹었다'는 용어에 현혹되어 뺄셈을 생각할 수 있습니다. 아이들이 문제 풀이 요령보다는 상황을 파악하는 데 주력하도록 해야 합니다.

알고리즘의 강요, 기계적인 반복 훈련을 통한 계산 연습, 유형별 문장제 풀이 연습, 그리고 자동적으로 문제의 정답을 구하는 요령을 알려주는 이러한 연산학습의 형태는 100여 년 전의 산수 교육에서 시작되었습니다. 그것이 일제 강점기를 거쳐 21세기인 오늘날에도 여전히 유효한 것으로 통용되고 있습니다.

계산 능력의 습득이 알고리즘을 익히는 것이라는 것에 이의를 제기하는 것은 아닙니다. 단지 누군가를 모방하여 절차를 그대로 따라 반복하는 것이 계산 학습이라는 주장에 의문을 갖는 것입니다. 알고리즘 또한 수학의 공식이나 정리 등과 같은 수학적 지식 중의 하나입니다. 인류가 오랜 시간에 거쳐 수많은 시행착오를 치르며 완성한 가장 효과적이고 정제된 계산 절차이니까요. 그렇다면 학교교육에서는 수학자들이 그런 발견을 이루어내기까지의 복잡한 과정을 압축하여 경험시킬 필요가 있습니다. 수학자가 그랬듯이 아이 스스로 알고리즘을 스스로 재발견할 수 있도록 안내하는 것이죠. 연산 또한 수학의 일부이며, 다른 수학 지식과 마찬가지로 수학자들의 사고 과정이 내포되어 있습니다. 연산 학습에도 수학적 사고가 포함되어야 합니다. 단순히 알고리즘을 적용한 계산 절차를 시범적으로 보여준 후에 모방하고 반복하게 하는 것은 교육이 아니라 훈련일 뿐입니다.

분수 연산의 예를 들어보면 이 같은 방식이 수학 학습의 지름길이 아님을 단번에 알 수 있습니다. 분수의 곱셈은 분자는 분자끼리, 분모는 분모끼리 곱해 답을 얻는다는 사실을 알려주는 데는 단 몇 분이면 족합니다. 하지만 그것이 분수의 곱셈을 가르치는 것이라고는 말할 수 없습니다. 분수의 덧셈은 분모를 같게 하는 통분을 거쳐야 하는데, 이와는 달리 곱셈에서는 왜 분자끼리 그리고 분모끼리 곱해야 하는가를 설명할 수 있어야 합니다. 그래야만 분수 곱셈을 이해한 것으로 볼 수 있으며, 최종적으로 자신의 것으로 내면화된 지식이 되는 것이죠.

1학년 아이가 덧셈과 뺄셈이라는 연산을 처음 익히는 단계에서 무작정 절차만을 알려주는 것은 올바른 수학 지도가 아니라는 것입니다. 아이가 이미 알고 있는 지식을 토대로 새로운 지식을 습득하도록 하는 교수 원리가 적용되어야 합니다. 즉, 이전의 수 세기 활동을 통해 얻은 수 감각에 의해 덧셈과 뺄셈 현상을 식으로 나타낼 수 있도록 해야 합니다. 이처럼 처음 연산을 배우며 어느 정도 익숙해진 후에 자연스럽게 알고리즘을 재발견하도록 하는 것이 연산 교육의 핵심이자 정수입니다.

연산 교육에 대한 이와 같은 관점은 문장제를 처음부터 도입하는 것이 이례적인 것이 아니라 자연스러운 것이라는 결론으로 이어집니다. 문장제는 계산 이후에 별도로 실행하는 응용이 아니라, 그 자체가 연산이기 때문입니다. 계산 따로 응용 따로라는 분절된 접근은 이제 더 이상 연산 교육이라고 말할 수 없습니다.

문장제는 어떻게 가르쳐야 하는가?

그렇다면 문장제는 어떻게 가르쳐야 할까요? 수학식은 현상을 수학적으로 표현하는 하나의 수단입니다. 그런 관점에서 볼 때 연산 교육에는 다음 네 가지 요소를 아우를 수 있는 과정이 요구됩니다. 연산이 적용되는 실생활 상황, 이를 수학적으로 기술하는 언어, 그 언어를 수학적 기호로 변화하는 식 세우기 과정, 그리고 마지막으로 주어진 식의 풀이 과정이 그것입니다.

마지막 단계인 주어진 식의 풀이 과정은 바로 계산을 뜻하므로, 이것부터 논의하겠습니다. 1학년 1학기 아이들의 덧셈과 뺄셈 계산은 그 이전에 확립된 수 세기를 토대로 학습되어야만 합니다. 한 자리 수에 대한 덧셈과 뺄셈을 위해 세로셈을 도입해서는 안된다는 말입니다. 7+9나 12−7 같은 덧셈과 뺄셈도 알고리즘을 적용해 답을 구하도록 해서는 안됩니다. 우리가 9까지의 수만이 아니라 19까지의 수를 먼저 도입할 것은 제안한 이유는 바로 이 때문입니다. 지도 방법은 다음 절에서 여러 모델을 소개하며 자세히 설명하겠습니다.

이제 연산 교육의 네 가지 요소 가운데 첫 번째인 실생활 상황에 대하여 알아봅시다. 우선 문제를 위한 상황 설정이어서는 안된다는 점을 강조합니다. 초기에는 아이들에게 생활 주변에서 볼 수 있는 친근하고 익숙한 상황을 제시합니다. 가족끼리 식사하는 식탁이나 편의점 등 아이들이 경험해봤을 법한 소재를 선택하여 흥미를 촉진시킬 수 있어야 합니다.

두 번째 요소인 문제 상황을 수학적 언어로 기술하는 것은 전통적인 연산 교육에서는 거의 관심을 두지 않았던 영역입니다. 아이들이 응용문제를 어려워하는 이유는 상황에 대한 언어적 기술에서 비롯됩니다. 단순히 독해력의 문제라고 단정 지을 수 없으며, 문제 해결을 위한 교육이 필요합니다. 아이 스스로 문제 만들기를 해보는 것은 하나의 방안입니다. 주어진 식을 보고 아이가 스스로 문장제를 만들어보게 하는 것이죠. 주어진 문제에 답을 말해야 하는 수동적 존재가 아니라 스스로 문제를 출제할 수도 있다는 역할 바꾸기는 언어 능력 향상을 위한 매우 좋은 방안이 될 것입니다. 스스로 문제 만들기 형식은 기존 교과서에도 종종 등장합니다. 우리는 보다 체계적인 교육을 제안합니다.

다음은 연산교육의 세 번째 요소, 즉 문제 상황을 수학적 기호로 변환하여 식을 세우는 과정입니다. +, − 같은 연산 기호 그리고 등호(=)는 아이들이 생애 처음 접하는 수학 기호라는 사실을 염두에 두어야 합니다. 미국에서는 +기호를 가르칠 때에 한 팔을 수평으로 다른 한 팔을 수직으로 하여 뭔가를 함께 끌어 모으는 동작으로, 그리고 − 기호는 한 팔로 뭔가를 옆으로 제쳐놓는 동작을 하게 함으로써, 두 기호를 쉽게 연상시키는 노력을 기울일 정도입니다. 어른들에게 익숙한 기호라 하여 아이들도 그렇다고 간주해서는 안됩니다.

연산 기호가 사용되는 다양한 상황을 생각하고 적용해보는 과정은 연산 교육의 초기에 반드시 필요한 요소입니다. 예를 들어, 다음과 같은 상황을 그림으로 제시하여 +와 − 기호 중 어느 것이 적합한가를 선택하도록 합니다.

〔문제〕 **보기와 같이 그림을 보고 알맞은 부호에 ○표 하세요.**

(1)

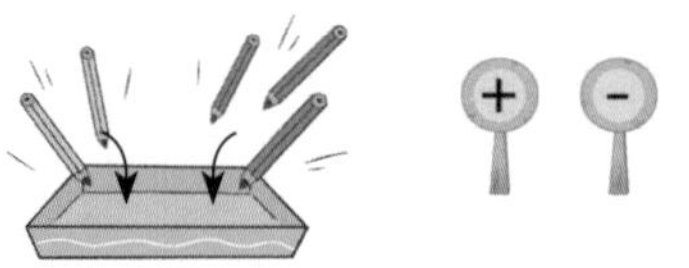

(2)

(3)

(4)

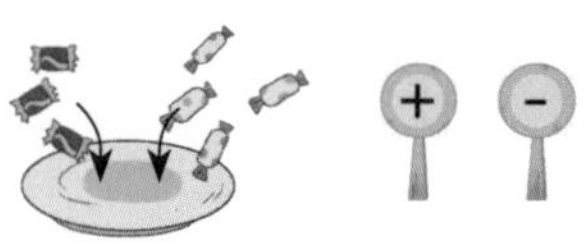

삽화를 보고 상황을 언어로 설명하는 활동이 어느 정도 익숙해지면, 문장을 보고 상황을 파악하도록 합니다. 궁극적으로는 문장제 문제 풀이에 초점을 두어야 하니까요. 다음은 그런 사례입니다. 주어진 문장을 읽고 어떤 수학적 기호가 요구되는지 답하도록 합니다.

〔문제〕 **빈칸에 알맞은 부호를 쓰세요.**

(1) 접시에 만두가 3개 있습니다. 할머니께서 3개를 더 주셨습니다. 3 ☐ 3

(2) 냉장고에 우유가 7개 있었습니다. 아침에 2개를 마셨습니다. 7 ☐ 2

문제에 기술된 문장을 읽으며 주어진 대상의 개수에 어떤 변화가 일어났는지를 상상하는 과정이 필요합니다.

등호의 도입

연산기호가 도입되고 나서 등호가 포함된 덧셈식과 뺄셈식을 소개합니다. 교과서에는 3+5=8이라는 식을 '3 더하기 5는 8과 같습니다.' 또는 '3과 5의 합은 8입니다.'라고 기술하고 있습니다. 하지만 이는 실제 상황과는 다르죠. 말 그대로 교과서에만 들어 있을 뿐입니다. 실제로 아이들은 이렇게 읽습니다.

'3 더하기 5는 8.'

일일이 '같습니다'는 말을 덧붙이는 것이 번거로우니까요. 언어는 사고를 표현하는 수단이지만, 역으로 언어에 의해 사고가 규정되기도 합니다. 이런 표현을 자주 사용하다 보면 원래 좌변과 우변이 같음을 뜻하는 등호의 의미가 희석되기 마련입니다. 더군다나 너무 많은 기계적인 반복 훈련 때문에 '3 더하기 5는 8'이라는 말을 자주 사용하다 보니, 등호의 의미를 원래의 뜻과는 달리 계산의 답을 뜻하는 것으로 인식하게 됩니다.

실제로 초등학교 4학년 학생들을 대상으로 조사한 결과, 80%의 학생이 등호는 '…는 얼마?'를 뜻하는 것이라고 답했습니다. 교과서에 쓰인 대로 '같습니다'를 사용하는 아이들은 거의 없다는 사실을 알 수 있습니다.

1부 수 영역에서 수의 크기를 비교할 때 등호와 부등호를 함께 도입할 것을 제안하였습니다. 수의 크기를 비교하면서 등호를 도입해 '같다'라는 개념을 알려주자는 것입니다. 그런데 덧셈식과 뺄셈식에서 등호를 다시 한 번 강조할 필요가 있습니다. 두 수의 비교에서 사용되는 등호가 정적인 의미인 데 반해, 연산에서는 등호가 동적인 의미를 띠기 때문입니다. 그런데 등호는 곧바로 제시하기보다는 일련의 단계를 밟는 것이 좋습니다. 다음과 같이 +기호와 함께 화살표를 나타내어 상황의 변화가 있음을 깨닫게 하는 것도 하나의 방편입니다.

+4

3 ⟶ 7

버스 승객 수의 변화를 화살표식을 이용하여 나타내는 것입니다. 화살표를 사용함으로써 +4가 진행되는 흐름을 이해할 수 있으니까요. 연산기호인 +와 더하는 수 +4가 하나의 덩어리로 표기되어 있음에 주목하기 바랍니다. 4라는 수에 어떤 작용 즉 덧셈이라는 연산 행위가 이루어진다는 동적인 의미를 강조하고자 한 것이죠. 덧셈과 뺄셈 및 곱셈, 나눗셈이 함께 들어간 복잡한 연산을 행할 때 이러한 표기는 매우 큰 도움을 줄 수 있습니다.

연산의 구체적인 상황을 다음과 같은 수직선에서도 확인하도록 안내합니다.

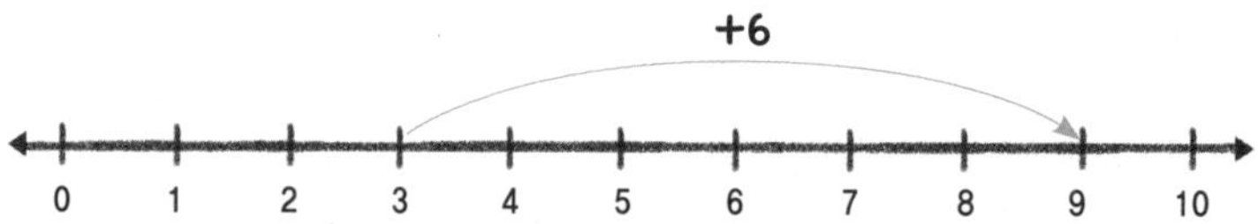

+6

3 ⟶ 9

3+6

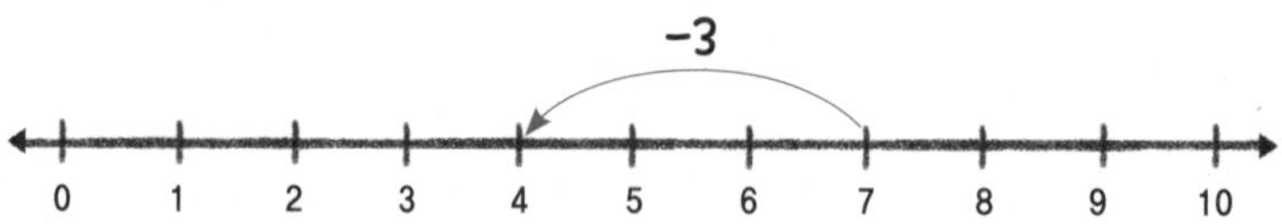

−3

7 ⟶ 4

7−3

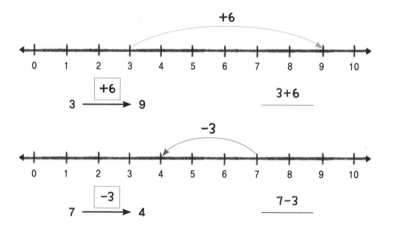

이제 화살표를 등호로 대치하는 것만이 남았습니다. 다음과 같은 활동을 통해 화살표식의 좌변과 우변이 같음을 알 수 있겠죠.

$6 \xrightarrow{+2} \boxed{8}$ ➡ $6 + 2 = \boxed{8}$

$9 \xrightarrow{-2} \boxed{7}$ ➡ $9 - 2 = \boxed{7}$

좌변과 우변이 같음을 다시 한 번 확인하기 위한 활동으로 양팔 저울이라는 모델을 소개합니다. 굳이 말로 하지 않아도 좌변과 우변이 같음을 삽화에서 시각적으로 파악할 수 있습니다.

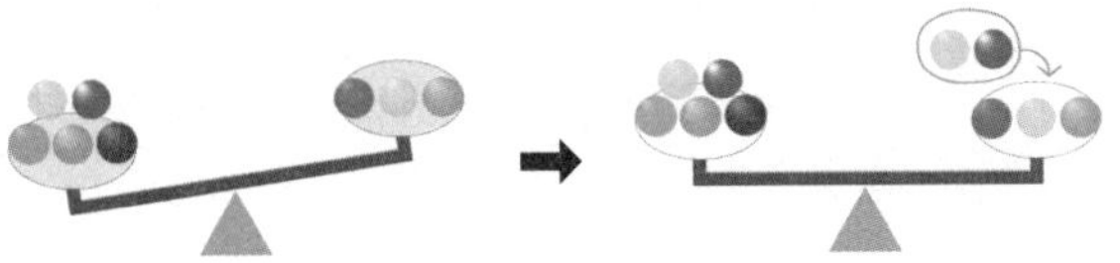

$5 = 3\ \boxed{+}\ \boxed{2}$

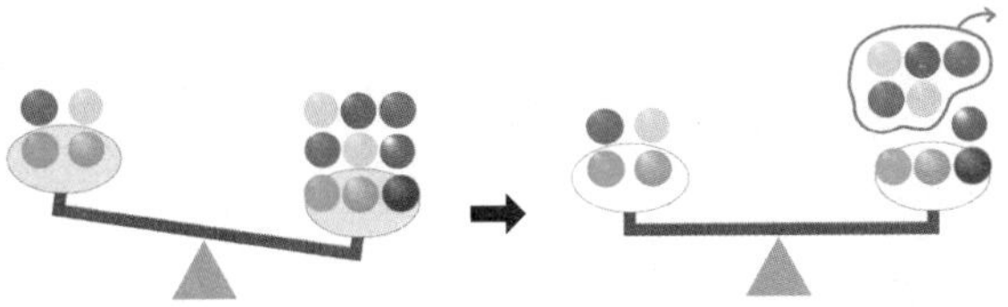

$4 = 9\ \boxed{-}\ \boxed{5}$

좌변과 우변이 같다는 등호의 의미를 강조하는 이유는 다음과 같은 오류를 범하지 않도록 하기 위한 것입니다.

$$6+7 = 6+4 = 10+3 = 13$$

등호를 '…는 얼마?'라는 의미로 받아들이면서 나타나는 오류입니다. 이와 같이 등호를 계산 과정을 이어가는 수단으로 인식하는 오류는 초등학교에서 처음에 바로잡지 않으면 고등학교까지 계속해서 수정되지 않을 수 있습니다. '…는 얼마?'라는 인식을 바꾸는 하나의 활동으로 다음과 같은 문제를 소개합니다.

〔문제〕

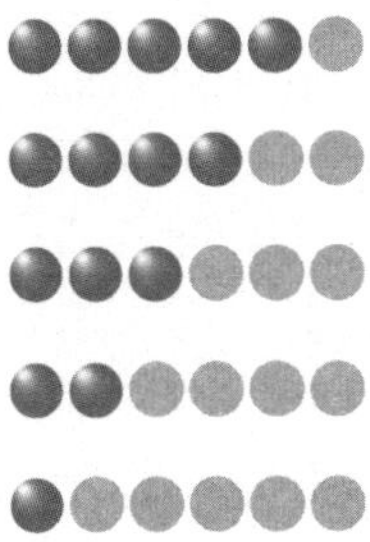

6 = 5 + 1

6 = ______

6 = ______

6 = ______

6 = ______

앞의 가르기 활동 문제를 식으로 나타내도록 하는 것이죠. 6=5+1이라는 덧셈식과 같이 좌변에 있던 수가 우변의 두 수로 가르기되어 있음을 알 수 있습니다. 가르기의 내용을 등호와 +기호를 사용하여 나타냄으로써 등호의 의미를 확인하자는 것입니다. 이와 같은 활동을 10까지의 수에서 충분히 경험해볼 필요가 있지 않나요? 그러면서 피가수(더해지는 수)와 가수(더하는 수)의 변화에 주목하여 어떤 패턴을 발견하도록 하는 부수적인 효과를 거둘 수도 있습니다. 다음과 같은 활동도 의미가 있습니다.

같은 덧셈식이지만 모종의 패턴, 즉 덧셈에 관한 교환법칙을 스스로 파악하는 문제입니다. 등호의 올바른 사용과 등호에 대한 의미를 정확하게 파악하는 것은 매우 중요하다는 것을 다시 한 번 강조합니다.

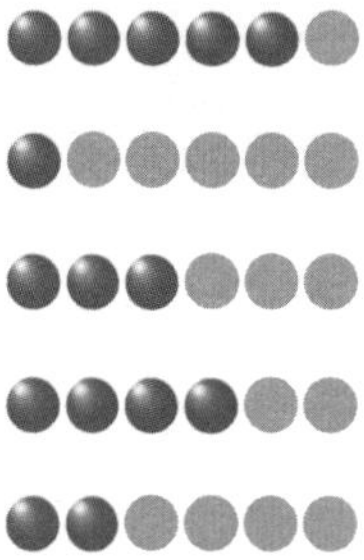

6 = 5 + 1

6 = 1 + 5

6 = 3 + 3

6 = 4 + 2

6 = 2 + 4

21세기에 적합한 연산 교육과정

이제 본격적으로 덧셈과 뺄셈이라는 연산을 어떻게 가르칠 것인지 살펴봅시다.

1학년 수 연산 교육과정

1학년 1학기	1단원	9까지의 수		
	3단원	덧셈과 뺄셈	3+4=7	8-5=3
	5단원	50까지의 수		
1학년 2학기	1단원	100까지의 수		
	3단원	덧셈과 뺄셈 (1)	12+13=25	78-32=46
	5단원	덧셈과 뺄셈 (2)	8+6=14	12-9=3

2009년 개정 교육과정 1학년의 수와 연산 단원 흐름도입니다. 1학년 2학기 3단원에서 12+13=25와 78−32=46과 같은 두 자리 수끼리의 덧셈과 뺄셈을 먼저 배웁니다. 이때 세로셈을 도입합니다.

과자가 37개, 초콜릿이 12개일 때, 모두 합하면 몇 개인지 알아봅시다. 교과서는 그림과 같이 수 모형 계산법을 먼저 보여준 다음 세로셈 풀이에 들어갑니다.

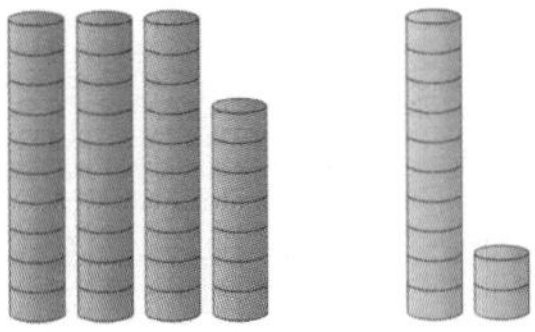

$$\begin{array}{rrr} & 3 & 7 \\ + & 1 & 2 \\ \hline & & \end{array} \Rightarrow \begin{array}{rr|r|} & 3 & 7 \\ + & 1 & 2 \\ \hline & & 9 \end{array} \Rightarrow \begin{array}{r|r|r|} & 3 & 7 \\ + & 1 & 2 \\ \hline & 4 & 9 \end{array}$$

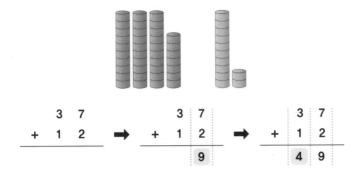

이번에는 마을로 배달된 편지가 27통, 소포가 13개일 때, 편지가 소포보다 몇 개 더 많이 왔는지 교과서 풀이법을 따라가볼까요?

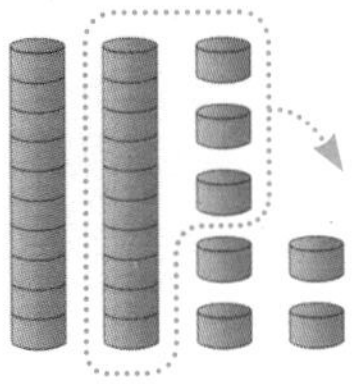

$$\begin{array}{rrr} & 2 & 7 \\ - & 1 & 3 \\ \hline & & \end{array} \Rightarrow \begin{array}{rr|r|} & 2 & 7 \\ - & 1 & 3 \\ \hline & & 4 \end{array} \Rightarrow \begin{array}{r|r|r|} & 2 & 7 \\ - & 1 & 3 \\ \hline & 1 & 4 \end{array}$$

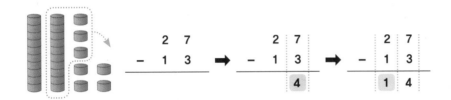

마찬가지로 수 모형을 조작하여 셈을 한 후, 세로셈 방법으로 정리하는 것을 알 수 있습니다. 그런데 다음 5단원에서 다시 다음과 같은 3+9=12와 13−4=9와 같은 한 자리 수의 연산을 매우 복잡하게 배우도록 되어 있습니다.

3 + 9
2 + 1 + 9
2 + 10 = □

13 − 4
13 − 3 − 1
10 − 1 = □

1학기 3단원에서 3+4=7, 8−5=3과 같은 한 자리 수를 배우고 나서 한 학기 이상의 시간이 지난 다음 다시 한 자리 수의 연산을 다루는 것입니다. 그것도 앞의 단원에서 두 자리 수의 연산을 이미 배웠는데 말이죠. 더군다나 한 자리 수를 세로셈으로 해결하도록 하는 문제도 들어 있습니다.

$$\begin{array}{rr} & 4 \\ + & 9 \\ \hline & \square \end{array} \qquad \begin{array}{rrr} & 1 & 3 \\ - & & 8 \\ \hline & & \square \end{array}$$

매우 부자연스럽게 느껴지지 않습니까? 왜 이렇게 복잡한 구성을 하였을까요? 2학년 1학기 연산 단원에 나오는 두 자리 수의 연산에서 그 이유를 짐작할 수 있습니다.

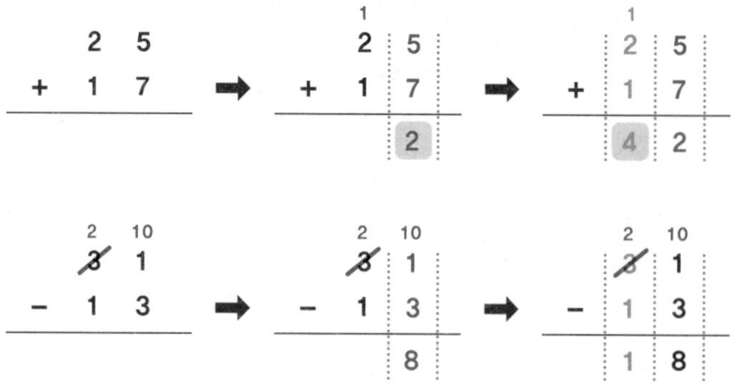

한 자리 수의 연산을 배우고 나서 두 자리 수의 연산을 배우도록 구분하지 않고, 받아올림과 받아내림이 적용되는 계산 절차의 여부에 의해 구분해놓았습니다. 결국 알고리즘이라는 연산 절차를 강조하며 이를 습득하기 위한 사전 단계 학습이 1학년 연산 교육의 목표임을 드러내 보여준 교육과정의 구성입니다.

이러한 교육과정의 구성은 꽤 오래된 전통을 따른 것입니다. 거슬러 올라가면 해방 직후 일제로부터 물려받은 연산 학습의 유산입니다. 19세기 후반의 메이지 유신에 의해 탄생한 일본제국은 1800년대 서구에서 유행하던 계산 훈련 방식을 모방하여 자신들만의 독특한 초등학교 수학 교육과정을 만들었습니다. 우리의 초등학교에 해당하는 당시 그들의 소학교는 공장에서 일할 산업역군이나 전쟁터에 나갈 병사를 양성하는 기초교육을 담당하는 기관이었습니다.

인류 지성이 축적한 학문 지식을 익히며 스스로 생각하고 문제를 해결하여 자아 완성을 도모하는 오늘날의 교육과는 거리가 멀었죠. 그들은 아이들을 싸구려 계산기로 만들면 충분하다고 생각하였고, 그 결과 빠르고 정확한 계산을 해낼 수 있도록 하는 것이 당시 소학교 연산 교육의 목표였습니다. 당연히 빠르고 정확한 계산 절차인 알고리즘을 익히는 데 중점을 두었죠. 어떤 과정을 거쳐 어떻게 알고리즘으로 확립되었는가를 스스로 이해하고 재발견하는 구성주의와는 거리가 멀 수밖에 없었습니다. 이런 연산 교육을 21세기인 지금의 우리 아이들이 답습하도록 강요할 수는 없지 않은가요?

단순히 옛날 것이라는 지적을 하는 것이 아닙니다. 알고리즘을 중요시하는 연산 교육에는 다음과 같은 몇 가지 문제점이 들어 있습니다.

1학년 수 연산 교육과정

5차	2. 덧셈과 뺄셈(1)	10이 되는 덧셈, 뺄셈
	4. 덧셈과 뺄셈(2)	12+3 / 23+5　16-4 / 57-3 6+4+3 / 8+5-7 / 18-5-2 7+4 / 11-7
	6. 덧셈과 뺄셈(3)	50+30 / 23+30　70-30 / 65-20 23+25 / 76-24 덧셈식과 뺄셈식의 관계 23+15+11 / 39-12-14 / 15+24-8
6차	4. 덧셈과 뺄셈(1)	20+5 / 32+6　37-7 / 57-3 6+4+3 / 5+7　11-6 7+5+2 / 13-5-2
	6. 덧셈과 뺄셈(2)	20+30 / 34+20　50-20 / 36-10 24+43 / 56-22　43+35+11 / 48-23-14
7차	3. 10을 가르기와 모으기	10을 가르기, 10이 되게 모으기
	4. 10이 되는 더하기와 10에서 빼기	□+□=10 / 10-□=□
	6. 더하기와 빼기(1)	4+1+2 / 9-6+5 / 7-2-3 30+5 / 22+6 / 40+30 / 35+42 17-5 / 60-40 / 28-16 덧셈식과 뺄셈식의 관계
	7. 더하기와 빼기(2)	4+6+7 / 7+5　13-9 8+5+3 / 12-5-4
2007 개정	3. 10을 가르기와 모으기	10을 가르기, 10이 되게 모으기 □+□=10 / 10-□=□
	4. 덧셈과 뺄셈(1)	3+4+1 / 7+2-4 / 5-3+4 / 8-2-3 20+3 / 32+4 / 20+30 / 23+54 27-6 / 40-10 / 56-24 덧셈식과 뺄셈식의 관계
	5. 덧셈과 뺄셈(2)	4+6+7 / 7+5　14-6 7+5+4 / 12-4-3
2009 개정	3. 덧셈과 뺄셈(1)	20+4 / 22+5 / 30+20 / 37+12 50-10 / 29-8 / 34-20 / 27-13 3+2+4 / 8-2-4 / 3+5-4 / 7-2+3 덧셈과 뺄셈의 관계
	5. 덧셈과 뺄셈(2)	10을 가르기, 10이 되게 모으기 □+□=10 / 10-□=□ 4+6+7 / 8+7　14-9

첫 번째 문제점은 덧셈과 덧셈식이 구분되지 않았다는 점입니다. 초등학교에 입학하는 아이들을 아예 덧셈도 못하는 존재로 간주하고 있으니까요. 현대를 살아가는 우리 아이들은 학교 입학 전에 이미 십까지는 물론 백까지도 셀 수 있습니다. 그리고 수 세기를 배우는 과정에서 한 자리 수끼리의 덧셈, 예를 들어 5와 7을 더하면 12가 된다는 사실도 생활에서의 경험을 통해 이미 배웠습니다. 한 개의 바구니에 사과 5개와 배 7개가 담겨 있다면, 그 바구니에는 모두 12개의 과일이 들어 있다는 사실을 유치원 아이들 대부분이 말할 수 있으니까요. 1학년 수학 학습의 내용은 이 상황을 5+7=12라는 형식적인 덧셈식으로 표현하도록 하는 것입니다. 아이들은 뺄셈도 할 수 있습니다.

예를 들어, 가지고 있던 달걀 12개 중에서 5개가 깨졌다면 7개의 달걀만 남아 있다는 사실을 대부분 알고 있습니다. 학교에서는 12−5=7이라는 형식적 뺄셈식이 그런 상황에 적용된다는 것을 배우는 것이지요. 결론적으로 1학년 1학기 연산 학습은 이미 알고 있는 한 자리 수의 덧셈과 뺄셈을 형식적인 수학식으로 표현하도록 하는 것입니다. 1학년을 담당하는 선생님이 덧셈/뺄셈과 덧셈식/뺄셈식을 구분해야 하는 이유를 이해하시겠죠.

전통적 연산 교육의 두 번째 문제점은 수 영역과 연산 영역의 단절입니다. 한 자리 수를 배우고 나서 한 자리 수의 연산을 수행할 수 있도록 하는 것이 자연스러운 순서 아닌가요? 5와 7이라는 한 자리 수를 배우고 나서 5+7이라는 덧셈을 6개월 정도의 시간이 흐른 후에 배우도록 하는 것이 적절한 교육과정이라고 할 수는 없죠. 더군다나 5+7을 배우기 이전에 32+14와 같은 두 자리 수의 덧셈을 먼저 배우도록 하는 것이 정상적이고 자연스러운 구성이라고 말할 수 있을까요?

이는 세 번째 문제점인 알고리즘의 성급한 도입과 밀접한 관련이 있습니다. 앞에서 언급했듯이, 덧셈과 뺄셈을 처음 접하는 아이들은 정답을 구하는 과정에서 수준차를 보입니다. 아이들의 수 감각과 수 개념이 제각각이기 때문에 모두 세기, 이어 세기, 전략적 수 세기 등 서로 다른 방법을 사용합니다. 이 모두 수 세기 활동에 따른 것이죠. 다양한 수 세기 경험은 받아올림과 받아내림이 있는 알고리즘을 습득하기 위한 귀중한 자양분이라 할 수 있습니다.

7+8 또는 12−7과 같은 덧셈과 뺄셈의 받아올림과 받아내림을 적용한 풀이 과정은 십의 자리와 일의 자리 수의 값을 교환해야 하는 자릿값 개념이 토대를 이룹니다. 그러므로 한 자리 수의 덧셈과 뺄셈을 충분히 연습한 후에 알고리즘을 도입하는 것이 자연스러운 흐름입니다. 37+12 또는 27−13과 같은 두 자리 수의 덧셈과 뺄셈을 자릿값의 교환이 없다고 하여 세로셈을 익히는 수단으로 먼저 도입하는 것은 결코 바람직하지 못합니다.

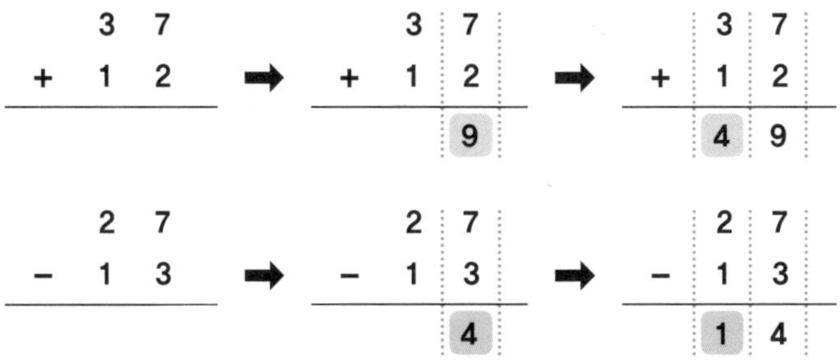

세로셈만을 먼저 도입하면 아이들은 30과 10을 더하거나 20에서 10을 빼는 것이 아니라 3+1이나 2−1처럼 계산하게 됩니다. 세로셈에서의 이러한 경험은 이후의 자릿값 개념이 요구되는 받아올림과 받아내림을 이해하는 데 걸림돌이 됩니다. 미국수학교사협의회도 세로셈 도입에 세심한 주의를 기울일 것과 두 자리 수 연산을 세로셈으로 먼저 도입하지 말 것을 교사들에게 당부하고 있답니다. 그런 관점에서 볼 때 우리 교육과정에서 덧셈과 뺄셈의 알고리즘을 너무 성급하게 도입하였다는 지적을 하지 않을 수가 없네요.

그렇다면 덧셈과 뺄셈 연산은 어떤 순서로 도입하는 것이 좋을까요? 우리는 다음과 같은 흐름으로 교육할 것을 제안합니다.

새로운 패러다임의 1학년 수 연산 교육과정

5까지의 수	0, 1, 2, 3, 4, 5	
9까지의 수	6, 7, 8, 9	
19까지의 수(또는 20까지의 수)	10, 11, 12, … 19, (또는 20)	
한 자리 수의 덧셈과 뺄셈	3+4=7 8+6=14	8-5=3 12-9=3
20부터 99까지의 수	20, 21, … 99, (또는 100)	
두 자리 수의 덧셈과 뺄셈	32+45=77 36+47=83	79-52=27 82-38=44

이제 앞의 수 영역에서 19까지의 수를 먼저 도입한 이유를 충분히 이해하였으리라 봅니다. 19까지의 수를 배우고 나서 한 자리 수의 덧셈과 뺄셈을 배웁니다. 3+4=7 또는 8−5=3과 같은 간단한 연산뿐만 아니라 8+6=14, 12−9=3을 배웁니다. 물론 세로셈에서의 받아올림과 받아내림을 적용하는 것은 아닙니다. 어떤 활동을 제시하는 것이 적절한가는 다음 절에서 설명하겠습니다.

두 자리 수의 덧셈과 뺄셈은 99까지의 수를 배우고 나서 2학기에 하나의 단원으로 배우도록 합니다. 32+45=77, 79−52=27 같은 자릿값의 교환이 없는 덧셈과 뺄셈뿐만 아니라, 36+47=83, 82−38=44와 같은 덧셈과 뺄셈을 함께 다룹니다. 이때 비로소 받아올림과 받아내림이라는 알고리즘을 도입합니다. 이에 관해서는 2학기에서 자세히 다루겠습니다.

받아올림과 받아내림의 내면화를 위한 학습 모델

이제 본격적으로 덧셈과 뺄셈이라는 연산을 어떻게 가르칠 것인지 논의를 펼쳐봅시다. 이미 덧셈식과 뺄셈식이라는 형식적인 수학식으로 나타내기 위해 +와 − 기호 그리고 등호(=)를 도입하는 문제를 언급한 바 있습니다. 수식으로만 표현하기보다는 상황을 함께 제시해야 하는 이유도 설명했습니다. 3+4 또는 8−3과 같은 매우 간단한 덧셈과 뺄셈에 관한 것이었습니다. 한눈에 알아볼 수 있는 직관적 수 세기가 가능한 연산이니까요. 따라서 지금부터 논의하는 것은 한 자리 수끼리의 덧셈이나 답이 한 자리 수인 뺄셈에 대한 것으로, 7+8 또는 12−8과 같은 연산입니다. 이후에 습득해야 할 알고리즘, 즉 받아올림과 받아내림의 과정을 완벽하게 내면화하기 위한 핵심 단계에 해당합니다. 단순히 수식만을 제시해서는 안됩니다. 적절한 모델을 함께 제시하여 연산 과정을 눈으로 확인하는 시각화를 도모해야 합니다.

(1) 수 막대

낱개 10개가 초록색 막대 상자에 들어가는 모델입니다. 수 막대를 이용하여 9+4의 답을 구해보겠습니다.

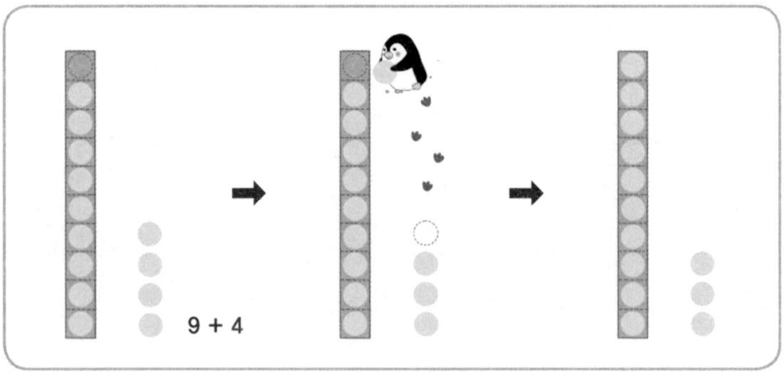

초록색 막대 상자(10묶음)의 빈 곳은 눈금으로 표시되어 있어 10이 되기 위해 얼마가 필요한지 알 수 있습니다. 모델을 보고 10이 되기 위해 9에서 1이 더 필요하다는 사실을 알 수 있습니다. 그러면 4를 1과 3으로 가르기하는 것으로 자연스럽게 연결지을 수 있습니다.

뺄셈에서는 어떻게 활용할까요? 12−9의 경우를 살펴보겠습니다. 12를 10묶음 1개와 낱개 2개로 나타냅니다. 그리고 10묶음에서 9개를 먼저 빼고 남은 낱개를 셉니다. 낱개 2개부터 차례로 빼는 것보다, 10의 보수 관계를 생각해서 빼는 것이 수월하기 때문이죠. 무엇을 먼저 빼내는지는 문제 상황에 따라 달라질 수 있습니다. 12−3의 경우는 10묶음에서 3개를 빼는 것보다, 낱개 2개를 빼고 10묶음에서 1개를 빼는 것이 더 수월합니다. 학생들은 여러 문제 상황을 경험하면서 더 효과적인 계산 순서를 선택하게 될 것입니다.

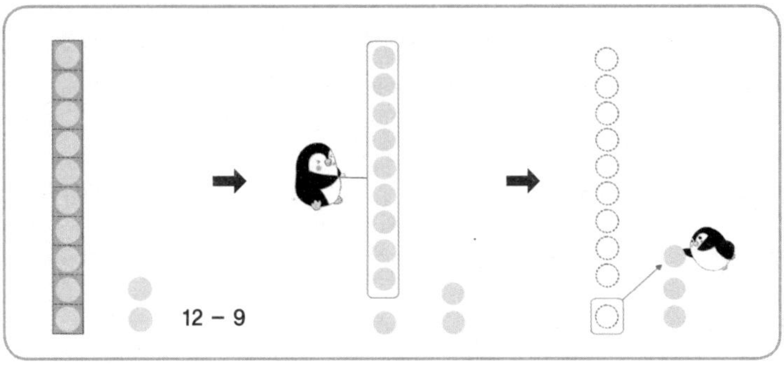

(2) 수 구슬

한 줄이 빨간색 구슬 5개, 파란색 구슬 5개로 구성되어 있는 20개짜리 수 구슬입니다. 5개씩 색깔을 달리하였다는 것에 주목하세요. 손가락 5개를 이용한 수 세기 활동은 인류의 오랜 전통이며, 그래서 5개 묶음은 매우 중요한 수 세기 전략입니다. 수 구슬을 이용하여 8+3이라는 덧셈을 해볼까요?

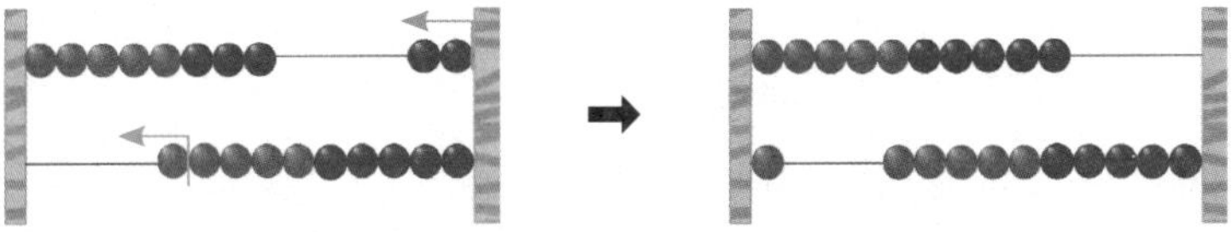

앞에서 다룬 덧셈 풀이 수준의 전략적 수 세기, 그중에서도 10 만들기 전략을 떠올려보세요. 윗줄에 남겨진 파란색 구슬 2개를 먼저, 그리고 나머지 1개의 빨간색 구슬을 밑에서 찾아 8+3=11을 계산하고 있습니다.

이때 더하는 수인 3을 2와 1이라는 두 개의 수로 가르기하는 것이 자동적으로 선행되어야 합니다. 물론 그 이전에 10이 되기 위해서는 8에서 2가 더 필요하다는 10 모으기도 자동적으로 선행되어야지요. 이 과정은 사실상 8+□=10이라는 연산이 머릿속에서 진행되었음을 말합니다. □에 어떤 수가 들어가는지 모른다고 할

지라도 파란 구슬 2개가 남아 있는 것을 보면 충분히 해결할 수 있습니다. 10 모으기가 자동화되어 있지 않더라도 수 구슬 모델을 통한 연습으로 10 모으기를 학습할 수 있습니다.

수 구슬 모델은 그림으로 나타내면 대단히 불편합니다. 실물의 조작을 통해 활용하는 것이 효과적입니다.

뺄셈의 경우도 살펴봅시다. 14－8이라는 뺄셈을 수 구슬로 해결하기 위해 왼쪽에 수 구슬 피감수인 14를 배치합니다. 그 다음 10에서 먼저 빼기 전략을 사용하여 윗줄에서 8개의 구슬을 오른쪽으로 옮깁니다. 윗줄에 남아 있는 2와 아랫줄에 있는 4를 합해 14－8이 6임을 확인할 수 있습니다.

이 과정에서 학생들은 14를 10과 4로 가르기하고, 10에서 8을 빼고 남은 2와 나머지 4를 모으는 등의 사고를 시각적으로 확인할 수 있습니다.

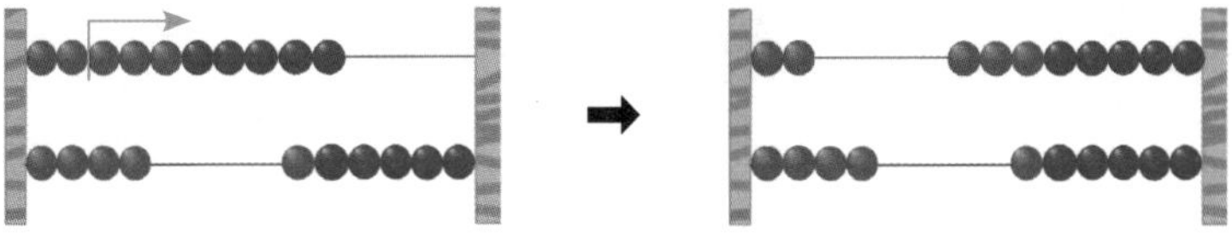

(3) 수직선

다음은 수직선을 활용하여 연산을 실행하는 과정입니다. 저학년 학생들이 수직선 모델을 어려워하므로 변형해 사용할수도 있습니다. 수직선 모델에서 8+6이라는 덧셈을 구현해봅시다.

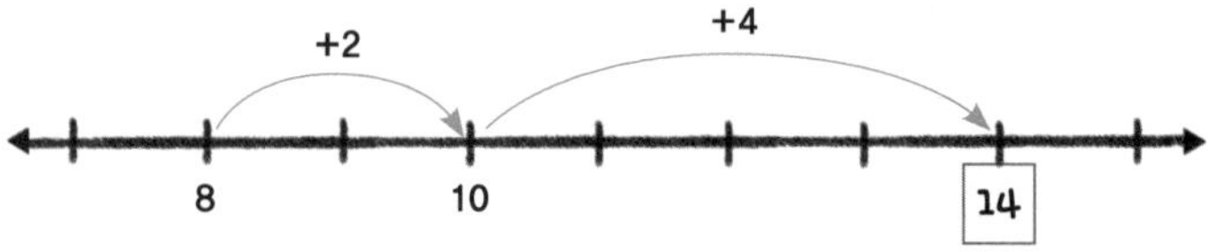

여기서도 10 만들기 전략을 적용했다는 것을 확인할 수 있습니다. 수직선의 8에서 출발하여 '8에 얼마를 더하면 10이 될까?' 생각하는 것입니다. 8+□=10이라는 덧셈식으로 표현할 수 있죠. 여기서 필요한 2를 수직선에서 눈으로 확인할 수가 있습니다. 그리고 바로 2라는 수 때문에 더하는 수, 즉 가수 6을 2와 4로 가르기해야겠지요. 수직선은 이 과정을 눈으로 확인할 수 있게끔 하는 모델입니다.

15－6이라는 뺄셈 문제를 수직선으로 해결하는 모습을 함께 살펴봅시다. 아래 수직선을 보면 빼는 수인 6을 5와 1로 가르기하여 거꾸로 세기를 하고 있습니다. 10을 먼저 만드는 전략을 수직선을 이용하여 익힐 수 있습니다.

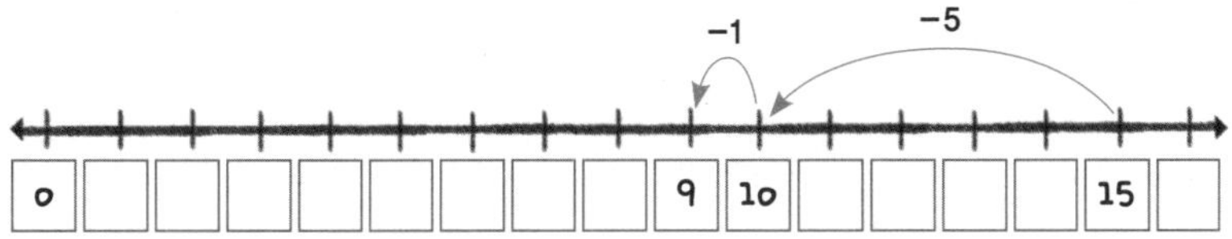

수직선을 이처럼 연산에 활용하려면 그 이전부터 수직선에 충분히 익숙해져야 합니다. 모델은 어떤 수학적 개념을 이해하기 위한 수단에 불과합니다. 모델을 이해하는 것이 걸림돌이 된다면 그 모델은 애초부터 사용하지 않는 것이 더 나으니까요. 수 영역에서 수직선을 왜 많이 활용했는지 이해하시겠죠?

(4) 수 배열표

다음은 이전까지 연산과는 무관하게 여겼던 수 배열표를 소개합니다. 1부터 20까지의 수만 다루었기에 제시된 수 배열표의 범위는 제한될 수밖에 없습니다. 그럼에도 수 배열표는 연산에 활용할 수 있는 매우 좋은 모델이 될 수 있습니다. 사실 수 배열표는 수직선과 다르지 않습니다. 수직선에서 숫자들만 선택하여 순서대로 늘어놓았고, 10을 넘어가면 줄을 바꾸어 배열했을 뿐입니다.

그러므로 수 배열표에서 좌우 이동과 상하 이동은 바로 덧셈과 뺄셈 연산을 의미합니다. 좌우 이동에서 오른쪽으로 한 칸은 +1, 왼쪽으로 한 칸은 −1을 의미합니다. 상하로 이동하는 것은 위와 아래가 각각 +10과 −10을 말합니다. 그렇다면 덧셈 8+7의 경우를 수 배열표에서 확인해봅시다.

1	2	3	4	5	6	7	8	9	10
11	12	13	14	15	16	17	18	19	20

8+7 = 8+2+5
= 10+5
= 15

10을 만들기 위해 8에서 2칸만 오른쪽으로 가면 됩니다. 수 배열표에서 눈으로 확인할 수 있습니다. 7을 2와 5로 가르기할 수 있음은 자동화되었겠죠. 다음 줄에서 15라는 답을 확인하게 됩니다.

뺄셈도 마찬가지입니다. 14−8의 경우, 14에서 10이 되기 위해 왼쪽으로 4칸을 먼저 가야 합니다. 8은 4와 4로 가르기가 될 것이고, 10에서 왼쪽으로 4칸 더 가면 6이라는 답을 확인할 수 있습니다.

10의 보수를 충분히 학습한 학생은 수 배열표를 확인하지 않더라도 자동으로 6을 구할 수 있을 것입니다. 가르기와 모으기의 중요성은 아무리 강조해도 지나치지 않습니다. 이렇게 수 배열표는 연산에도 활용됩니다.

수형도는 제시하지 마세요

수학적 모델은 추상적인 개념을 쉽게 파악하기 위한 하나의 수단에 불과합니다. 수 구슬, 수 배열표는 머릿속에서 진행되는 추상적인 연산 과정을 시각화하여 그 구조를 쉽게 파악할 수 있는 모델이기에 소개한 것입니다. 수직선도 그 가운데 하나입니다. 하지만 유치원이나 1학년 아이들은 눈금이 있는 자를 사용한 적이 없습니다. 그래서 단위 길이를 토대로 눈금이 새겨진 수직선을 어려워할 뿐만 아니라 거부감을 보이기도 합니다. 이 같은 상황을 고려하여야 합니다. 자연수를 처음 배우는 아이들에게는 간격이 들쭉날쭉하여도 상관없고, 자연수 사이에 어떤 수가 들어 있음을 가정할 필요도 없습니다. 처음에는 지하철 역 이름이 차례로 그려진 지하철 노선도와 같이 자연수만 순서대로 나열할 수 있으면 충분합니다. 수직선의 눈금 간격이 똑같다는 것은 덧셈과 뺄셈 연산을 충분히 익힌 후에 알려주어도 괜찮으니까요. 학습을 위한 수학적 모델은 제시하는 사람이 아닌 아이들의 눈높이에 맞추어야 마땅합니다. 그런 관점에서 볼 때 우리 교과서에 들어 있는 수형도는 과연 적절한 모델일까요?

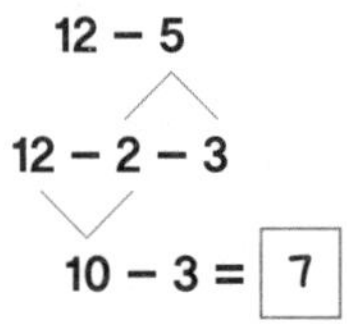

12−5라는 뺄셈을 나타낸 수형도입니다. 수학을 전공한 제 눈에도 이 그림이 즉각 들어오지 않는데, 과연 1학년 아이들에게 적합한 것일까요?

12−5의 답을 찾는 과정은 여러 가지 방식이 있습니다.

(1) 12라는 수는 10과 2로, 5는 2와 3으로 가르기할 수 있습니다. 따라서 다음과 같은 뺄셈이 가능합니다.

$$\begin{aligned}12-5 &= (10+2)-(2+3)\\ &= 10-3 = 7\end{aligned}$$

물론 이런 식을 세우라는 것이 아니죠. 다음과 같이 5개씩 묶어 배열된 12개의 동그라미 그림을 제시하고 그 중에서 2개를 먼저 빼고 나머지 3개를 나중에 빼는 전략을 구사하도록 합니다. 수식이 아닌 그림에서와 같은 반구체물을 이용하는 것이죠.

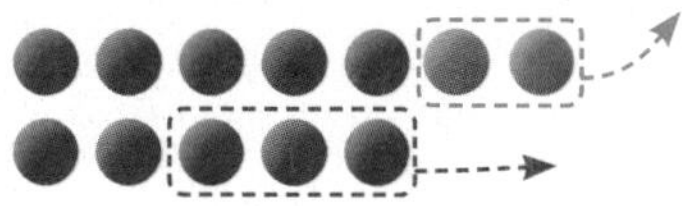

(2) 똑같은 뺄셈을 이렇게도 할 수 있어요.

$$\begin{aligned} 12-5 &= (10+2)-5 \\ &= (10-5)+2 \\ &= 5+2 = 7 \end{aligned}$$

이 전략도 아이들에게는 위와 같은 식(선생님을 위한)이 아니라 다음과 같은 반구체물 그림에서 구사할 수 있도록 해야 합니다.

(3) 12−5라는 뺄셈을 앞의 비교하기에서와 같이 5+□=12로 해석할 수 있습니다. 즉 동생의 나이가 5살이고 형의 나이가 12살일 때 나이 차이가 얼마인지 알기보다는 동생이 형의 나이가 되려면 몇 해 더 지나야 하는가와 같은 문제로 해석하자는 것입니다. 나이가 어렵다면 도넛 개수로 바꾸어도 무방합니다. 어쨌든 5에서 이어 세기를 하며 12가 될 때까지 몇 해가 또는 몇 개가 더 필요한가를 생각하는 것입니다.

덧셈과 뺄셈을 처음 배우는 아이들에게는 이와 같은 풀이가 적합하지 않은가요? 수 세기 활동을 토대로 이해할 수 있으니까요. 그렇다면 앞에서 예를 든 수형도는 어떤가요?

누군가의 풀이과정, 그것도 자신만 알고 있는 분배법칙을 적용한 풀이입니다. 일종의 암호문과 같습니다. 아이들에게는 고차원 방정식과도 같은 암호문으로 비칩니다. 더욱 문제가 되는 것은 일단 이런 수형도가 제시되면 자유로운 사고는 철저하게 제한될 수밖에 없다는 점입니다. 뿐만 아니라 이런 암호문을 해독하지 못함으로써 스스로 연산을 못하는, 그래서 수학에 재능이 없는 존재라는 자괴감에 빠지게 될 것이라는 점이죠. 형식적인 수식, 더욱이 분배법칙까지 담겨 있는 풀이를 이제 막 덧셈과 뺄셈을 배운 아이에게 제시하는 것은 적절치 않습니다.

수학에서 어떤 모델을 사용하는 것은 문제를 더 쉽게 이해하고 편리하게 사용하기 위한 것입니다. 아이들의 학습에 오히려 부담과 혼란만 주는 모델이라면 제시하지 않는 것이 바람직합니다. 그 판단은 물론 가르치는 선생님의 몫이겠지요.

□가 들어 있는 식을 이해할 수 있을까?

2009 개정 교육과정에 따른 교과서가 처음 배포되었을 때, 3단원에 '□가 있는 덧셈식과 뺄셈식을 만들 수 있어요'라는 제목의 내용이 있었습니다. 그해 1학년 아이들이 가장 어려워했다고 합니다. 그래서인지 그 다음 해에 배포된 1학년 교과서에서는 삭제되었습니다.

아이들은 왜 어려워했을까요? 어려워한다고 삭제하는 것이 과연 옳을까요? 내용이 아니라 제시된 문제 형식이 잘못된 것은 아닐까요? 이런 의문을 품고 그 내용을 다시 분석해보려고 합니다. 현재 교과서에 들어 있는 내용은 아니지만, 우리가 새로운 패러다임의 수업 지도서를 만들기 위해 기존 교육과정을 어떻게 분석했는지를 보여주는 하나의 사례이기 때문입니다.

이제 이와 같은 분석이 어떻게 나왔는가를 설명하겠습니다.

(1) "토끼가 모두 7마리 있습니다. 토끼집 안에 있는 토끼는 몇 마리인지 알아보시오"라는 문제 상황에 대한 설명과 함께 삽화가 들어 있습니다.

삽화는 문제 상황을 이해하는 데 시각적 효과가 있어 1학년 아이들에게는 매우 좋은 자료입니다. 그런데 문제 상황을 기술하는 문장이 완성된 문장이 아닙니다. 아이들에게는 문제가 무엇인지를 분명하게 알려주어야 합니다. 따라서 다음과 같은 기술이 보충되어야 합니다.

'토끼집 밖에는 토끼 5마리가 있다.'

삽화를 보지 않아도 문장만으로 문제 상황을 알 수 있도록 이 내용이 추가되어야 합니다. 그래야 7마리 토끼가 토끼집 안과 밖에 있는 두 그룹으로 분리되는 상황이 분명하게 드러납니다. 이 문장이 추가되면 연산의 첫 부분에서 분류했던 '합'이라는 문제 상황임을 보다 뚜렷하게 알 수 있으니까요.

(2) 그 다음에는 +기호와 등호(=)가 토끼 그림과 함께 섞여 제시되어 있습니다.

처음 보는 참으로 이상한 식입니다. '+' 기호와 등호(=)는 숫자를 대상으로 사용해야 하며 지금까지 그렇게 나타냈습니다. 그런데 갑자기 숫자 대신에 토끼 그림을 넣었다는 것은 수학적으로 커다란 오류가 아닐 수 없습니다.

'토끼집 밖에는
토끼 5마리가 있다.' 추가.

'□를 사용한 덧셈식은?'
– 사전에 알려주지 않은
채 도입.
– 새로이 지도할 것.

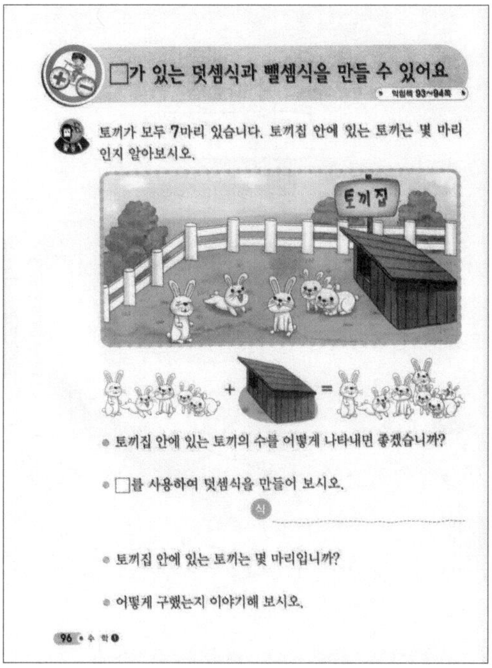

□가 있는 덧셈식과 뺄셈식을 만들 수 있어요

익힘책 93~94쪽

토끼가 모두 7마리 있습니다. 토끼집 안에 있는 토끼는 몇 마리인지 알아보시오.

● 토끼집 안에 있는 토끼의 수를 어떻게 나타내면 좋겠습니까?

● □를 사용하여 덧셈식을 만들어 보시오.

식

● 토끼집 안에 있는 토끼는 몇 마리입니까?

● 어떻게 구했는지 이야기해 보시오.

96 • 수학 ❶

+기호와 등호(=)를 그림
과 함께 사용한 것은 오류.
따라서 삭제.

'어떻게 나타내면 좋을까?'
– 이런 질문은 삭제.

'토끼집 안에 있는
토끼가 몇 마리인가?'
– 정답 구하기가 초점이
아님.

'어떻게 구했는지 이야기
해보시오.'
– 막연한 질문. 따라서 삭제
하고 다른 질문으로 대치.

(3) 수업 중 아이들에게 던지는 질문은, 무엇을 묻는지 그래서 어떤 방식으로 답을 해야 하는가를 분명하게 해야 합니다. “토끼집 안에 있는 토끼의 수를 어떻게 나타내면 좋겠습니까?”라는 질문은 도대체 어떤 답을 요구하는 것일까요? 아마 선생님들도 혼란스러울 것입니다. 어쩔 수 없이 지도서를 보았더니 “□로 나타냅니다”라고 기재되어 있네요.

이 질문을 처음 보았을 때 왜 답답한 느낌이었는지 이해됩니다. 지금까지 '□로 나타내는 식'은 다루어본 적이 없는데다, 전혀 예상할 수 없는 답을 요구받았기 때문입니다. 순전히 교과서 필자의 머릿속에만 있는 정답이네요. 이 같은 질문을 아이들에게 던지는 것이 과연 적절할까요?

사실 '□로 나타내는 식'은 일종의 방정식입니다. 느닷없이 방정식을 연상해야만 하는 질문이 과연 적절한가 하는 의문이 제기됩니다. 교사도 답하기 어려운 이런 질문은 아이들을 수포자로 내모는 원인이 될 수 있습니다. 그렇다고 □가 있는 식, 즉 방정식을 다루어서는 안된다는 것은 아닙니다. 다른 방안을 강구해야만 합니다.

(4) 그러므로 '□를 사용한 덧셈식은?'과 같은 문제를 수업 중에 어떻게 다룰 것인지 고민해야겠네요. 다음 절에서 자세히 살펴봅시다.

(5) '토끼집 안에 있는 토끼가 몇 마리인가?' 앞의 4단계를 거쳐서 이제야 이

질문을 해야 할까요? 이 문제는 처음에 제시되어야 할 질문입니다. 이번 차시의 초점은 2마리의 토끼가 있다는 정답이 아니라 바로 다음에 이어지는 "어떻게 구했는지 이야기해보시오"에 있기 때문입니다.

(6) "어떻게 구했는지 이야기해보시오"라는 식의 문제는 글이 아닌 말로 하는 게 좋습니다. 우리 교과서에 실린 질문의 상당수가 교실에서 비형식적으로 이루어지는 구어를 딱딱한 문어로 바꾸어놓은 것이기 때문에 아이들이 겁을 먹습니다. 이 질문이 그 대표적인 사례입니다. 질문의 의도는 문제 상황을 보고 토끼집 안에 있는 토끼가 2마리라는 사실을 찾아낸 다음, 어떤 방식으로 정답을 맞추게 되었는지 함께 이야기하고 그에 따른 다양한 수식을 경험하게 하는 데 초점이 놓여 있습니다. 뒤에서 다시 논의하도록 하겠습니다.

같은 교과서의 다음 쪽에 제시된 문제의 발문도 유사합니다.

(1) 앞의 문제와는 달리 '도토리 5개가 남아 있다'는 사실을 밝혔습니다. 삽화를 보지 않아도 문제 상황을 파악할 수 있군요. 왜 앞에서는 5마리의 토끼를 밝히지 않았는지 궁금증이 더 일어납니다.

(2) 한 컷의 삽화 안에 '먹었다'는 행위를 묘사하기 어려웠나 봅니다. 도토리 9개만 그려져 있으니까요. 그렇다면 이 삽화는 무용지물일 뿐만 아니라 오히려 사고의 걸림돌이 됩니다. 좀 더 좋은 방안이 없는지 모색해봅시다.

(3) 그림이 들어간 수식을 다루지 않기로 하였죠. 수학 기호에 대한 잘못된 개념을 형성할 수 있으니까요. +, −, =는 숫자를 대상으로 사용해야 합니다.

(4) □를 사용하라는 지시에 의해 □가 들어간 식을 만들도록 하는 것은 수학교육의 본질을 벗어난 질문입니다. 앞에서 언급한 내비게이션 수학, 즉 지시대로 따라 하는 수동적 태도를 요구하니까요. 따라서 아이 스스로 □가 들어간 식, 즉 방정식을 수립할 수 있도록 유도하는 것이 문제 상황의 초점입니다. '뺄셈식'을 만들어보라는 요구도 적절하지 않습니다. 뺄셈식과 덧셈식 가운데 어느 것을 선택할지는 아이가 결정해야 하니까요. 그리고 바로 그 결정이 이 문제의 초점입니다. 이 수업의 핵심은 같은 문제 상황을 덧셈과 뺄셈이라는 두 가지 식으로 나타내는 것입니다. 덧셈식과 뺄셈식의 관계를 파악하는 것이 아닙니다. 그렇다면 이런 질문은 수업의 초점을 흐리게 만들 위험이 있습니다.

(5)와 (6)에 대한 것은 앞에서 언급한 것과 같습니다. 글이 아닌 말로 활동을 하는 것이 좋습니다. 간혹 교과서에 있는 모든 문제를 풀어야 한다는 생각에 이와 같은 문제도 답을 쓰라고 요구하는 선생님들이 계십니다. 말로 하는 것과 글로 쓰는 것은 엄청난 차이가 있습니다. 선생님들께서도 자신의 생각을 글로 표현하는 것이 얼마나 어려운지 경험해보셨을 것입니다. 더욱이 아직 한글 교육을 배우고 있는 1학년 아이들에게 풀이 과정을 글로 써내라는 것은 매우 어려운 과제입니다.

활동2 도토리가 9개 있었습니다. 다람쥐가 도토리를 몇 개 먹은 뒤 5개가 남았습니다. 다람쥐가 먹은 도토리는 몇 개인지 알아보시오.

3 덧셈과 뺄셈

- 다람쥐가 먹은 도토리의 수를 어떻게 나타내면 좋겠습니까?
- □를 사용하여 뺄셈식을 만들어 보시오.
  식
- 다람쥐가 먹은 도토리는 몇 개입니까?
- 어떻게 구했는지 이야기해 보시오.

3. 덧셈과 뺄셈 • 97

학생들에게 적용할 수 있는 방법은 말로 표현하기, 그림으로 그려보기, 연산 학습에서 사용한 모형을 이용하여 설명하기가 있습니다. 또래 친구들과의 소통을 통해 문제의 해결 방안이 교과서에서 제시한 단 한 가지 방법만이 존재하는 것이 아님을 알아가야 합니다. 이런 과정을 통해 '수학적 의사소통' 능력이 함양될 수 있는 것 아닐까요?

덧셈과 뺄셈의 관계를 이해할 수 있을까?

이어서 다음 차시의 '덧셈식을 보고 뺄셈식을, 뺄셈식을 보고 덧셈식을 만들 수 있어요'라는 제목의 내용을 분석해봅시다. 이전 교과서에서는 앞의 차시와 이번 차시의 내용이 매우 밀접한 관계였지만, 지금은 별도로 구성되어 있습니다. 이전 교과서의 맥락에 비추어 분석한 후에 이 두 차시의 수업을 어떻게 진행할 것인지 논의해보겠습니다.

교과서 분석을 해보았더니, 이제야 아이들이 어렵다고 하는 이유를 짐작할 수 있겠네요. 암사자와 수사자가 몇 마리인지 그냥 보고 알 수 있는 단순한 문제임에도 굳이 식으로 나타내라고 강요하고 있습니다. 그것도 뺄셈식으로 나타내라고 하제목이 정말 길다.
굳이 이렇게 해야 할까?

아예 삽화가 수학 문제다. 사자와 새의 수를 그냥 세어보면 되는데… 이런 문제는 유치원에서 그림책을 보여주며 하는 것인데…

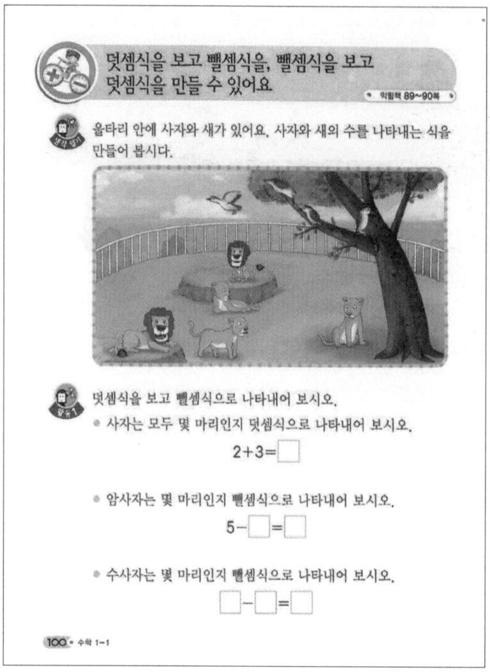

덧셈식을 보고 뺄셈식을, 뺄셈식을 보고 덧셈식을 만들 수 있어요

익힘책 89~90쪽

울타리 안에 사자와 새가 있어요. 사자와 새의 수를 나타내는 식을 만들어 봅시다.

덧셈식을 보고 뺄셈식으로 나타내어 보시오.

- 사자는 모두 몇 마리인지 덧셈식으로 나타내어 보시오.

2+3=□

- 암사자는 몇 마리인지 뺄셈식으로 나타내어 보시오.

5−□=□

- 수사자는 몇 마리인지 뺄셈식으로 나타내어 보시오.

□−□=□

100 수학 1-1

'덧셈식을 보고…' 무엇을 어떻게 하라는 것인지?
–또 하나의 답답한 질문.

암(수)사자는 몇 마리인지 세어보면 되는데… 뺄셈식으로 어떻게 나타내라는 것이지? 이런 상황을 뺄셈으로 만들어본 적이 있던가?

사자는 모두 몇 마리인지 세어보면 되는 것 아닌가? 그리고 덧셈식으로 나타내는 문제는 이미 앞에서 했던 것인데…

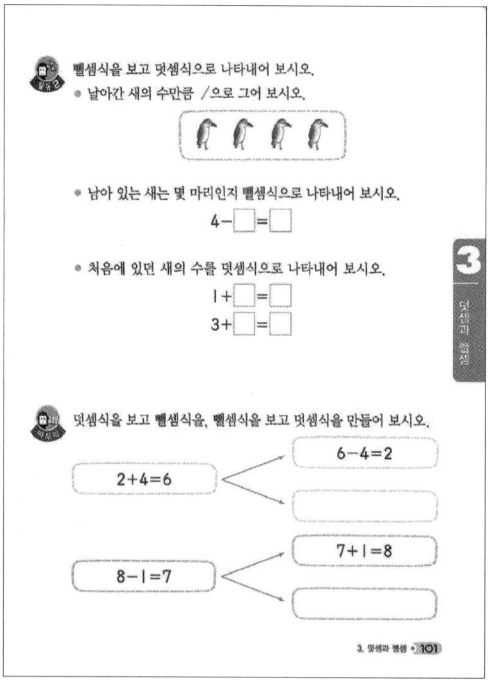

뺄셈식을 보고 덧셈식으로 나타내어 보시오.

- 날아간 새의 수만큼 /으로 그어 보시오.

- 남아 있는 새는 몇 마리인지 뺄셈식으로 나타내어 보시오.

4−□=□

- 처음에 있던 새의 수를 덧셈식으로 나타내어 보시오.

1+□=□
3+□=□

3 덧셈과 뺄셈

덧셈식을 보고 뺄셈식을, 뺄셈식을 보고 덧셈식을 만들어 보시오.

2+4=6 → 6−4=2, □

8−1=7 → 7+1=8, □

3. 덧셈과 뺄셈 101

는군요. 그런데 뺄셈을 배우면서 이런 상황을 뺄셈식으로 나타낸 적이 있던가요?

그럼에도 아이들은 교과서에서 요구하는 문제의 정답을 쉽게 구할 수 있습니다. 어떻게 한 것일까요? 삽화에서 사자의 수를 세어보고 2, 3, 5라는 세 개의 숫자가 있음을 눈치 챕니다. 세 개의 빈칸에 이 세 개의 숫자를 적절하게 넣어 답을 구하는 것입니다.

새에 관한 문제도 다르지 않습니다. 아이들이 답을 어떻게 구할지 충분히 짐작되지 않습니까? 1, 3, 4라는 세 개의 숫자를 적절하게 배치합니다. 문제 상황을 전혀 읽지 않아도 답할 수 있으니까요. 물론 그렇게 하는 것이 이 단원의 의도는 아니겠지만.

'마무리 문제'는 더욱 더 그럴 것입니다. 뺄셈에서는 가장 큰 수가 앞에 나오니까요. 결국 빈칸에 숫자 채우기 문제로 전락하고 맙니다. 그 결과 아이들은 이렇게 우격다짐으로 정답을 구하는 것이 수학 문제 풀이라는 매우 잘못된 인식을 초등학교 1학년 때부터 가질 수 있습니다. 혹은 무언가 명쾌하게 이해되지 않기에 결국 수학을 싫어하게 되고 급기야 수포자로 전락하는 것은 아닐까요?

마무리 문제까지 살펴보았습니다. '덧셈식을 보고 뺄셈식을, 뺄셈식을 보고 덧셈식을 만들 수 있어요'라는 긴 제목이 붙은 이유를 조금은 짐작이 가능합니다. 그러니까 덧셈식과 뺄셈식은 서로 역의 관계라는 것을 이해시키고, 이를 동치인 식으로 표현할 수 있도록 하는 것이 학습 목표인 것이죠.

하지만 여기서 간과해서는 안될 중요한 대목이 있습니다. 3+2=5를 5−2=3이나 5−3=2와 같이 변형하거나 또는 역으로 뺄셈을 덧셈으로 변형할 때, 어른들의 사고 수준과 아이들의 사고 수준이 다르다는 사실입니다. 이미 방정식이 무엇인지 배운 어른들은 이항의 개념을 무의식적으로 사용할 수 있습니다. 따라서 자유자재로 식을 변형할 수 있으며, 그것들이 서로 동치관계라는 점을 잘 알고 있습니다.

하지만 덧셈과 뺄셈 연산을 처음 접한 아이들은 아직 등식의 성질에서 추론되는 이항 개념을 전혀 알 수 없습니다. 아이들은 덧셈과 뺄셈의 의미를 파악하면서 세 가지 식을 각기 별도의 상황에 적합하게 나타낼 수 있으면 충분합니다. 따라서 문제 상황과 유리된 채 단순하게 식을 만드는 것은 별 의미가 없습니다. 마무리 문제에서와 같이 주어진 수식의 빈칸을 채웠다고 해서 그 식들의 관계까지 이해하였다고는 말할 수 없습니다. 연산에서 가장 중요한 것은 문제 상황에 대한 이해입니다. 그렇다면 어떤 활동이 필요할까요?

덧셈과 뺄셈의 관계를 이해하기 위한 수업 설계

(1) □가 들어 있는 식의 도입

덧셈과 뺄셈 연산을 처음 가르칠 때 숫자로 이루어진 수식보다는 그 연산이 적용되는 문제 상황이 중요하다는 점을 앞에서 충분히 강조하였습니다. 아이들의 수 세기 능력과 생활에서의 경험을 토대로 수학적 표현이라는 연산 학습이 이루어져야 하니까요. 덧셈과 뺄셈의 관계에 대한 이해도 적절한 문제 상황을 제시함으로써 아이들의 당혹감을 완화시켜주어야 합니다. 덧셈과 뺄셈을 이제 막 접한 아이들에게 그 관계를 이해하라고 하는 것이 얼마나 어려울지 생각하면 당연합니다. 이제 막 '엄마', '아빠', '할머니'라는 말을 배우는 아이에게 엄마와 아빠의 관계, 아빠와 할머니의 관계를 이해시키겠다는 것과 다르지 않습니다.

덧셈과 뺄셈이 서로 역의 관계라는 것을 이해시키는 것은 일종의 지적인 강요입니다. 아이들은 결국 교과서에 나온 문제의 빈칸을 기계적으로 채울 수밖에 없습니다. 어쩌면 지극히 정상적이고 당연한 결과입니다. 아이들이 덧셈과 뺄셈이 역의 관계라는 것을 직접 말할 수는 없더라도(그럴 필요도 없습니다), 하나의 상황을 두 가지 연산으로 표기할 수 있다는 사실을 경험하는 것으로 충분합니다. 그럼으로써 둘 사이의 관계를 직관적으로 이해하게 되는 것이죠. 그것으로 충분하지 않은가요? 이제 어떻게 가르칠 것인가를 살펴봅시다.

우선 □가 있는 식을 어떻게 도입할지 해결해야 합니다. 3+□=5와 같이 □가 들어 있는 등식은 결국 $3+x=5$와 같은 일차방정식입니다. 처음 보는 식을 느닷없이 제시하여 아이들을 당황스럽게 만들 수는 없겠죠. 물론 방정식을 도입하자는 것은 아닙니다. 새로운 내용의 도입은 아이들의 기존 지식을 토대로 이루어져야 한다는 교수 원리는 여기에도 적용됩니다. 다음 문제를 보세요.

〔문제〕 **수건이 덮여 있는 곳의 크레파스는 몇 개인가요?**

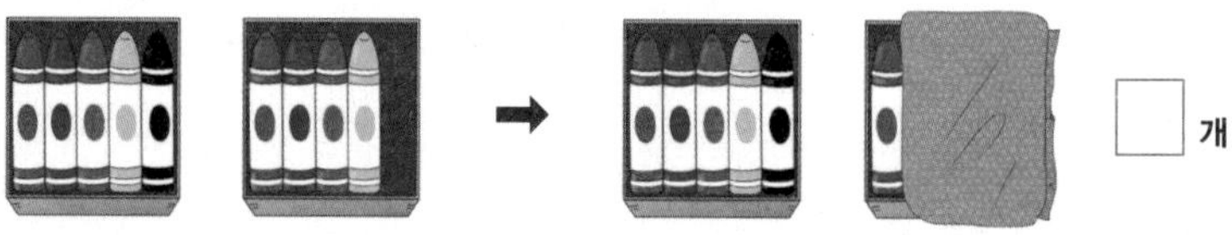

가르기 활동에서 다루었던 문제입니다. 이를 다음과 같은 가르기 문제로도 나타낼 수 있습니다.

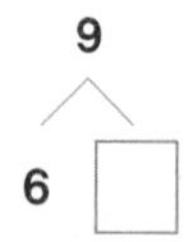

이제 이 식을 덧셈으로 나타내도록 합니다. 9=6+□라는 덧셈식으로 나타낼

수 있습니다. 교과서에는 없었지만 우리는 이미 □가 들어 있는 식을 도입한 바 있습니다. 가르기와 모으기 문제를 등식으로 나타냈던 것을 떠올려보세요. 그런데 위의 두 식은 어떻게 접근하느냐에 따라 풀이 과정이 다를 수 있습니다.

우선 9=6+□를 어떻게 풀이할까요? 9개 중에서 6개만 보이고 나머지가 보이지 않습니다. 그래서 9개 중에서 보이는 6개를 제외합니다. 이런 풀이 과정은 수업 시간에 아이들과 충분히 논의해야 합니다. 일방적인 설명이 아니라 아이들의 의견을 묻고 생각할 여유와 시간을 주어야 한다는 것입니다. 정답 3이 중요한 것이 아니니까요.

9개에서 6개를 제외하는 것은 결국 뺄셈 아닌가요? 9−6=□라는 뺄셈식을 아이들이 자연스럽게 만들 수 있답니다. 따라서 두 개의 식, 즉 9=6+□라는 덧셈식과 9−6=□라는 뺄셈식이 같은 상황을 나타낸다는 점에서 이 두 식을 자연스럽게 연계할 수 있습니다.

그런데 6+□=9의 풀이 과정은 좀 다르겠죠. 6개가 있고 9가 되려면? 그렇습니다. 이어 세기에 의해 답할 수 있습니다. 다음과 같이 손가락을 사용할 수도 있습니다.

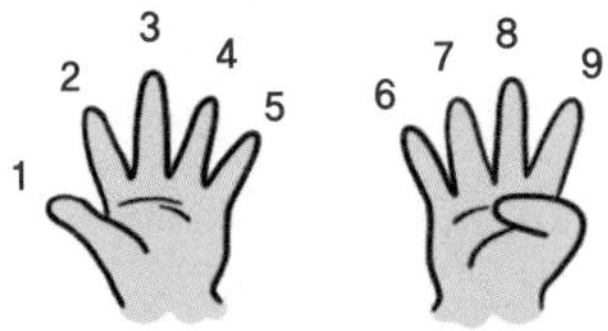

6에서 9가 되기까지의 이어 세기는 수직선으로 나타낼 수도 있습니다.

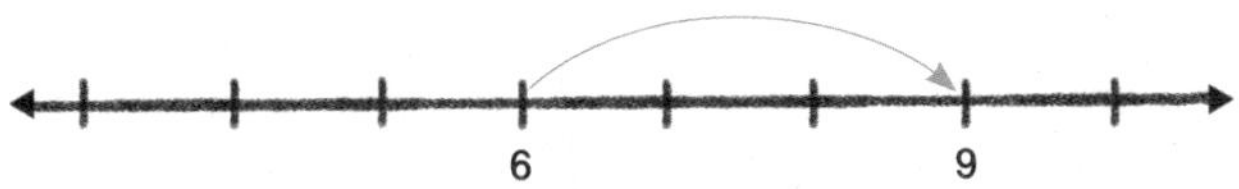

이 수직선은 다시 9−□=6이라는 식으로 나타낼 수 있습니다.

지금까지의 다양한 활동을 함께한다면 □가 들어 있는 식에 대한 거부감은 해소될 수 있을 것으로 보입니다.

(2)비교 상황의 덧셈식과 뺄셈식

앞에서 우리는 덧셈과 뺄셈을 합/분리(차이), 더하기/빼기라는 각각의 상황을 수학식으로 나타낸 것이라고 하였습니다. 교과서에 제시된 문제 상황은 모두 이에 해당합니다.

7마리의 토끼 중에 마당에 5마리의 토끼가 있을 때 토끼집 안에 있는 토끼의 수

마당에 있는 토끼와 집에 있는 토끼를 합하는 상황이지만 더하는 수인 가수를 모릅니다. 따라서 □를 사용하여 덧셈식으로 나타낼 수 있습니다.

$$7 = 5 + \square$$

그리고 5에서 7까지의 이어 세기를 통해 정답 2를 구합니다.

물론 모든 토끼 7마리에서 마당에 있는 5마리의 토끼를 분리하는 뺄셈식으로 나타낼 수도 있습니다.

$$7 - 5 = 2$$

다음과 같은 빼기 상황도 □를 사용한 덧셈식 표현이 가능합니다.

도토리 9개 중에서 먹고 남은 도토리가 5개이다. 몇 개를 먹었는가?

9개 중에서 남은 도토리를 제외하면(분리하면) 먹은 도토리가 되므로 다음 뺄셈식이 되겠죠.

$$9 - 5 = \square$$

그런데 남은 도토리와 먹은 도토리 수를 모두 합하여 9개가 된다는 덧셈식 표현도 가능합니다.

$$5 + \square = 9$$

이 덧셈 또한 5에서 9까지의 이어 세기에 의해 4를 구할 수 있습니다.

그런데 우리는 앞에서 덧셈과 뺄셈이 비교하는 상황에도 적용된다고 언급했습니다. 다음 문제를 살펴봅시다.

영하는 9개의 풍선, 민선이는 13개의 풍선을 가지고 있다. 민선이는 영하보다 몇 개를 더 가지고 있는가?

그림으로 나타내면 문제의 뜻이 더 분명해집니다. 하지만 이미 아이들은 구체적인 삽화를 많이 보았으니, 그림과 같이 나타내볼까요?

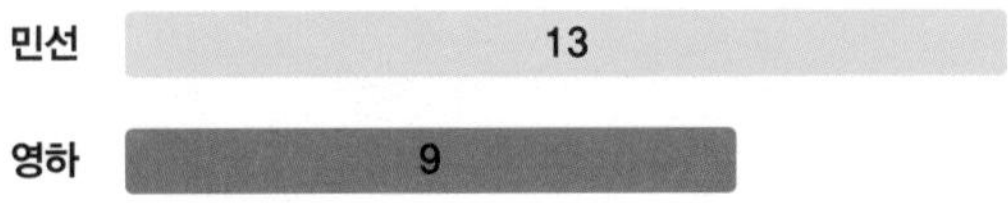

13−9=□라는 뺄셈식에 의해 차이를 구할 수도 있지만, 9+□=13이라는 덧셈식으로 차이를 구할 수도 있습니다.

덧셈식을 보고 뺄셈식을 만들거나 뺄셈식을 보고 덧셈식을 만드는 것은 덧셈은 뺄셈의 역이라는 관계를 이해해야 합니다. 하지만 이제 막 덧셈과 뺄셈을 배운 아이들에게 이런 관계를 이해하라는 요구는 적절하지 않습니다. 여기서 중요한 것은 주어진 상황을 덧셈식으로도 그리고 뺄셈식으로도 표현하는 것에 초점을 두어야 한다는 사실입니다. 결론적으로 1학년 1학기 덧셈과 뺄셈 단원의 학습 목표는 주어진 상황을 덧셈식과 뺄셈식으로 나타낼 수 있으면 충분합니다. 물론 계산도 정확하게 해내야 하는데, 수 감각을 활용한 수 세기에 의해 이루어져야 합니다.

3 '한 자리 수의 덧셈과 뺄셈' 이렇게 가르쳐요

9 이하의 수 가르기와 모으기

(1) 묶어 세기에 의한 모으기

그림 속에 흩어져 있는 구슬의 개수를 알아보기 위해 구체물을 묶어 세어보는 활동입니다. 먼저 몇 개를 묶어 센 후에 이어 세기를 할 수 있으며, 모으기 활동으로 나타냅니다.

〔문제 1〕 **보기와 같이 구슬을 묶고, 빈칸에 알맞은 수를 써넣으세요.**

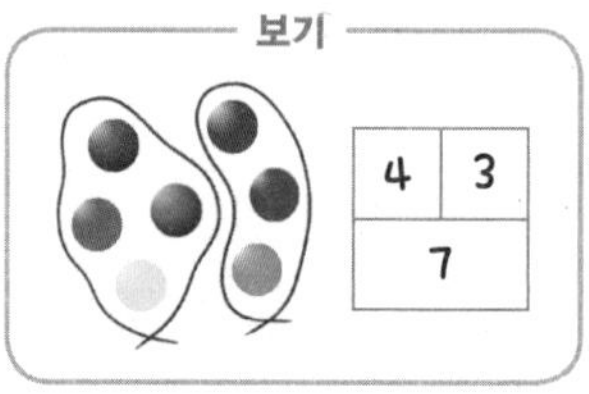

(1)

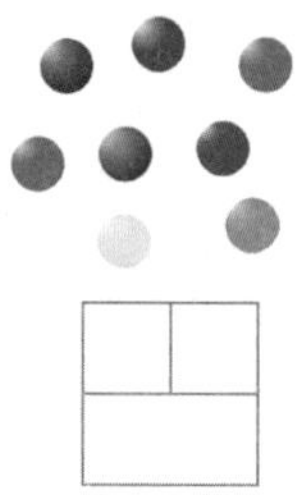

(2)

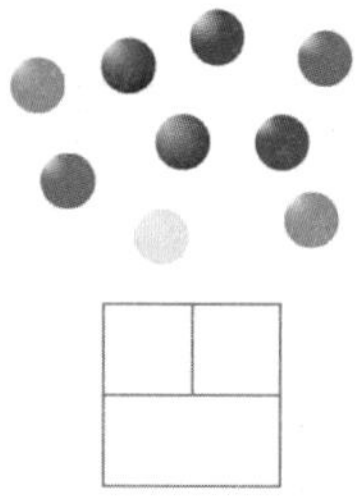

〔문제 2〕 **보기와 같이 수 구슬을 묶고, 빈칸에 알맞은 수를 써넣으세요.**

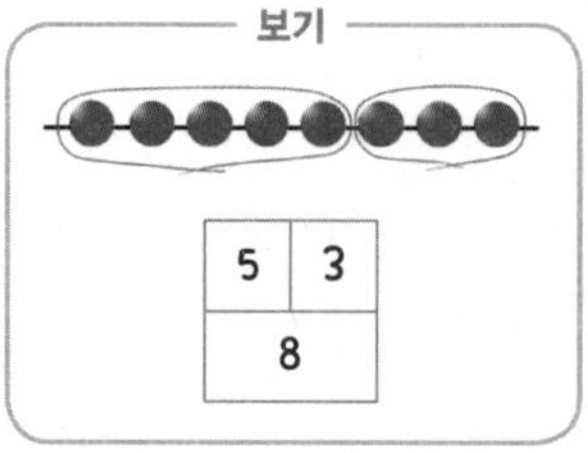

(1)

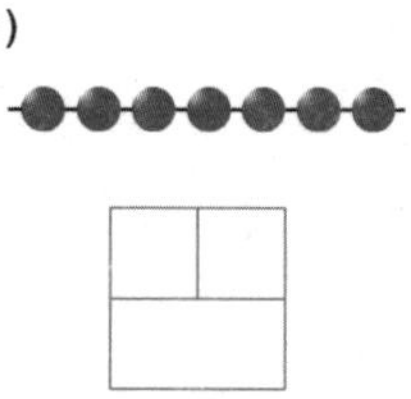

(2)

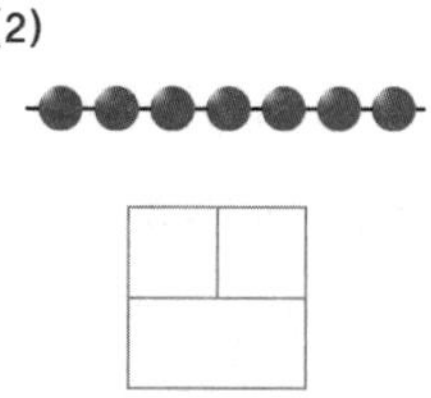

몇 개씩 묶을 것인가를 스스로 결정하게 하는 것이 좋습니다. 한눈에 파악하기 좋은 개수와 편한 수 세기 전략이 모두 다르기 때문입니다.

구체물 세기 연습을 통해 5 이하의 수는 직관적으로 인식할 수 있기 때문에 낱개씩 세는 것보다 묶어 세는 것이 더 편하다는 것을 깨닫도록 합니다.

(2) 주사위 모델 1

주사위 눈은 1~6 사이의 수만 사용하므로 한눈에 수를 파악할 수 있으며, 규칙적으로 배열되어 있습니다.

〔문제 1〕 **빈칸에 알맞은 수를 써넣으세요.**

(1) (2) (3)

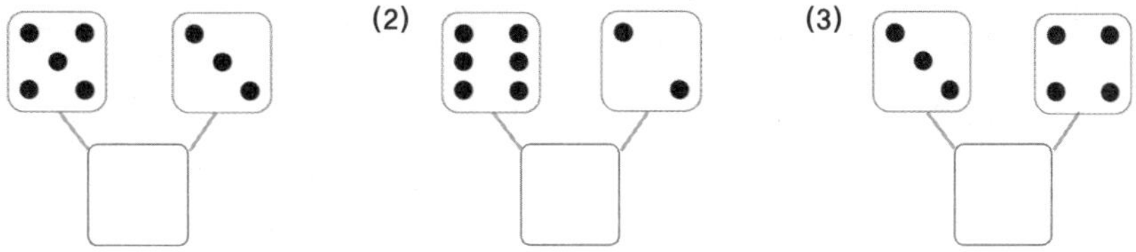

(3) 수직선 모델 1

〔문제 1〕 **수직선의 빈칸에 알맞은 수를 써넣으세요.**

(1)

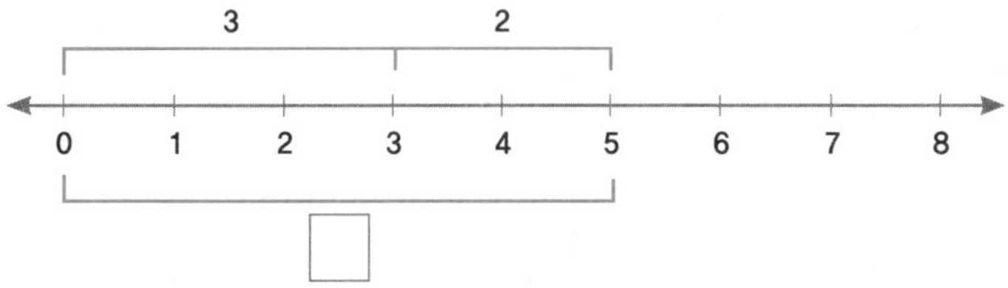

(2)

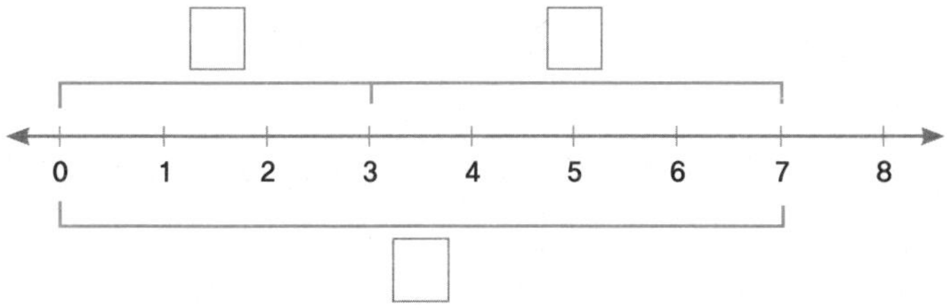

(4) 두 배수 전략

같은 수를 두 번 더하는 '두 배수' 전략은 특히 유용합니다. 같은 주사위 두 개를 보여주면 두 배수 개념을 시각적으로도 확인할 수 있습니다.

〔문제 1〕 **보기와 같이 빈칸에 알맞은 수를 써넣으세요.**

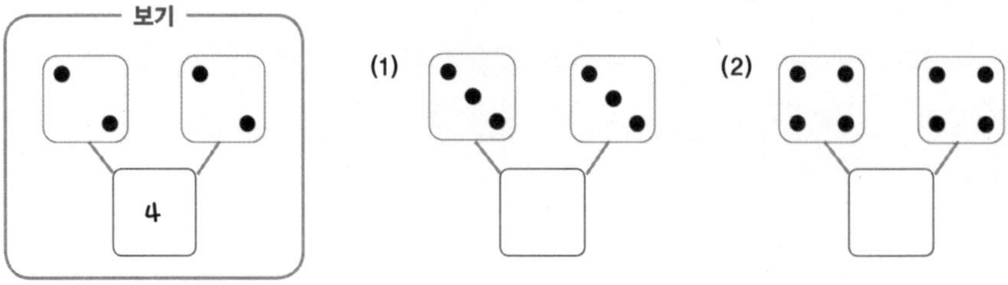

〔문제 2〕 **비슷한 개수가 되게 묶고, 빈칸에 알맞은 수를 써넣으세요.**

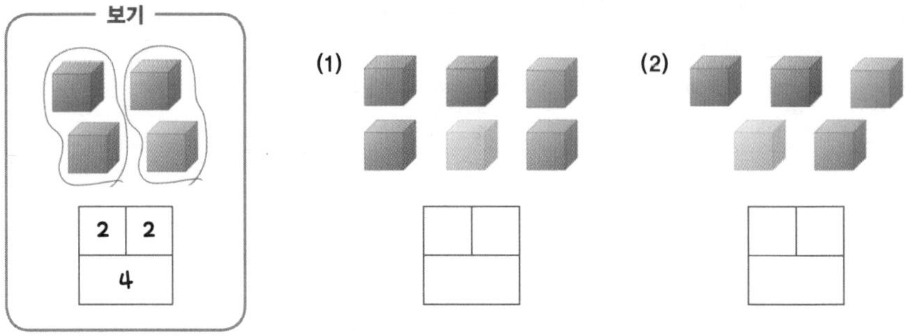

비슷한 개수가 되도록 묶으라는 조건에 주목하세요. 두 배수 전략을 사용하라는 뜻이지만, 홀수인 경우에는 하나 많거나 하나 적을 수 있다는 것입니다.

(5) 숫자만 제시하기

구체물이나 반구체물을 이용한 활동을 충분히 진행한 후에는 다음과 같이 숫자로만 된 문제를 제시할 수 있습니다. 문제 형식도 다양하게 제시할 수 있습니다.

〔문제 1〕 **보기와 같이 빈칸에 알맞은 수를 써넣으세요.**

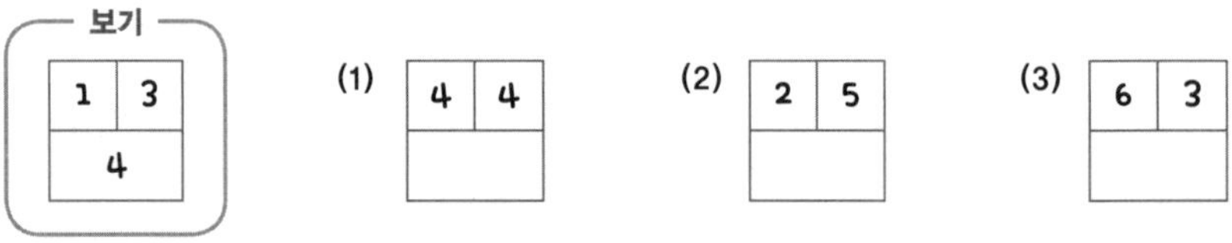

〔문제 2〕 **빈칸에 알맞은 수를 써넣으세요.**

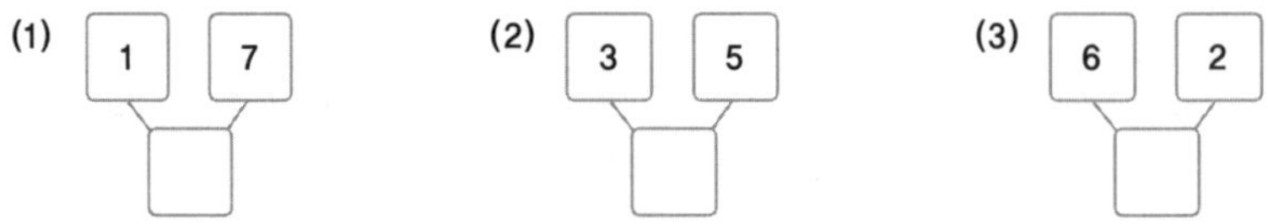

(6) 세 개의 수 모으기

세 개의 수 모으기는 또 다른 도전입니다. 주어진 수를 세 수로 어떻게 묶을 것인지를 스스로 결정하는 일은 다른 종류의 사고를 요하기 때문입니다. 직접 해보시기 바랍니다.

〔문제 1〕 **보기와 같이 수 구슬을 묶고, 빈칸에 알맞은 수를 써넣으세요.**

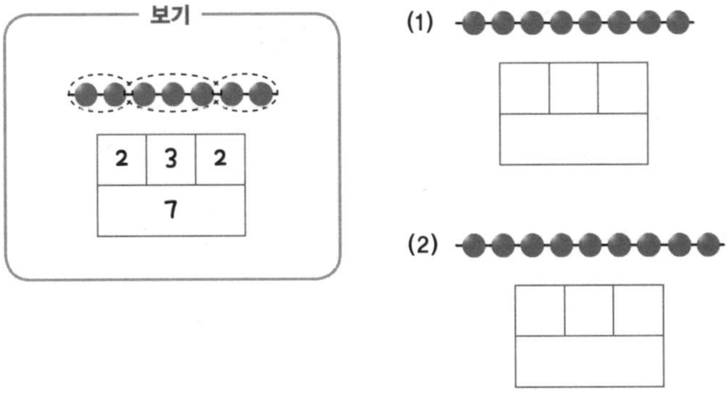

(7) 다양한 상황의 수 가르기

가르기 활동은 다음과 같이 다양한 상황에서 진행할 수 있습니다. 또 다른 문제 상황을 만들어보기 바랍니다.

〔문제 1〕 **구슬이 9개 있습니다. 오른손과 왼손에 구슬이 각각 몇 개가 있을까요?**

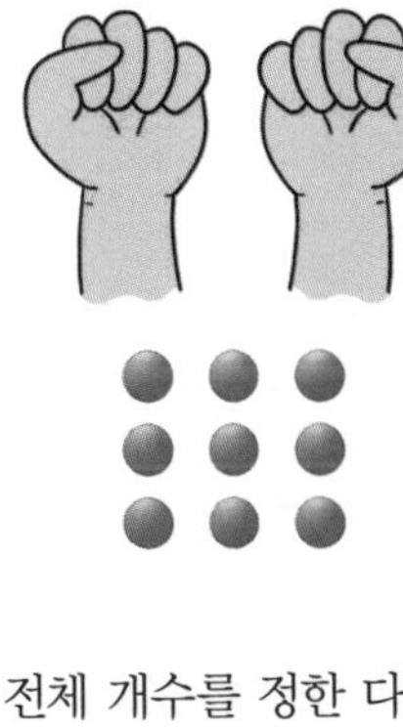

학생1 : 내 생각에는 오른손에 3개, 왼손에 6개가 있을 것 같아.

학생2 : 내 생각에는 오른손에 4개, 왼손에 4개가 있을 것 같아.

학생3 : 구슬이 모두 9개인데, 양손에 각각 4개가 있으면 8개밖에 안되잖아.

학생2 : 아! 그러네. 그럼 오른손에 4개, 왼손에 5개가 있을 것 같아.

구슬의 전체 개수를 정한 다음 자유롭게 가르기하고 맞추는 놀이입니다. 일단 9개 이하의 개수만으로 놀이를 충분히 즐긴 후 10개를 도입하면 되겠습니다. 다양한 답이 허용될 수 있는 문제는 학생들의 상상력을 자극합니다. 이런 맞추기 놀이를 통해 학생들은 즐겁게 가르기를 익힐 수 있을 것입니다.

〔문제 2〕 **훌라후프 안과 밖에 있는 어린이는 몇 명인가요?**

9명의 아이들이 앞에 나와 있습니다. 교사가 호루라기를 불면서 숫자를 불러주면 그 숫자만큼의 어린이가 훌라후프 안으로 들어갑니다. 보고 있는 어린이들은 훌라후프 안에 들어간 어린이 수와 밖에 있는 어린이 수를 외치는 놀이입니다.

3명/6명, 7명/2명, 5명/4명 등으로 둘로 가를 수도 있고, 훌라후프를 추가하여 셋으로 가를 수도 있습니다. 숫자를 눈으로 확인하는 것이 필요하다면 외치면서 숫자 카드를 골라서 들어보는 방법도 있겠지요. 이 놀이의 유의점은 신체놀이 학생의 수가 9명 이하여야 한다는 것입니다. 먼저 9 이하의 수 가르기가 익숙해져야 합니다. 특히, 학생들이 직관적으로 원 안의 학생 수를 파악하기 위해서는 9 이하의 수가 적절합니다.

〔문제 3〕 **수건이 덮여 있는 곳에는 크레파스가 모두 몇 개인가요?**

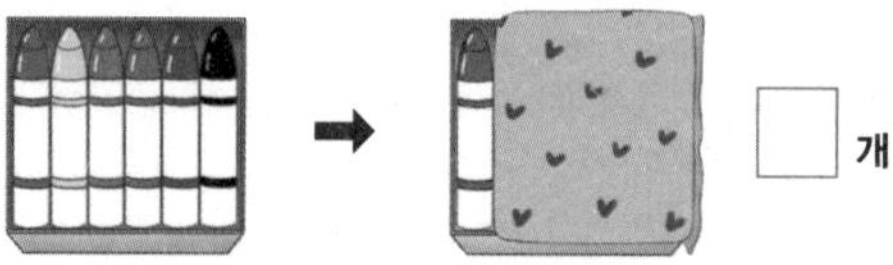

〔문제 4〕 **담요로 덮여 있어 보이지 않는 구슬은 몇 개인가요?**

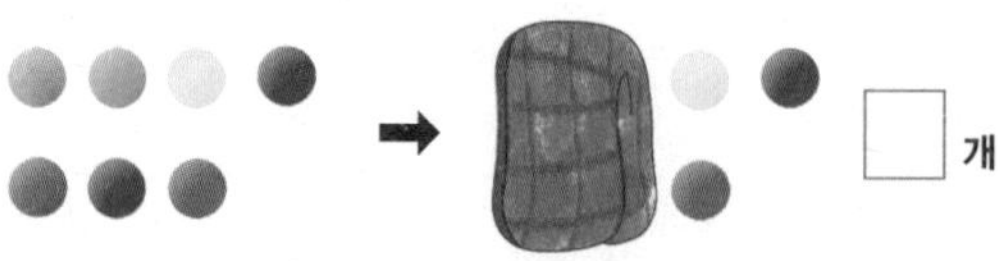

〔문제 5〕 **컵으로 덮여 있어 보이지 않는 구슬은 몇 개인가요?**

(1)

(2)

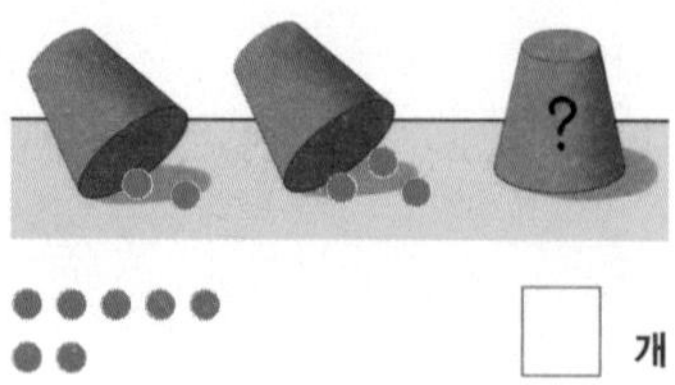

(8) 주사위 모델 2

〔**문제 3**〕에서는 주사위 눈의 개수가 1개씩 늘어날 때마다 수가 어떻게 가르기되는지 확인할 수 있습니다. 〔**문제 4**〕는 '모아'라는 단어가 들어 있지만, 가르기 문제라는 사실에 주목하세요.

〔문제 1〕 **주사위 눈의 수를 서로 다르게 가르기해 □ 안에 써넣으세요.**

(1)

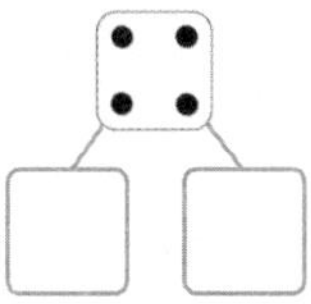

(2)

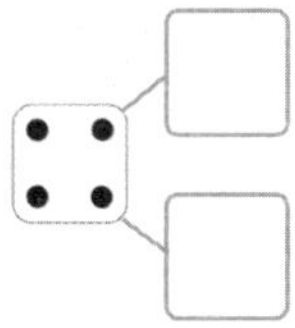

〔문제 2〕 **숫자에 맞게 주사위 눈을 그리세요.**

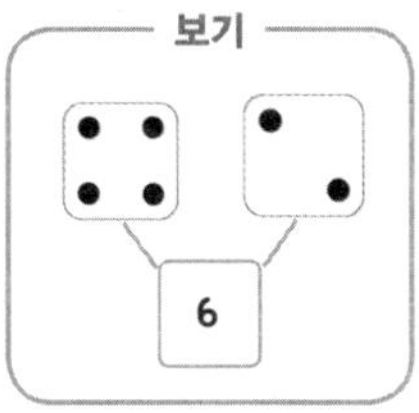

(1)

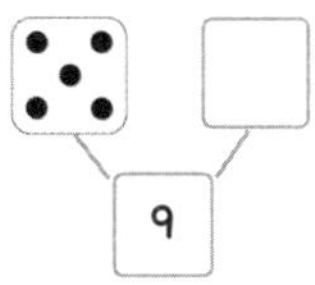

(2)

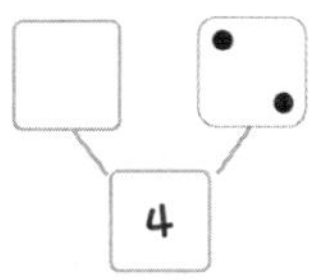

〔문제 3〕 **숫자에 맞게 주사위 눈을 그리세요.**

(1)

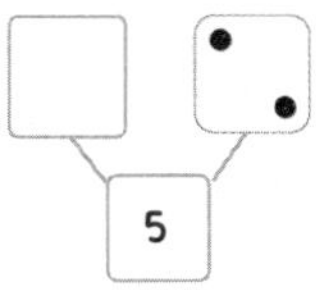

(2)

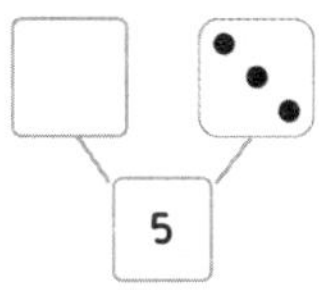

(3)

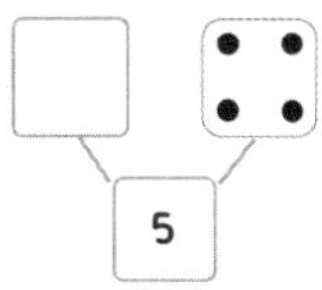

〔문제 4〕 **주사위의 눈을 모아 주어진 수가 되도록 알맞게 그려보세요.**

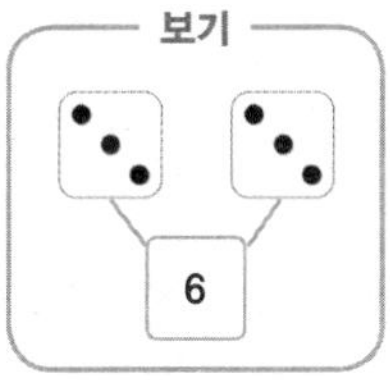

(1)

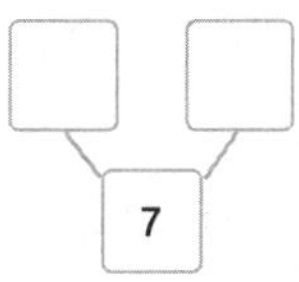

(2)

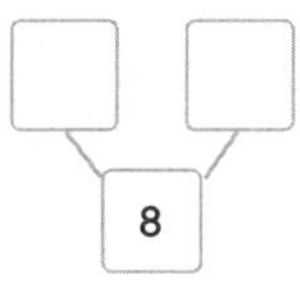

(3)

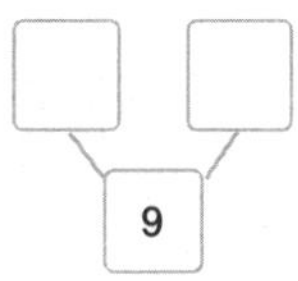

(9) 수직선 모델 2

눈금을 제시하지 않았다는 점에 주목하세요. 주어진 숫자만 이용하여 빈칸을 채우도록 하였습니다. 눈금의 개수를 세어보지 않도록 한 것이죠.

〔문제 1〕 **빈칸에 알맞은 수를 써넣으세요.**

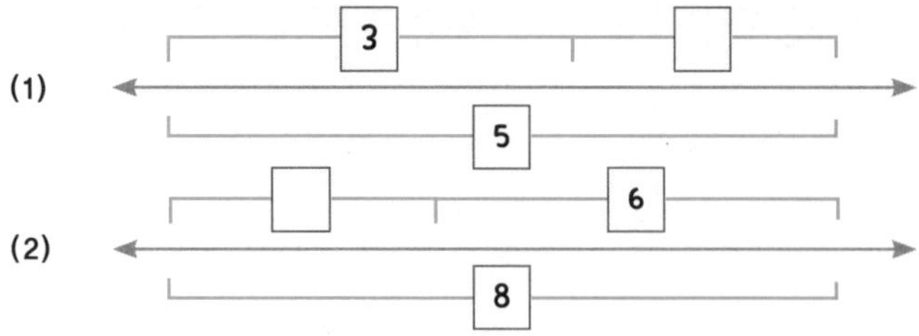

(10) 수 가르기와 패턴의 발견

〔문제 1〕 **빈칸에 알맞은 수를 써넣으세요.**

〔문제 2〕 **빈칸에 알맞은 수를 써넣으세요.**

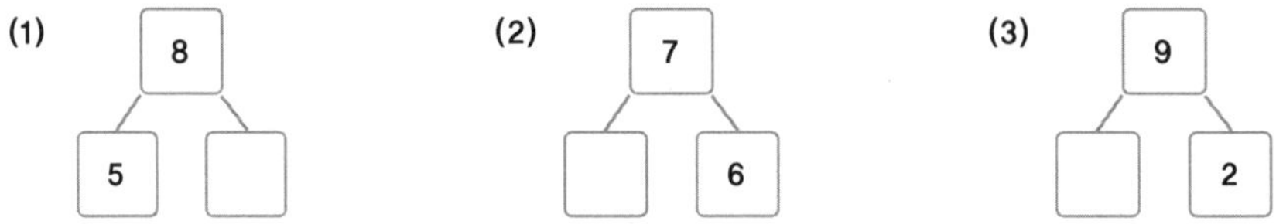

〔문제 3〕 **빈칸에 알맞은 수를 써넣으세요.**

〔문제 4〕 **빈칸에 알맞은 수를 써넣으세요.**

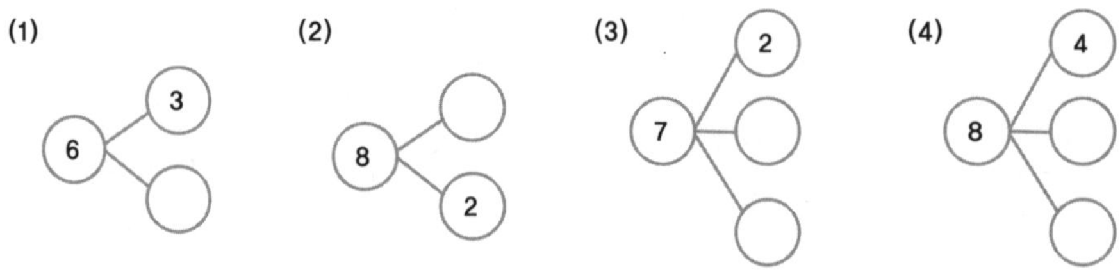

〔문제 5〕 **수를 가르기하여 빈칸에 알맞은 수를 써넣으세요.**

(1)

5	0	1	2		4	
	5			2		0

(2)

7			5			2		
	0				4			7

단순히 빈칸에 숫자를 채워 넣는 것에 그치는 문제가 아닙니다. 주어진 숫자에서 패턴을 발견할 수 있도록 유도합니다. 윗줄의 수가 하나씩 늘어날 때마다 아랫줄의 수는 하나씩 줄어든다는 규칙을 찾았다면, 이제 본격적인 연산 학습이 가능하다는 것이죠.

+와 − 알아보기

〔문제 1〕 **보기와 같이 그림을 보고 알맞은 부호에 ○표 하세요.**

보기

(1)

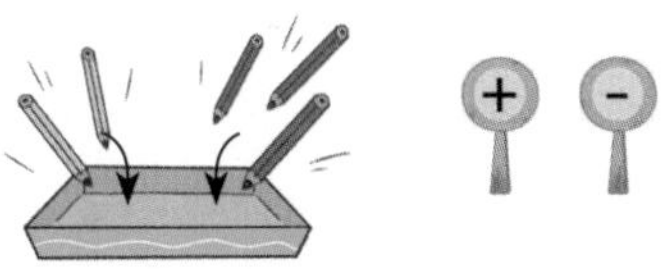

(2)

(3)

(4)

선생님 : 첫 번째 그림이 어떤 상황인지 설명해볼 수 있겠니?
학생 : 노란색 연필 2자루랑 파란색 연필 3자루를 한 필통에 담고 있어요.
선생님 : 필통에 연필이 모두 몇 개인지 알려면 어떻게 해야 할까?
학생 : 노란색 연필 개수랑 파란색 연필 개수랑 더해요.

처음에는 위의 그림과 같이 한눈에 상황을 파악할 수 있는 삽화를 제시한 다음, 아이들이 삽화를 보고 말로 설명하면서 상황에 따라 올바른 기호를 사용할 수 있도록 지도합니다.

〔문제 2〕 **그림을 보고 □ 안에 +와 − 중에서 알맞은 것을 써넣으세요.**

(1)

4 □ 3

(2)

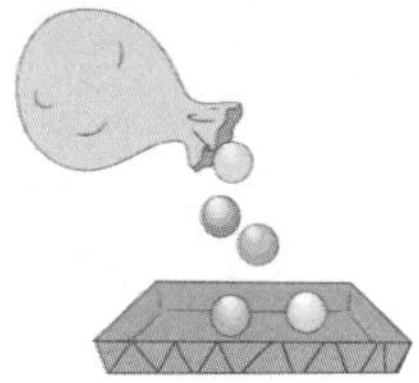

2 □ 3

(3)

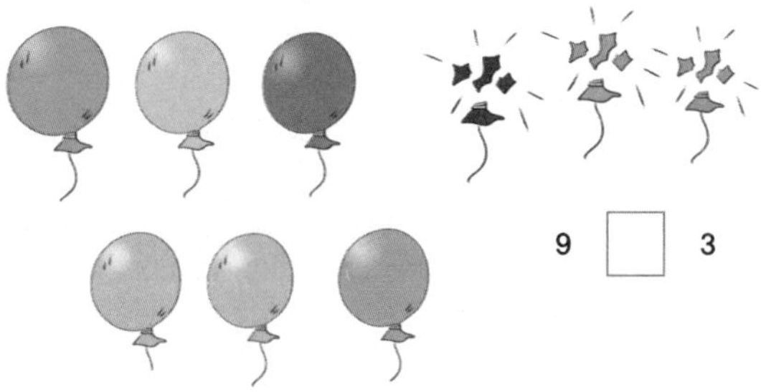

9 □ 3

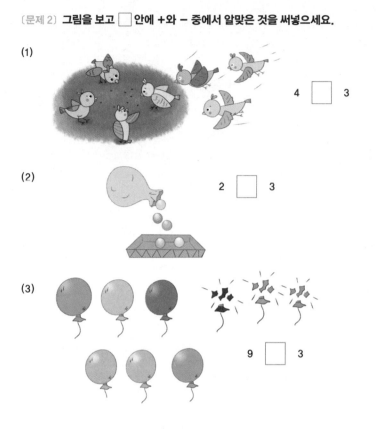

상황을 파악하여 숫자 사이에 알맞은 연산 기호를 채워 넣게 함으로써 자연스럽게 덧셈식 또는 뺄셈식 표현을 익힙니다.

〔문제 3〕 **기찬이는 초콜릿을 7개, 용재는 2개 갖고 있습니다. 기찬이가 용재보다 몇 개 더 갖고 있을까요?**

용재

기찬

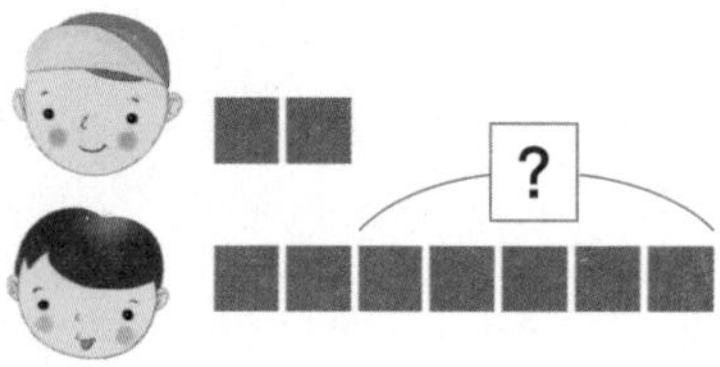

7 □ 2

〔문제 4〕 **윤아는 9층에 살고, 재은이는 5층에 삽니다. 재은이가 윤아네 집에 가려면 몇 층을 더 올라가야 할까요?**

9 □ 5

삽화와 함께 언어로 설명했던 문제 상황을 문장으로 제시합니다. 처음에는 문장을 읽는 데 그치지 말고 아이가 제대로 이해했는지 파악해야 합니다. 내용과 관련된 몇 가지 질문을 던지며 아이의 반응에 주목하세요. 문장을 읽으며 삽화 상황을 떠올리는 연결고리를 만들어주는 것입니다. 이런 활동을 몇 번 하고 나면, 아이 스스로 문장을 읽고 +와 − 가운데 어떤 연산이 필요한지 판단할 수 있습니다.

〔문제 5〕 **□ 안에 +와 − 중에서 알맞은 것을 써넣으세요.**

(1) 과학책이 3권, 만화책이 5권 있습니다. 책은 모두 몇 권입니까? 3 □ 5

(2) 접시에 만두가 3개 있습니다. 할머니께서 3개를 더 주셨습니다. 3 □ 3

(3) 냉장고에 우유가 7개 있었습니다. 아침에 2개를 마셨습니다. 7 □ 2

(4) 동생은 블록을 9개 가지고 있고, 나는 5개 가지고 있습니다.
나와 동생이 가진 블록은 몇 개 차이가 납니까? 9 □ 5

〔문제 6〕 **빈칸에 알맞은 숫자를 써넣으세요.**

(1) 우리 집에는 강아지 인형이 5개,
곰 인형이 2개 있습니다.
우리 집에는 모두 몇 개의 인형이 있을까요?

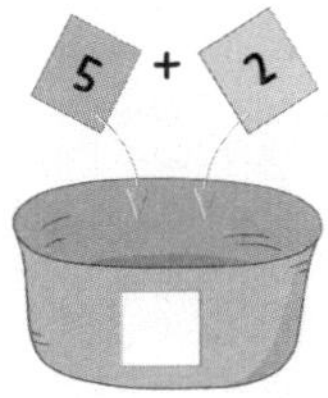

(2) 필통 안에는 볼펜이 3자루,
사인펜이 6자루 들어 있습니다.
필통 안에 있는 볼펜과 사인펜은 모두 몇 자루일까요?

삽화를 보고 앞서 학습한 모으기 상황을 연상해볼 수 있습니다. 위의 상황들은 덧셈에서 '합하기' 상황을 나타냅니다.

학생들이 문제에서 '합하기'와 '더하기' 상황을 구별할 필요는 없지만, '+' 기호를 사용하는 상황을 구체적으로 경험해야 합니다.

〔문제 7〕 **보기를 보고 빈칸에 알맞게 채우세요.**

보기

책꽂이에 동화책이 5권 있습니다. 과학책 3권을 더 꽂았습니다. 책꽂이에 책이 모두 몇 권일까요?

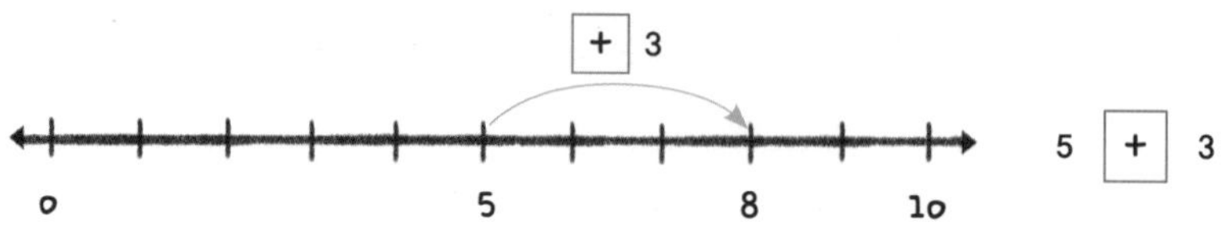

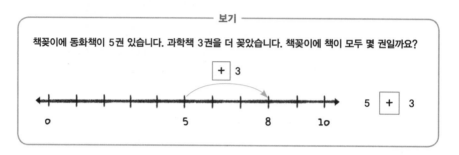

(1) 상자에 구슬이 4개 있습니다. 구슬을 5개 더 넣었습니다. 상자에는 구슬이 모두 몇 개일까요?

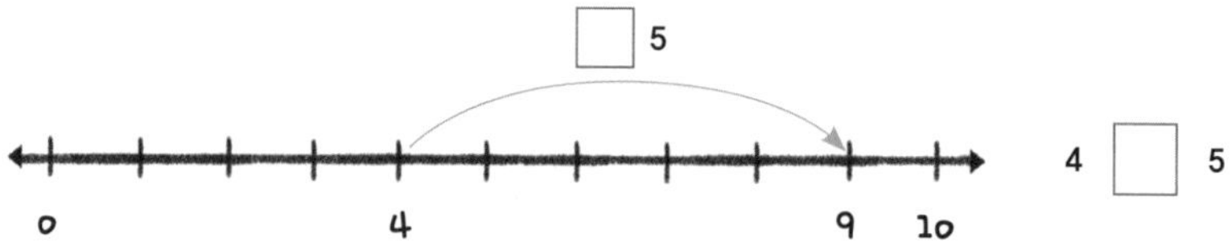

(2) 쿠키가 5개 있습니다. 엄마가 2개 더 주셨습니다. 쿠키는 모두 몇 개인가요?

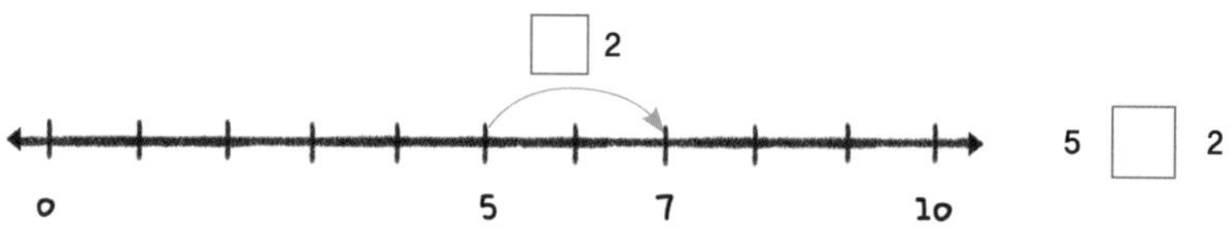

덧셈에서 '더하기' 상황을 수직선과 함께 나타냅니다. 수직선에서는 시작점에서 어느 방향으로 움직이는지 화살표 방향에 주목해야 합니다.

덧셈의 경우에서와 같이, 뺄셈에서도 학생들이 문제에서 '빼기'와 '떼어내기' 상황을 구별할 필요는 없습니다. 하지만 다양하고 구체적인 상황을 통해 '−' 기호를 사용하는 경우를 경험해야 합니다.

〔문제 8〕 **보기를 보고 빈칸에 알맞게 채우세요.**

보기

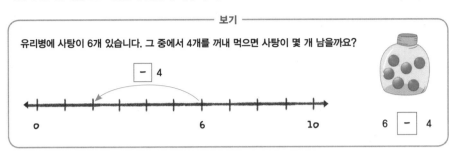

유리병에 사탕이 6개 있습니다. 그 중에서 4개를 꺼내 먹으면 사탕이 몇 개 남을까요?

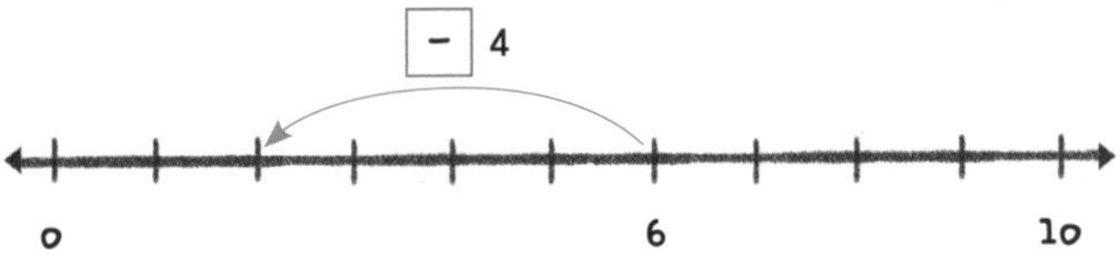

6 [-] 4

(1) 버스 안에 승객이 8명 있었습니다. 정류장에서 2명이 내렸습니다. 버스 안에는 승객이 몇 명 남았을까요?

8 □ 2

(2) 지희는 일주일 동안 책을 7권 읽었고, 연숙이는 3권 읽었습니다. 지희가 책을 몇 권 더 읽었을까요?

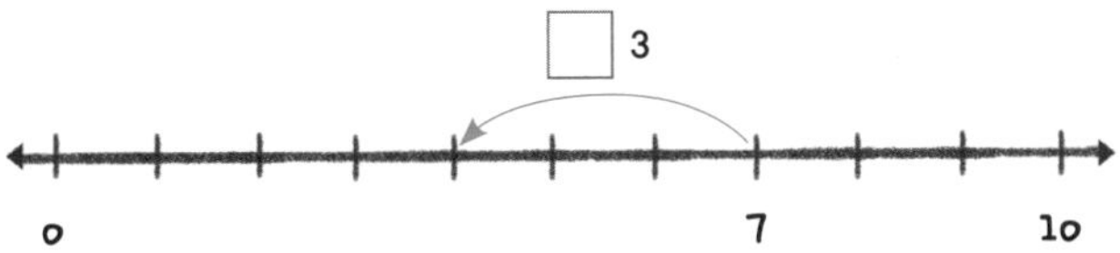

7 □ 3

뺄셈에서 '빼기' 상황을 나타낸 문제입니다. 수직선에서는 시작점에서 어느 방향으로 움직이는지 화살표 방향에 주목하도록 합니다.

〔문제 9〕 **보기를 보고 빈칸에 알맞게 채우세요.**

보기

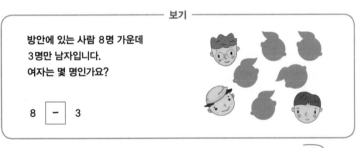

방안에 있는 사람 8명 가운데
3명만 남자입니다.
여자는 몇 명인가요?

8 [-] 3

주머니 안에 빨간색과 파란색 구슬이 모두 7개 들어 있습니다.
빨간색 구슬이 4개라면 파란색 구슬은 몇 개일까요?

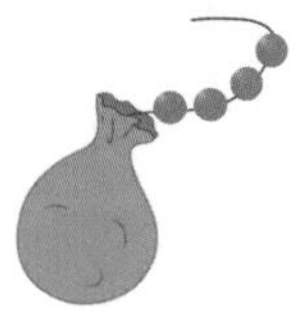

7 □ 4

'떼어내기' 상황을 나타낸 문제입니다.

〔문제 10〕 **보기를 보고 빈칸에 알맞게 채우세요.**

보기

주헌이는 블록이 9개 있고, 재민이는 5개 있습니다.
주헌이는 재민이보다 블록을 몇 개 더 가지고 있나요?

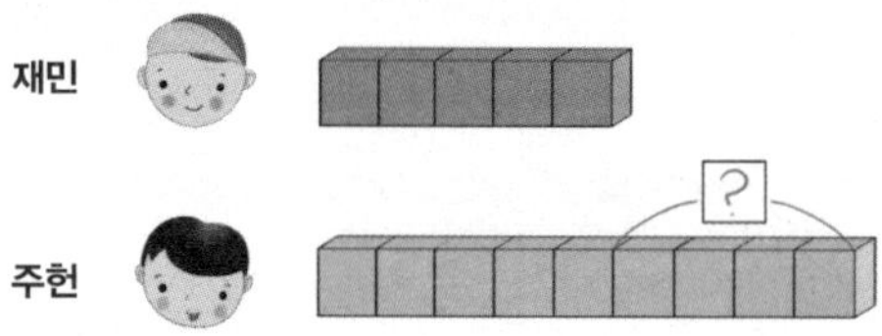

9 [-] 5

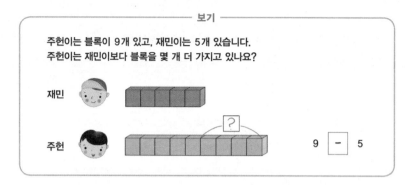

현주는 공책을 7권 가지고 있고, 현주 오빠는 3권 가지고 있습니다.
현주는 오빠보다 공책을 몇 권 더 가지고 있나요?

7 [   ] 3

'비교' 상황의 뺄셈 문제입니다.

등호 도입의 디딤돌, 화살표식

가르기와 모으기에서 다루었던 문제들을 화살표식으로 표현해봅니다. 이를 통해 화살표의 의미를 파악하게 됩니다.

〔문제 1〕 **빈칸에 알맞은 수를 써넣으세요.**

(1)

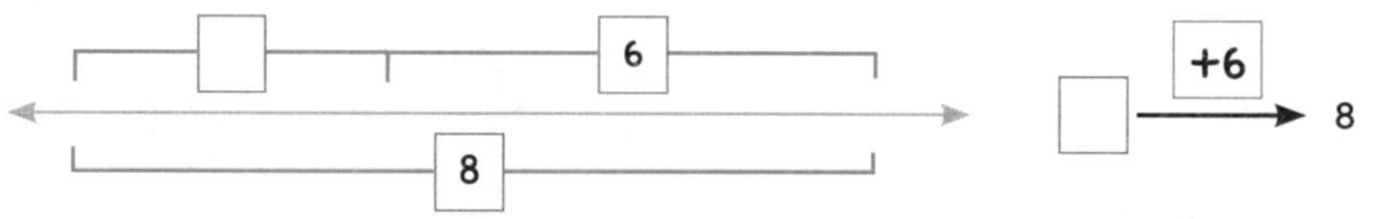

(2)

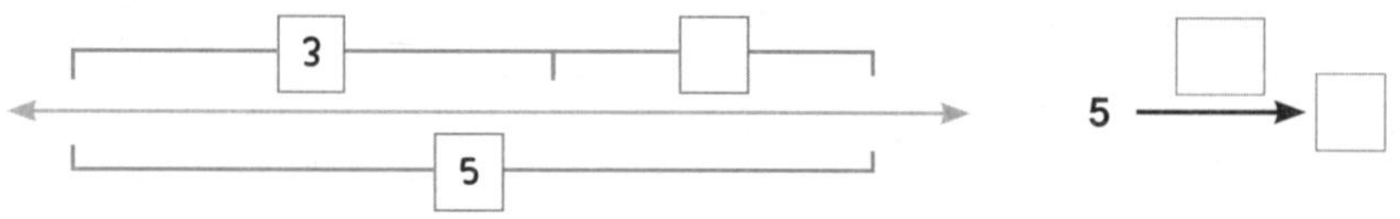

〔문제 2〕 **빈칸에 알맞게 써넣으세요.**

(1)

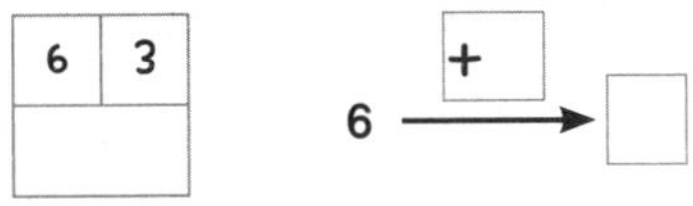

(2)

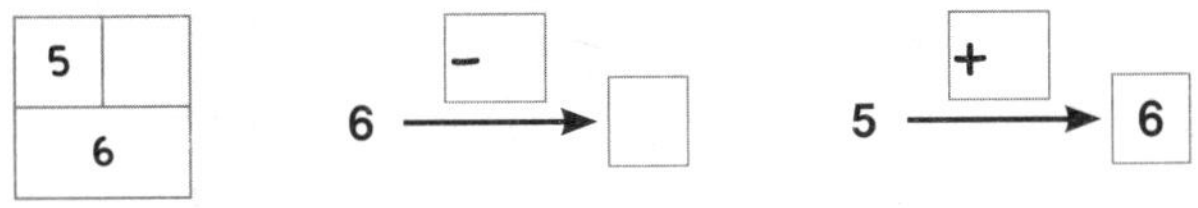

〔문제 3〕 **빈칸에 알맞게 써넣으세요.**

(1)

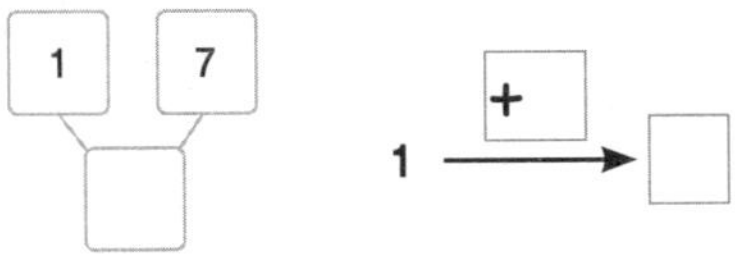

(2)

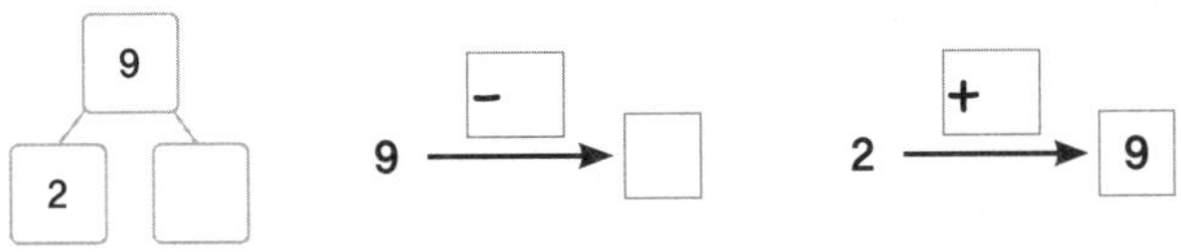

수직선 모델에서도 화살표식을 사용해봅니다.

〔문제 4〕 **보기와 같이 □ 안에 알맞은 수를 써넣고, 덧셈 또는 뺄셈으로 나타내세요.**

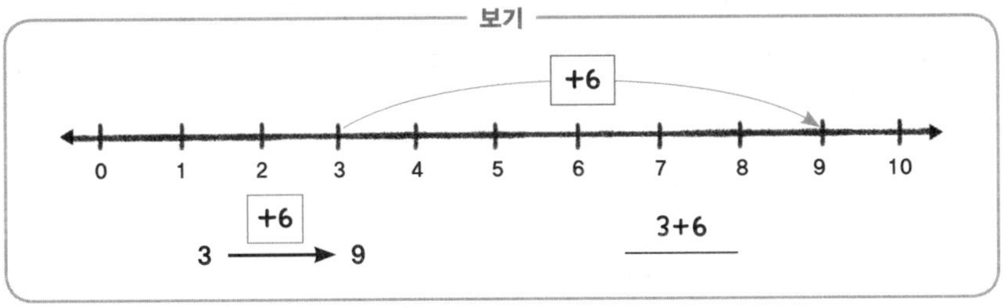

(1)

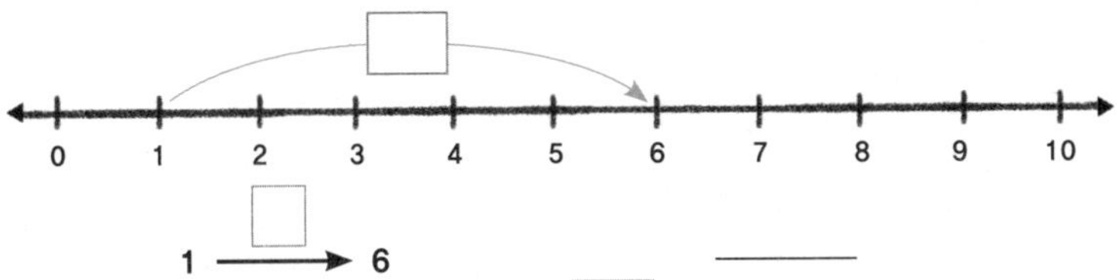

(2)

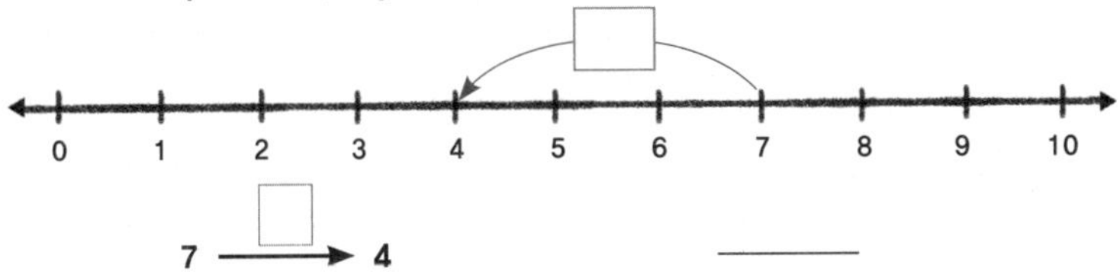

〔문제 5〕 **빈칸에 알맞은 수를 써넣으세요.**

(1) $3 \xrightarrow{+4} \square$

(2) $4 \xrightarrow{+2} \square$

(3) $6 \xrightarrow{-3} \square$

(4) $7 \xrightarrow{+1} \square$

등호(=) 와 교환법칙 이해하기

화살표식으로 표현했던 문제들을 이제 등호를 사용한 덧셈식, 뺄셈식으로 표현합니다. '6에 2를 더하면 8이 된다'는 상태변화의 의미를 등호로 표현하자는 것입니다.

〔문제 1〕 □ **안에 알맞은 수를 넣으세요.**

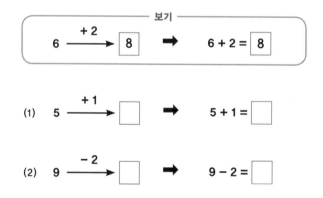

보기

$6 \xrightarrow{+2} \boxed{8}$ ➡ $6 + 2 = \boxed{8}$

(1) $5 \xrightarrow{+1} \square$ ➡ $5 + 1 = \square$

(2) $9 \xrightarrow{-2} \square$ ➡ $9 - 2 = \square$

좌변과 우변이 같음을 확인하기 위한 모델로 양팔 저울을 활용해봅니다. 양팔 저울이 수평을 유지하려면 왼쪽과 오른쪽의 무게가 똑같아야 하기 때문에, 저울 한쪽에 구슬을 더 얹거나 넘치는 쪽의 구슬을 빼주어야 합니다. 구슬을 올리고 내리는 조작 과정이 더하기와 빼기에 포함되어 있는 것입니다.

〔문제 2〕 **보기와 같이 저울이 수평이 되도록 □에 알맞은 수나 부호를 써넣으세요.**

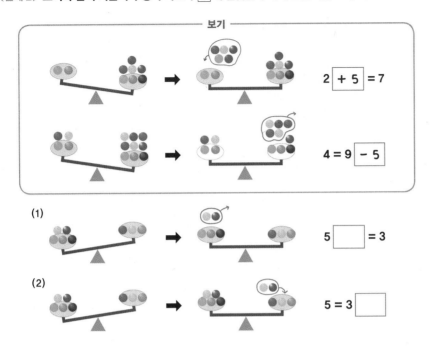

보기

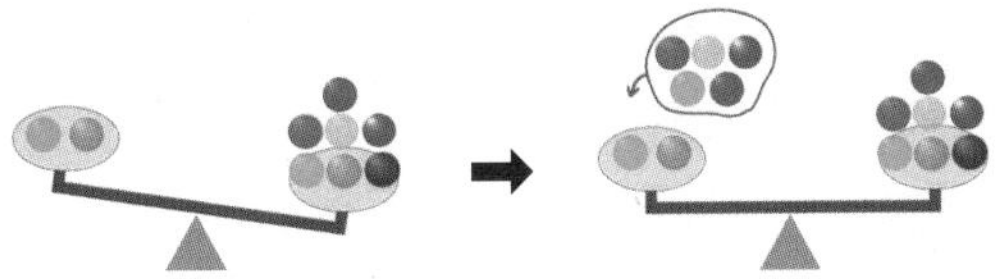

2 [+ 5] = 7

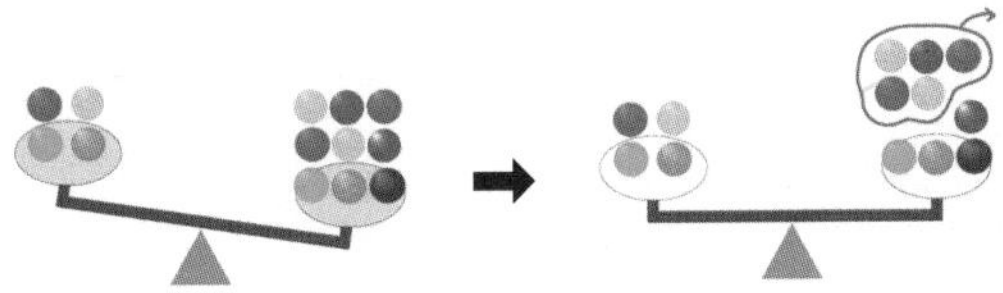

4 = 9 [− 5]

(1)

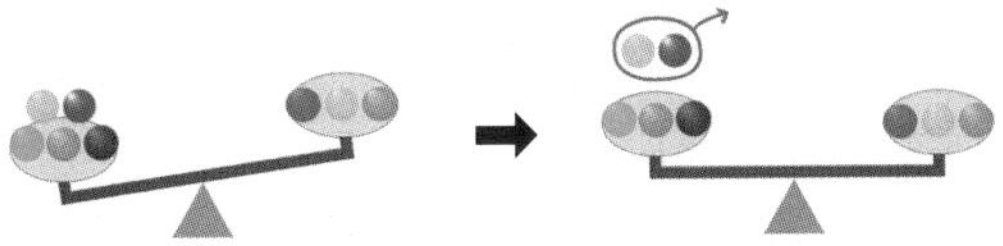

5 □ = 3

(2)

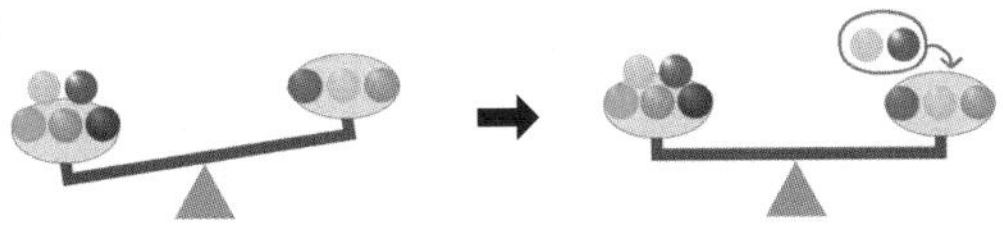

5 = 3 □

삽화에 주목하며 빈칸에 알맞은 수와 부호를 써넣습니다. 등호의 위치는 고정된 것이 아니라 문제 상황에 따라 달라질 수 있음을 알 수 있습니다.

〔문제 3〕 **수를 모으고 가른 후, 빈칸에 알맞은 수를 쓰세요.**

(1)

4	2

4 + 2 = □

(2)

3	
8	

8 − 3 = □

3 + □ = 8

(3)

7	
1	
	5
3	
4	
	2
	1

7 = 1 + □　　7 − 1 = □

7 = □ + 5　　7 − □ = 5

7 = 3 + □　　7 − 3 = □

7 = 4 + □　　7 − 4 = □

7 = □ + 2　　7 − □ = 2

7 = □ + 1　　7 − □ = 1

가르기와 모으기 문제를 등호를 사용하여 여러 식으로 표현해봅니다.

〔문제 4〕 **왼쪽 구슬의 수를 가르기하고 +기호를 사용하여 나타내봅니다.**

(1)

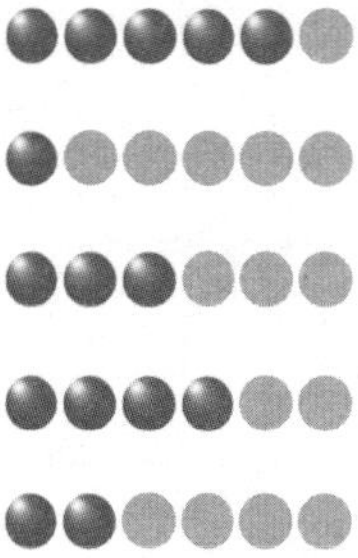

6 = 5 + 1

6 = 1 + 5

6 = 3 + 3

6 = ______

6 = ______

(2)

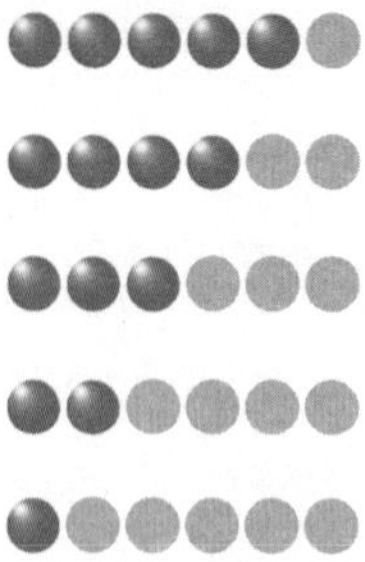

6 = 5 + 1

6 = ______

6 = ______

6 = ______

6 = ______

(1)에서는 등호의 의미를 확인하고 동시에 수의 패턴을 발견할 수 있습니다. (2)는 (1)의 문제를 배열만 다르게 하였습니다. 하지만 (1)에서와는 다른 패턴이 발견되지 않습니까? 덧셈의 교환법칙을 학생들 스스로 파악할 수 있게 하는 활동입니다.

아래와 같은 상황들도 교환법칙을 직관적으로 이해할 수 있게 하는 예시입니다.

〔문제 5〕 **그림을 보고 □ 안에 알맞은 수를 써넣으세요.**

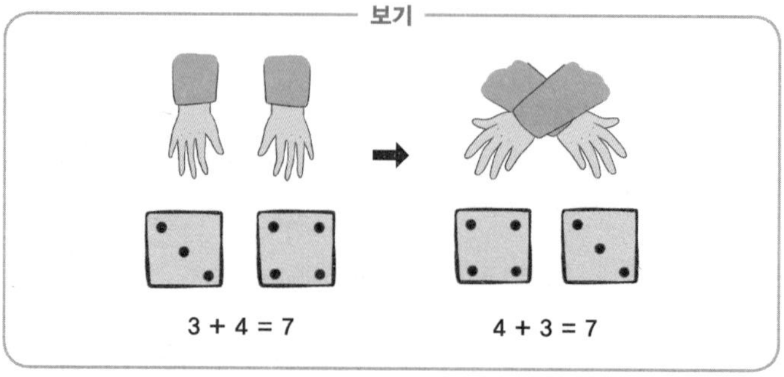

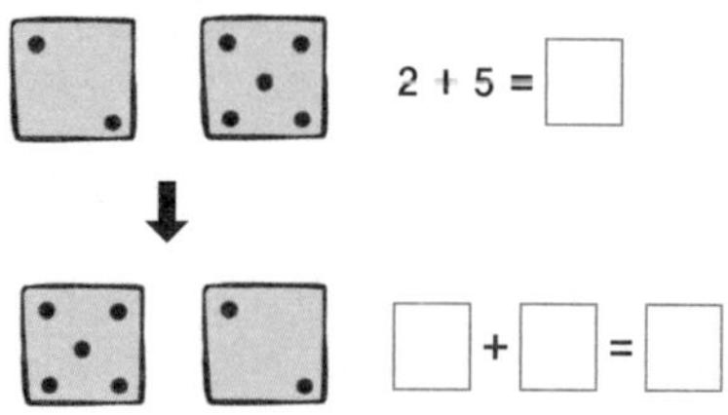

손을 엇갈아 두 주사위의 위치를 바꾸더라도 주사위 눈의 합은 변하지 않는다는 것을 보여줍니다. 마찬가지로 아래 그림처럼 구슬 병의 좌우 위치를 바꾸어도 구슬의 총 개수는 변하지 않

습니다. 모두 교환법칙을 이해하는 데 도움이 되는 활동입니다.

〔문제 6〕 **구슬을 합한 수가 같은 것끼리 선으로 연결 하세요.**

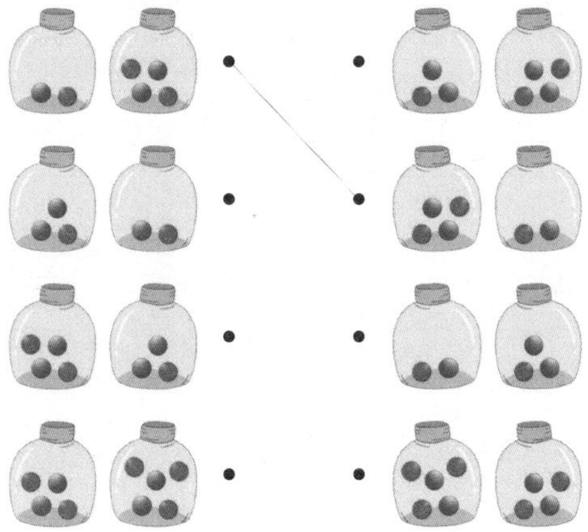

10 가르기와 모으기

〔문제 1〕 **케이블카 2칸에 10명이 나누어 타려고 합니다. 빈칸에 알맞은 수를 써넣으세요.**

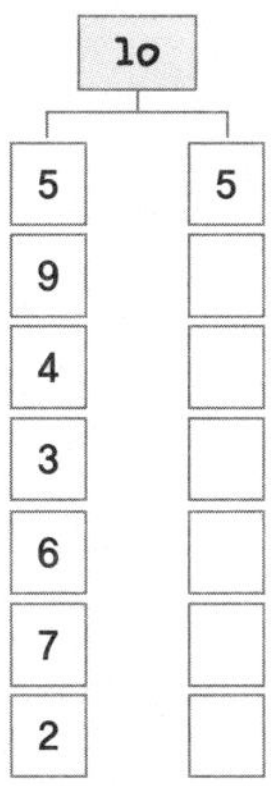

〔문제 2〕 **그림을 보고 □ 안에 알맞은 수를 써넣으세요.**

(1)

(2)

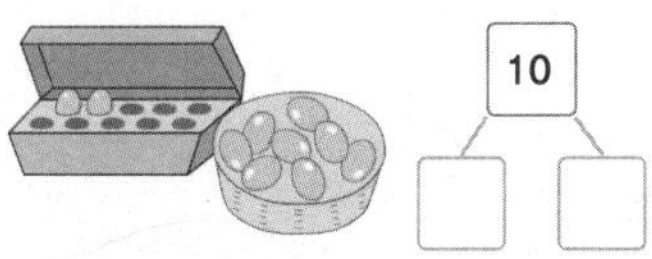

(3)

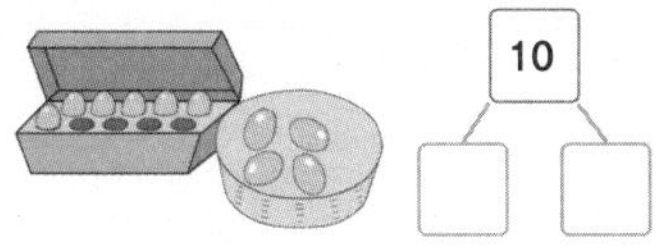

(4)

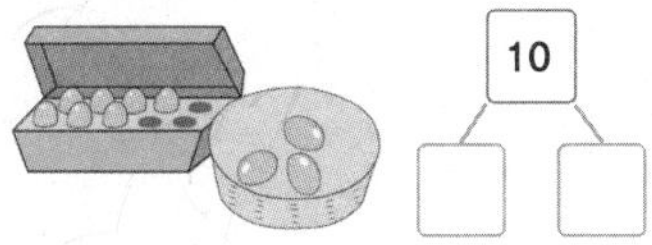

(문제 3) **그림을 보고 □ 안에 알맞은 수를 써넣으세요.**

(1)

10
0 □

(2)

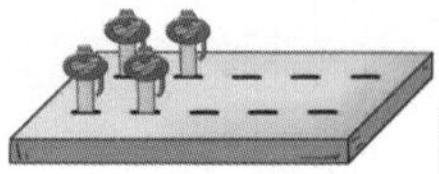

10
6 □

(3)

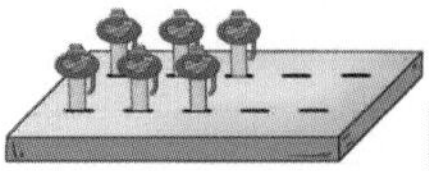

10
4 □

(4)

10
2 □

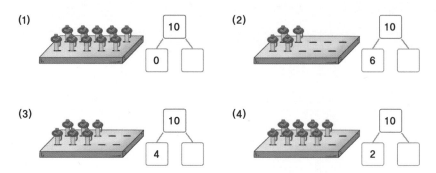

10이 5씩 2줄로 배열된 모형에서 가르는 활동은 비어 있는 칸의 수를 직관적으로 파악할 수 있으므로, 앞서 학습한 수 세기에 근거한 연산 활동이 될 수 있습니다.

(문제 4) **구슬의 개수를 잘 세어보고 □ 안에 알맞은 수를 써넣으세요.**

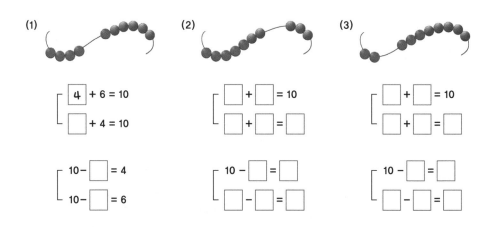

(1)

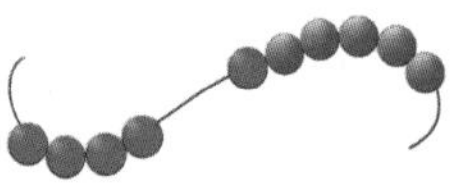

4 + 6 = 10
□ + 4 = 10

10 − □ = 4
10 − □ = 6

(2)

□ + □ = 10
□ + □ = □

10 − □ = □
□ − □ = □

(3)

□ + □ = 10
□ + □ = □

10 − □ = □
□ − □ = □

(문제 5) **십 막대의 빈칸 개수가 몇 개인지 아래 수식의 □ 안에 써넣으세요.**

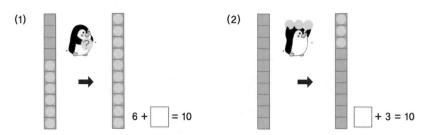

(1)

6 + □ = 10

(2)

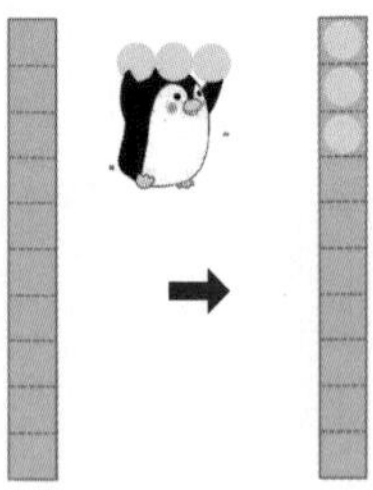

□ + 3 = 10

십 막대의 빈칸이 눈금으로 표시되어 10이 되기 위해 필요한 수를 예측할 수 있습니다.

〔문제 6〕 **수직선 그림을 보고 수식의 □ 안에 알맞은 수를 써넣으세요.**

(1) 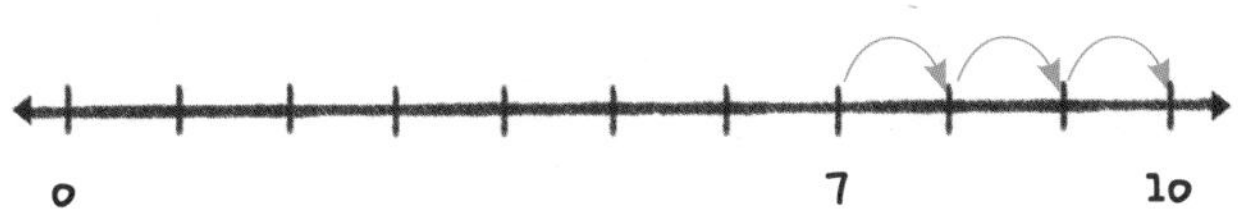

7 + □ = 10

(2) 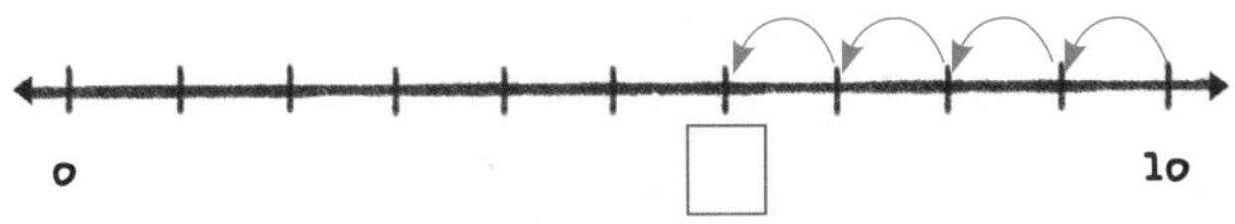

10 − 4 = □

수직선 위 수의 위치가 이동하는 방향과 칸 수를 보고 답을 찾을 수 있습니다. 처음에 위치한 수에서 몇 칸 이동하는지 파악해봅니다.

〔문제 7〕 **보기와 같이 연필에서 알맞은 숫자를 찾아 쓰세요.**

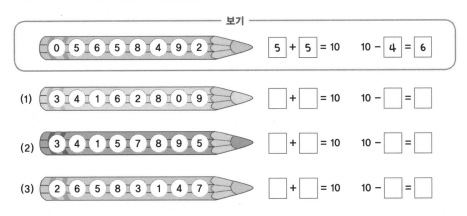

보기

0 5 6 5 8 4 9 2 　 5 + 5 = 10 　 10 − 4 = 6

(1) 3 4 1 6 2 8 0 9 　 □ + □ = 10 　 10 − □ = □

(2) 3 4 1 5 7 8 9 5 　 □ + □ = 10 　 10 − □ = □

(3) 2 6 5 8 3 1 4 7 　 □ + □ = 10 　 10 − □ = □

〔문제 8〕 **숫자 카드에서 합이 10이 되는 수를 찾아 덧셈식을 만드세요.**

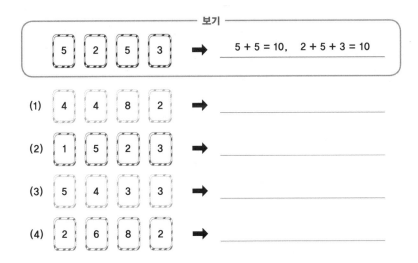

보기

5 2 5 3 ➡ 5 + 5 = 10, 2 + 5 + 3 = 10

(1) 4 4 8 2 ➡ ______

(2) 1 5 2 3 ➡ ______

(3) 5 4 3 3 ➡ ______

(4) 2 6 8 2 ➡ ______

1~9까지의 숫자 카드를 나누어주고 합이 10이 되는 두 수를 고르는 게임을 하거나, 이 게임을 토대로 수식을 쓰는 활동을 지도합니다. 앞에서 다양한 모델을 통해 익힌 내용들을 형식화하는 과정입니다.

합이 10이 넘는 덧셈

10의 가르기와 모으기에서 사용했던 학습 모델들을 사용하여 덧셈을 익힙니다. 더해지는 수를 어떻게 가르기해야 하는지 힌트를 얻을 수 있는 모델들을 적극 활용합니다.

수 구슬을 왼쪽으로, 오른쪽으로 옮겨 조작해보며 10이 되는 수를 찾게 합니다. 나머지 구슬을 더하면 된다는 전략을 학생들이 깨우칠 수 있도록 해야 합니다. 수 구슬은 그림보다는 실물을 이용하여 조작해보면 더 쉽게 이해할 수 있습니다. 색깔 자석이나 반구체물을 사용하여도 좋습니다.

〔문제 1〕 **보기와 같이 수 구슬을 이용하여 덧셈을 하세요.**

보기

8 + 5 = □

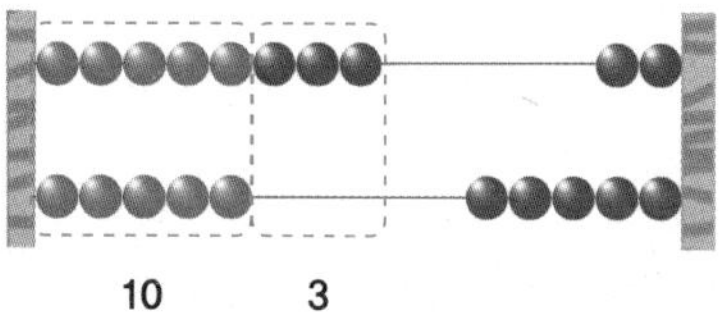

(1)

7 + 8 = □

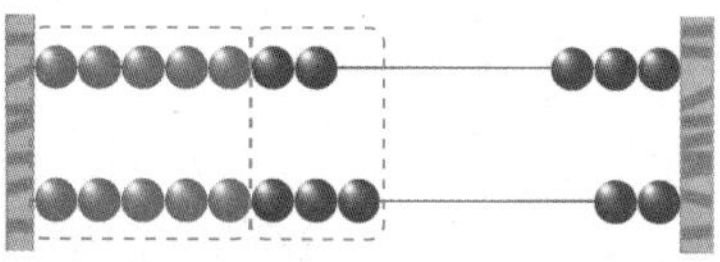

(2)

9 + 5 = □

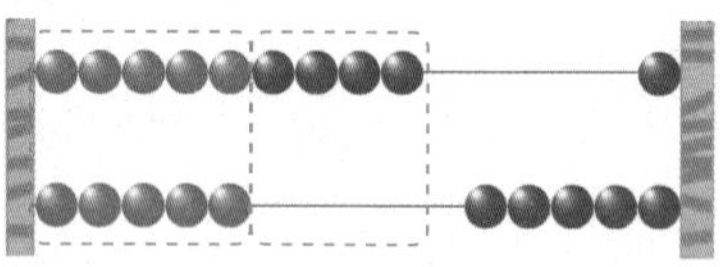

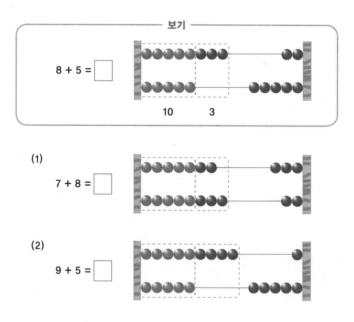

수 구슬 윗줄의 왼쪽에 더해지는 수(피가수)만큼 구슬을 옮겨놓고, 아랫줄 왼쪽에 더하는 수(가수)만큼 구슬을 옮겨놓습니다. 그리고 19까지의 수에서 연습했던 것처럼 10이 되는 수를 먼저 찾아 계산합니다.

〔문제 2〕 **수 구슬을 옮겨보고 덧셈을 하세요.**

(1)

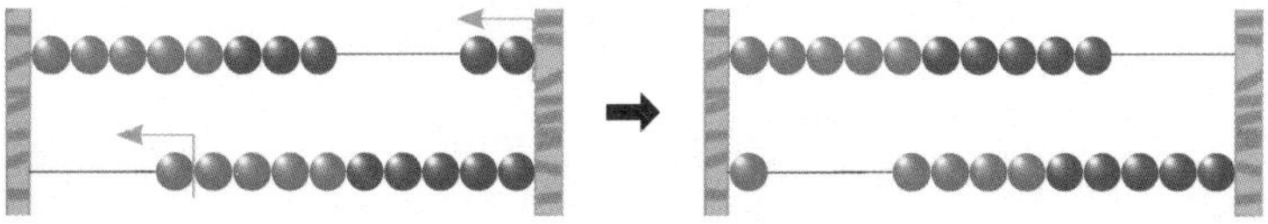

8 + 3 = □

(2)

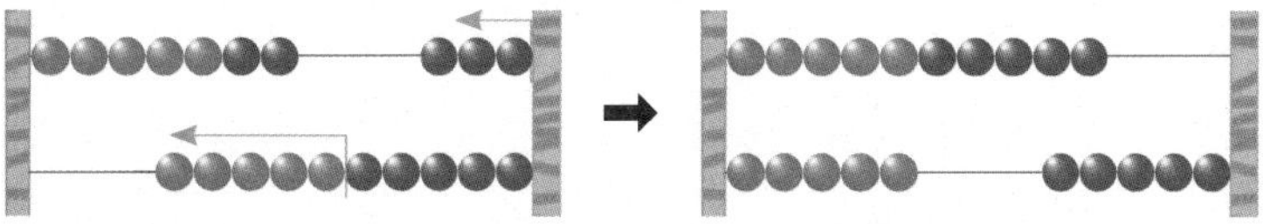

7 + □ = □

(3)

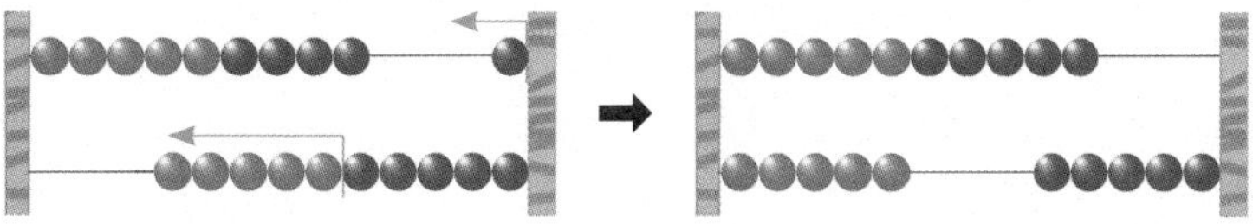

9 + □ = □

윗줄에 더해지는 수(피가수)만큼 구슬을 놓고, 더하는 수(가수)만큼 윗줄부터 차례로 구슬을 왼쪽으로 옮깁니다. 가수를 분해하여 10을 만드는 받아올림을 이해할 수 있을 것입니다.

〔문제 3〕 **수 구슬에 화살표를 그리고 계산하세요.**

(1)

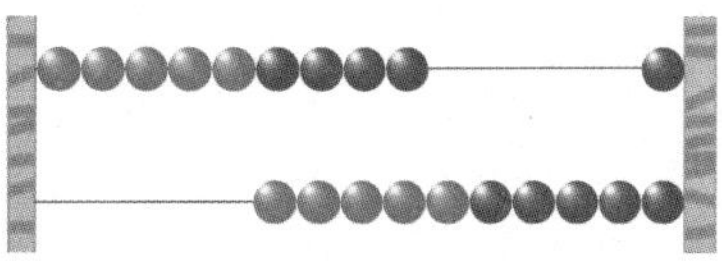

9 + 5 = □

(2)

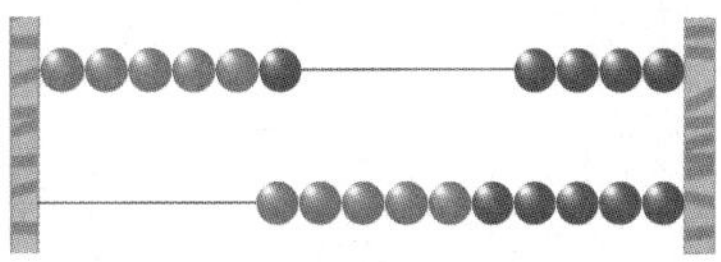

6 + 8 = □

(3)

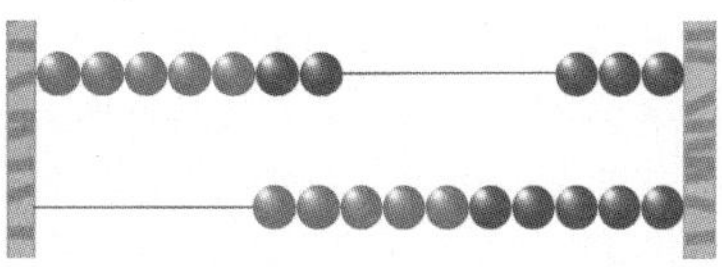

7 + 5 = □

(4)

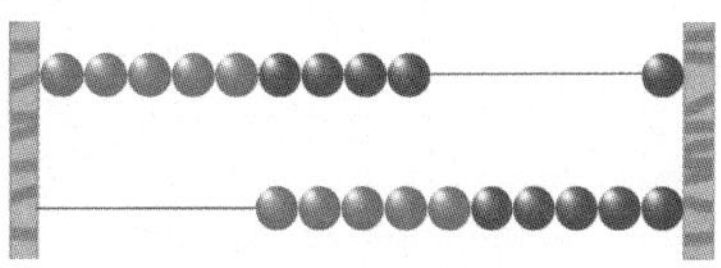

9 + 9 = □

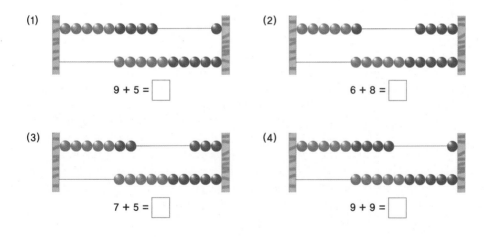

수 구슬 교구를 따로 준비할 수 없더라도 직접 표시하는 방법으로 활동을 대체할 수 있습니다.

〔문제 4〕 **십 막대 모형을 이용하여 계산하세요.**

보기

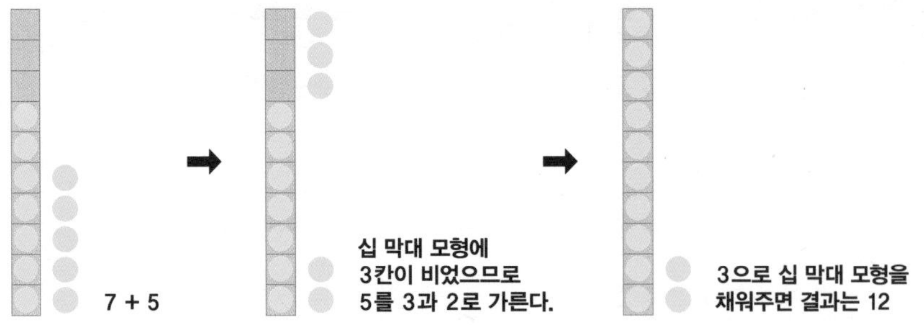

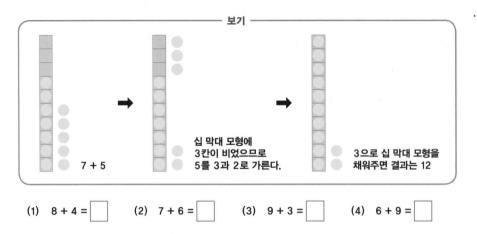

(1) 8 + 4 = ☐   (2) 7 + 6 = ☐   (3) 9 + 3 = ☐   (4) 6 + 9 = ☐

10칸짜리 십 막대 모형을 그림으로 제시해도 되지만 실물 모형을 사용하면 더욱 효과적입니다.

TIP

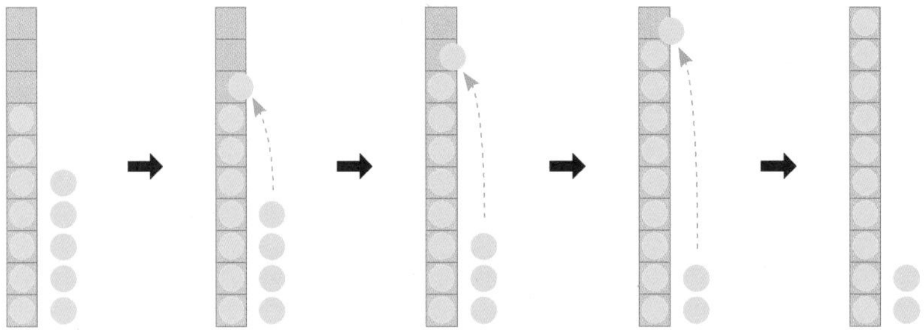

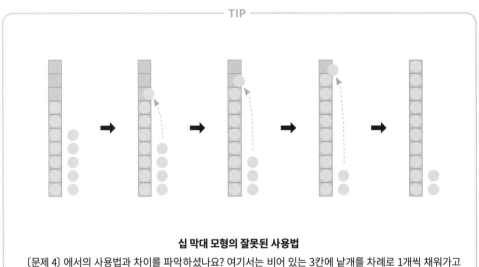

십 막대 모형의 잘못된 사용법

〔문제 4〕 에서의 사용법과 차이를 파악하셨나요? 여기서는 비어 있는 3칸에 낱개를 차례로 1개씩 채워가고 있습니다. 순차적으로 다 채우고 나서 전체 개수를 세어보는 방법입니다. 〔문제 4〕 에서는 더해지는 수를 3과 2로 가르기해 십 막대 모형을 채웠습니다. 여기에서 사용한 방법은 빈칸이 몇 칸인지 주목하기보다는 비어 있는 곳을 채우는 데 초점을 맞춘 것입니다. 교구가 없는 상태에서 계산을 할 때, 이 방법은 생각하기 어렵습니다. 십 막대 모형은 10이 되기 위해 얼마가 필요한지 파악하고, 더해지는 수를 적절히 가르는 데 도움을 얻기 위해 사용합니다. 수식을 계산할 때 교구를 사용한 경험(수를 어떻게 가를 것인가)이 머릿속에서 떠오르며 도움을 받는 것입니다. 동일한 교구라도 어떻게 사용하느냐에 따라 학습에 적절한지 아닌지가 결정됩니다.

〔문제 5〕 **보기와 같이 계산하세요.**

보기

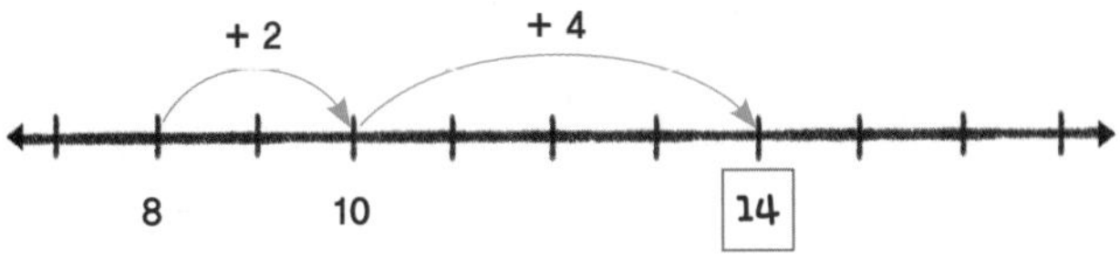

8 + 6 = 14

(1)

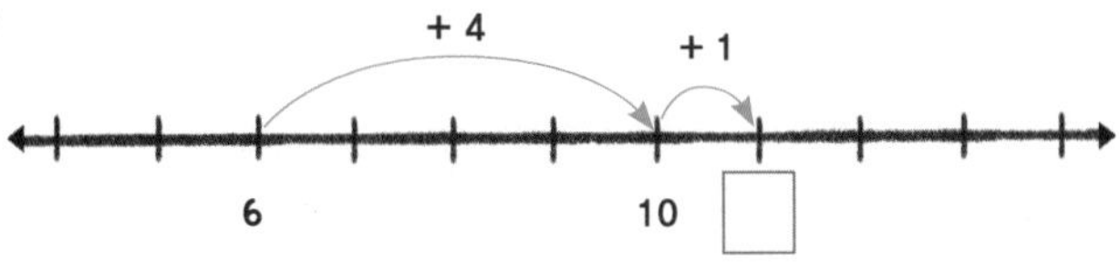

6 + 5 = ☐

(2)

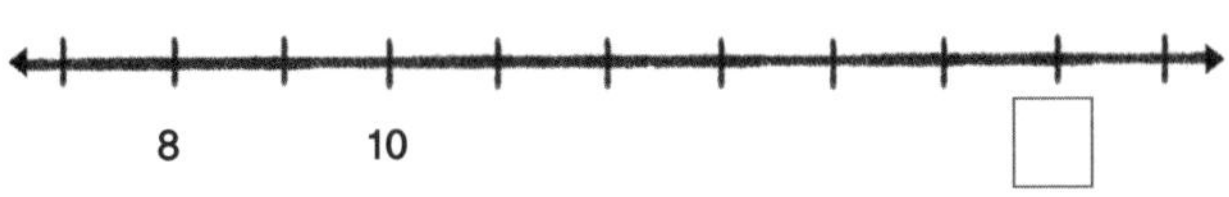

8 + 8 = ☐

(3)

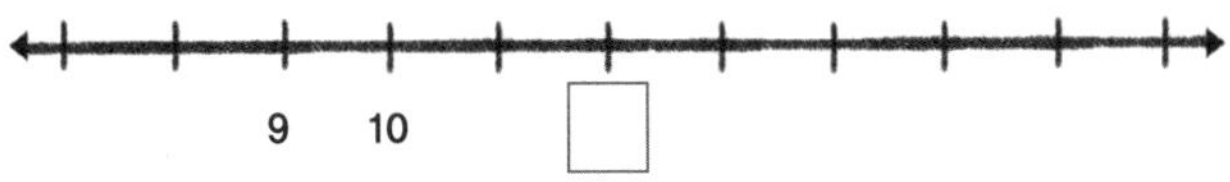

9 + 3 = ☐

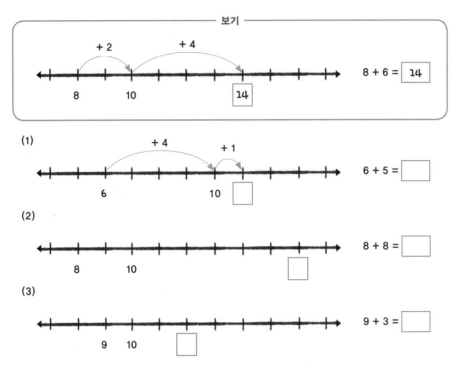

수직선에서 10이 되기 위해 얼마가 필요한지 힌트를 얻어 6을 2와 4로 가르기해야 한다는 것을 알 수 있습니다. 학생이 해결해야 하는 부분을 점차 늘려가면서 연습해봅니다.

〔문제 6〕 **보기와 같이 계산하세요.**

보기

1	2	3	4	5	6	7	(8)	▶9	▶10
▶11	▶12	▶13	▶14	▶(15)	16	17	18	19	20

8 + 7 = 15

1	2	3	4	5	6	(7)	8	9	10
11	12	13	14	15	16	17	18	19	20

7 + 5 = ☐

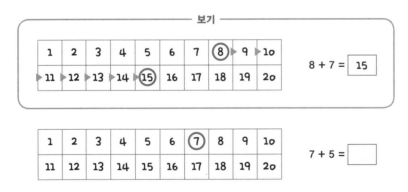

그려지는 화살표를 보며 7을 2와 5로 가르기해야 한다는 것을 알 수 있습니다. 이번에는 학생이 화살표를 그려가며 문제를 해결해봅니다.

위에서 사용한 수 구슬, 수 막대, 수직선, 수 배열표 모델을 이용하여 계산한 과정을 수식으로 표현할 필요는 없습니다. 학생들은 모델을 통해 학습한 경험을 토대로 8+5 같은 문제가 나왔을 때, 머릿속에서 어떤 모델을 적용할지 떠올리게 될 것입니다. 5를 2와 3으로 가르기해 10을 만든 다음 3을 더하여 13을 만드는 과정이 진행되면 충분합니다. 8+5=8+2+3=10+3=13과 같이 과정을 식으로 표현하라는 억지스러움은 오히려 학생들에게 혼란을 가져다줄 것입니다.

〔문제 7〕 **다음을 계산하세요.**

(1) 7 + 9 = ☐ (2) 8 + 9 = ☐ (3) 9 + 6 = ☐ (4) 8 + 6 = ☐

수식만 제시하고, 어떤 방법을 사용하여 문제를 해결할 것인지는 학생들 스스로 선택하게 합니다. 앞에서 학습한 모델 중에서 자신이 쉽게 생각할 수 있는 것을 선택하게 될 것입니다. 지금은 모델을 떠올리며 계산하지만 반복 연습하는 과정을 거쳐 자동화되는 때가 올 것입니다.

(십 몇) − (몇) = (몇)

수 구슬에서 무엇을 먼저 빼느냐에 따라 계산 방법이 달라질 수 있습니다. 두 가지 방법을 모두 경험해보게 하고, 문제 상황에서 더 적절한 방법을 선택하여 활용할 수 있도록 합니다.

〔문제 1〕 **수 구슬을 이용하여 계산하세요.**

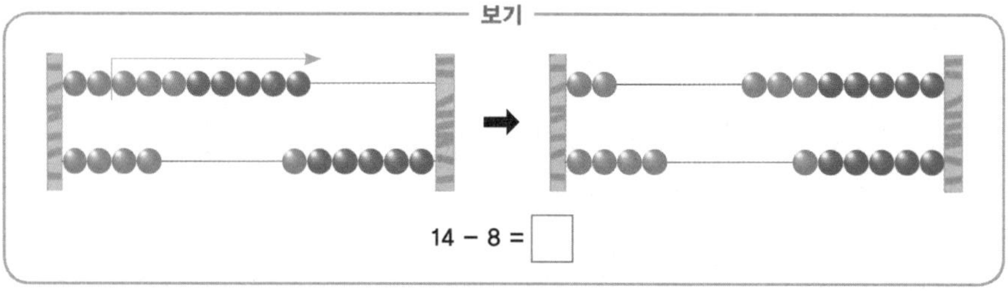

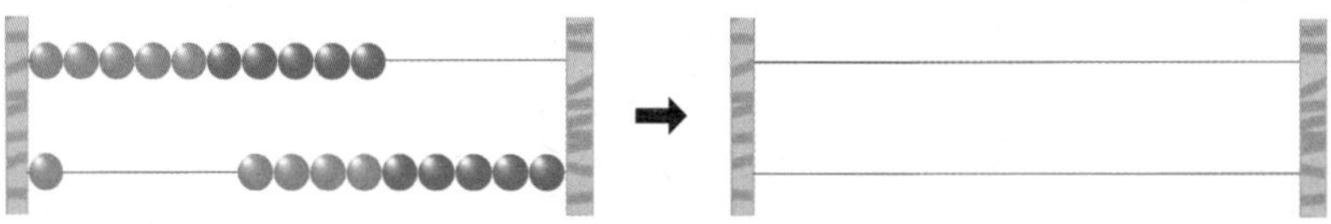

11 − 9 = ☐

윗줄에 있는 구슬 10개에서 먼저 빼고, 왼쪽 구슬끼리 더하는 방법입니다. 10이 되는 덧셈과 뺄셈을 능숙하게 하는 학생에게 유용한 뺄셈 방법입니다.

〔문제 2〕 **수 구슬을 이용하여 계산하세요.**

보기

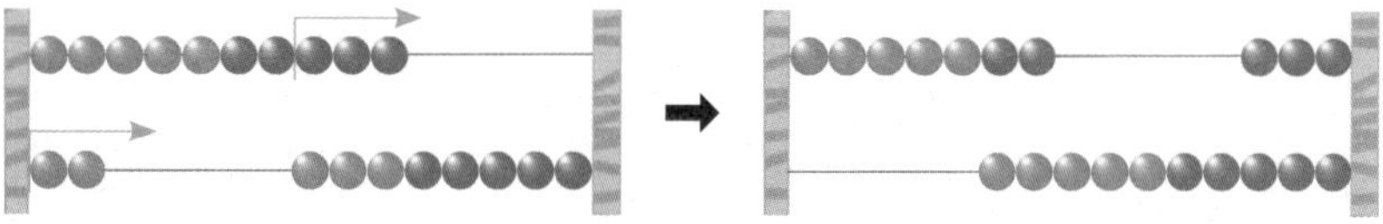

12 − 5 = 7

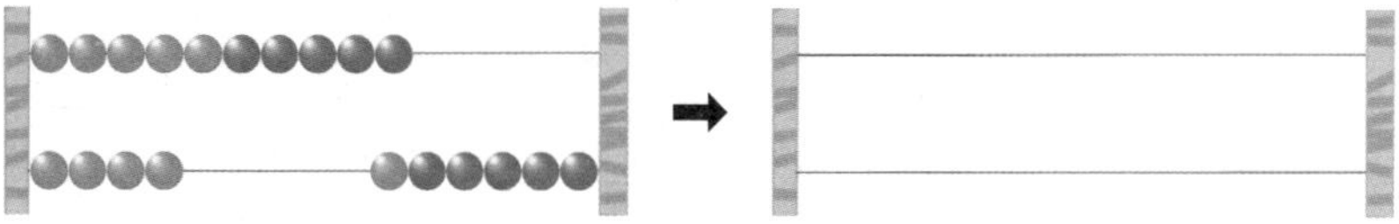

14 − 8 = ☐

아랫줄에 있는 구슬부터 먼저 빼고 윗줄에서 나머지를 빼는 방법입니다. 윗줄 왼쪽 구슬의 개수가 뺄셈의 결과입니다. 이 과정은 받아내림이 있는 뺄셈을 의미합니다. 일의 자리에서 먼저 빼고 남은 수는 십의 자리에서 이어 빼는 방법이죠.

〔문제 3〕 **보기와 같이 계산하세요.**

보기

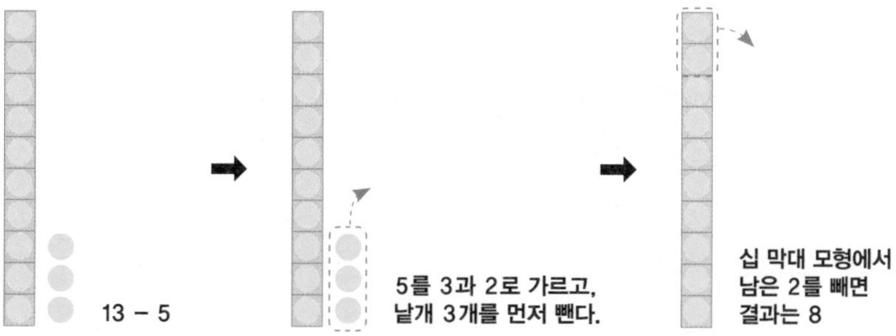

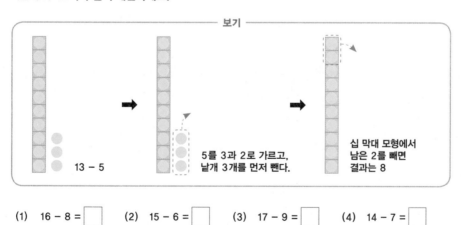

(1) 16 − 8 = ☐ (2) 15 − 6 = ☐ (3) 17 − 9 = ☐ (4) 14 − 7 = ☐

낱개를 먼저 빼고 십 막대 모형에서 남은 수를 빼는 방법입니다.

〔문제 4〕 **보기와 같이 계산하세요.**

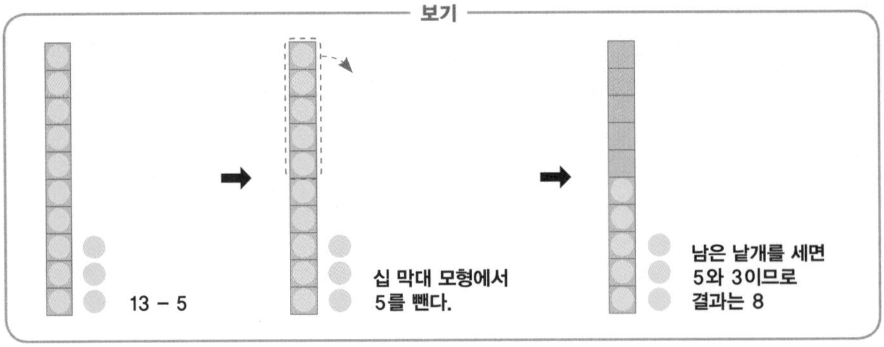

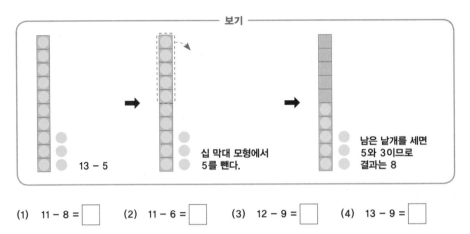

(1) 11 − 8 = □　(2) 11 − 6 = □　(3) 12 − 9 = □　(4) 13 − 9 = □

십 막대 모형에서 한 번에 빼려는 수를 빼고 남은 낱개를 합하여 결과를 찾습니다. 10칸짜리 십 막대 모형을 그림으로 제시해도 되지만, 실물 모형을 사용하면 더욱 효과적입니다.

〔문제 5〕 **보기와 같이 계산하세요.**

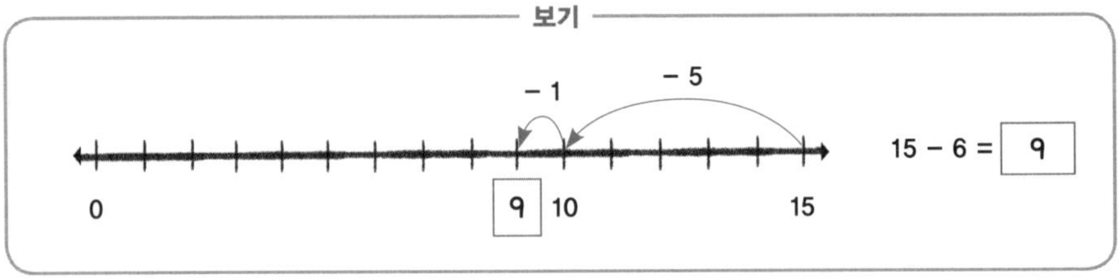

(1)

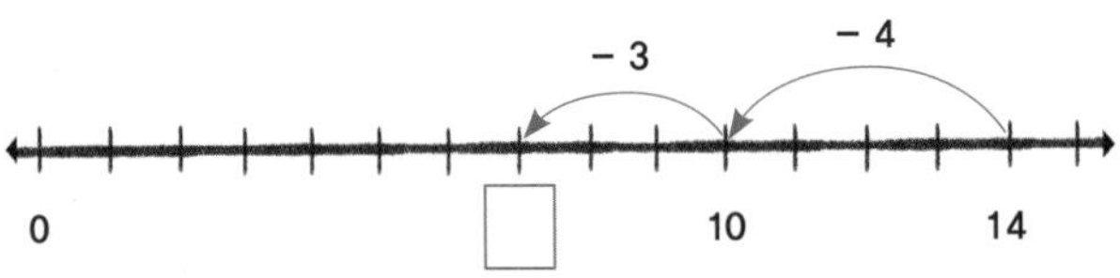

14 − 7 = □

(2)

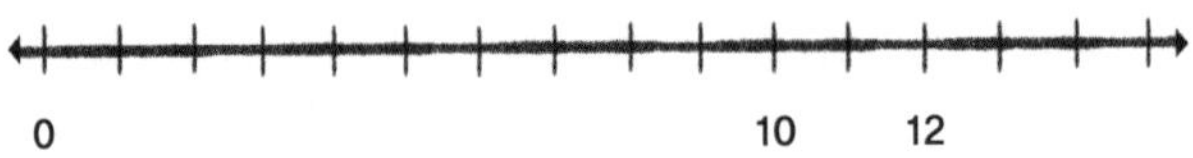

12 − 8 = □

빼야 하는 6을 5와 1로 가르기하여 빼는 방법입니다. 수직선에 기준점인 10이 표시되어 있어 빼는 수를 어떻게 가르기해야 할지 힌트를 얻을 수 있습니다. 학생이 해결해야 하는 부분을 점차 늘려가면서 연습해봅니다.

〔문제 6〕 **보기와 같이 계산하세요.**

보기

1	2	3	4	5	6	7	8	(9)	◀10
◀11	◀12	◀13	◀14	◀(15)	16	17	18	19	20

15 − 6 = [9]

1	2	3	4	5	6	7	8	9	10
11	12	13	(14)	15	16	17	18	19	20

14 − 8 = [ ]

그려지는 화살표를 보며 5칸을 먼저 빼고 1을 다시 빼야 한다는 것을 알 수 있습니다. 이번에는 학생이 화살표를 그려가며 문제를 해결해봅니다.

덧셈과 마찬가지로 모델을 이용한 문제풀이 과정을 수식으로 표현할 필요는 없습니다. 학생들은 여러 모델을 통해 학습한 경험을 토대로 16−9를 해결할 때 머릿속에서 어떤 모델을 떠올릴 것입니다. 16을 10과 6으로 가른 후 10에서 9를 빼고 남은 1과 6을 합해 7을 만들거나, 9를 6과 3으로 가른 후 16에서 6을 먼저 빼고 그 다음에 남은 10에서 3을 빼어 7을 만드는 과정이 진행되면 충분히 학습되었다고 할 수 있습니다. 16−9=10+6−9=10−9+6=1+6=7이나 16−9=16−6−3=10−3=7로 나타내는 것은 학생들을 더 혼란스럽게 할 뿐입니다.

〔문제 7〕 **다음을 계산하세요.**

(1) 12 − 9 = [ ]　　(2) 12 − 8 = [ ]　　(3) 16 − 9 = [ ]　　(4) 16 − 7 = [ ]

수식만 제시합니다. 어떤 방법을 사용하여 문제를 해결할 것인지 학생들이 스스로 선택하게 하는 것입니다. 학생들은 앞에서 학습한 모델 중에서 하나를 선택하게 될 것입니다.

〔문제 8〕 **직접 채점하고, 틀린 답을 바르게 고치세요.**

(1) 7 + 4 = [11]　　(2) 6 + 8 = [~~13~~] 14　　(3) 5 + 9 = [14]　　(4) 8 + 3 = [12]

(5) 9 + 4 = [13]　　(6) 7 + 6 = [15]　　(7) 6 + 9 = [16]　　(8) 5 + 8 = [13]

(9) 9 + 2 = [12]　　(10) 4 + 8 = [12]　　(11) 3 + 9 = [12]　　(12) 8 + 8 = [18]

(13) 9 + 7 = [16]　　(14) 9 + 9 = [17]　　(15) 7 + 7 = [17]

〔문제 9〕 **직접 채점하고, 틀린 답을 바르게 고치세요.**

(1) 14 − 6 = 8	(2) 13 − 9 = 4	(3) 12 − 8 = 5	~~(4)~~ 15 − 9 = ~~5~~ 6
(5) 11 − 8 = 4	(6) 13 − 7 = 9	(7) 11 − 10 = 1	(8) 12 − 6 = 6
(9) 11 − 4 = 7	(10) 12 − 7 = 6	(11) 15 − 7 = 8	(12) 14 − 7 = 7
(13) 14 − 10 = 5	(14) 14 − 5 = 9	(15) 17 − 10 = 7	

학생들은 자신이 마치 선생님이나 부모님의 입장이 되어 채점하는 활동을 매우 흥미로워합니다. 덧셈과 뺄셈 과정이 충분히 학습되었다면 위와 같이 수식만 제시하고 채점해보는 활동을 통해 앞에서 학습한 내용을 총정리하는 경험을 해볼 수 있습니다.

3부

도형과 측정

Chapter 1

여러 가지 모양

I 수업의 흐름

여러 가지 모양

입체도형	생활 주변에 있는 여러 가지 물건을 체험하고 분류함으로써 입체도형의 모양과 특징을 파악하여 설명한다.
↓	
여러 방향과 위치에서 입체 관찰하기	보는 위치나 방향에 따라 입체가 다르게 보인다는 사실을 체험하도록 한다. 이 활동은 평면도형 도입의 발판이 된다.
↓	
평면도형의 이동과 표현	평면공간에서 상하좌우로 이동하고 표현하는 활동을 통해 평면도형을 체험한다. 공간 감각을 기르는 한 요소이다.

01 입체도형

WHY?

시각이 아닌 촉각에만 의존하여 입체도형의 속성을 탐구한다.

친구가 말한 모양의 물건을 찾아보세요.

둥글고 길쭉한
모양을 찾아봐.

생활 주변에서 찾을 수 있는 여러 가지 물건들을 모양에 따라 분류한다. 이때 입체도형의 일상적 용어인 네모상자 모양, 뿔 모양, 공 모양, 둥근기둥 모양 등의 명칭을 도입한다.

모양이 비슷한 것끼리 담을 수 있도록 선을 연결하세요.

네모상자 모양만
담아야지.
나는 뿔 모양들을
담을거야.
나는 공 모양을
담을거야.
둥근기둥 모양만
담아야지.

여러 가지 모양의 입체를 실제로 굴리고 쌓는 등의 구체적 조작 활동을 통해 입체도형의 속성을 탐구한다.

그림을 보고 물음에 답하세요.

(1) 잘 구르는 물건에 ○표 해요.

(2) 잘 구르지 않는 물건에 ○표 해요.

(3) 평평한 부분이 있는 물건에 ○표 해요.

(4) 둥근 부분이 있는 물건에 ○표 해요.

입체도형이 가지고 있는 모양의 특징에 따라 쓰임새가 달라진다는 것을 이해하게 한다.

주어진 상황에 알맞은 모양을 보기에서 골라 기호를 쓰고, 그렇게 생각한 까닭을 쓰세요.

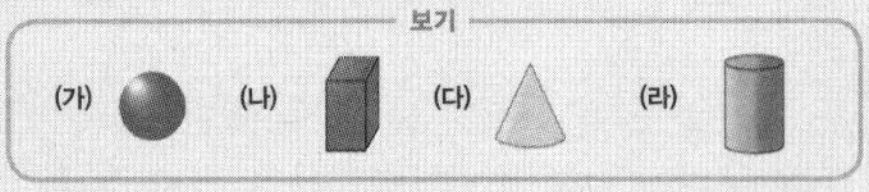

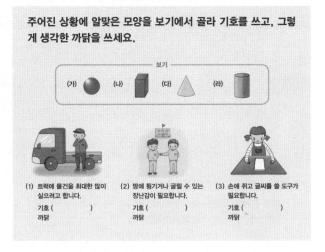

(1) 트럭에 물건을 최대한 많이 실으려고 합니다.
기호 (　　　　　)
까닭

(2) 땅에 튕기거나 굴릴 수 있는 장난감이 필요합니다.
기호 (　　　　　)
까닭

(3) 손에 쥐고 글씨를 쓸 도구가 필요합니다.
기호 (　　　　　)
까닭

02 여러 방향과 위치에서 입체 관찰하기

WHY?

위치나 방향에 따라 입체가 다르게 보일 수 있음을 이해한다.

어느 위치에서 찍은 모습인지 번호를 써넣으세요.

03 평면도형의 이동과 표현

WHY?

평면공간에서 오른쪽, 왼쪽, 앞, 뒤와 같은 말을 사용하여 공간 감각을 익히고, 방향과 위치를 표현하는 방법을 학습한다.

빨간색 점이 파란색 점을 만나기 위해서는 어떻게 이동해야 할까요?

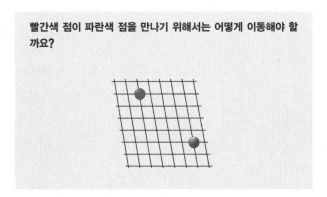

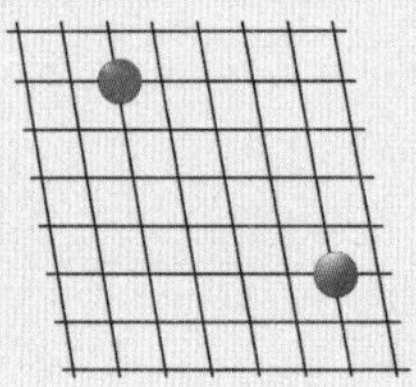

2 핵심 개념

도형을 통해 바라보는 세상

교육은 세상을 바라보는 안목을 길러줍니다. 그렇다면 수학 학습은 어떤 안목을 형성하는 데 도움이 되는 것일까요? 특히 삼각형이나 원, 직육면체 같은 도형을 다루는 기하학을 아주 어린 나이부터 배워야만 하는 이유는 무엇일까요? 질문에 답하기 위해서는 먼저 다음과 같은 전제에 동의해야 합니다. 그것은 우리의 삶 자체가 온통 수학에 둘러싸여 있을 뿐만 아니라, 삶의 모든 부분이 수학에 의해 유지되고 있다는 것입니다. 대부분의 사람들은 '설마' 하는 반응을 보일 수 있습니다. 잠시 주위를 한번 둘러볼까요?

우리는 매일 아침 잠에서 깨어나자마자 몇 시인지 알기 위해 시계를 찾습니다. 숫자의 힘을 빌지 않을 수 없죠. 오늘 누구와 언제 어디서 만나고 약속 장소에 어떻게 갈 것인지 확인하기 위해서도 숫자가 필요합니다. 모든 주소와 교통수단에는 숫자가 들어 있으니까요. 날씨가 추운지 더운지 분간하기 위해서도, 내 발에 맞는 신발을 고를 때에도 숫자가 필요합니다. 나 자신이 공부를 잘하는지 못하는지를 판단하는 데도, 하다못해 부자인지 가난한 사람인지를 판단하는 데도 숫자에 의존해야 합니다. 이처럼 우리의 삶은 온통 숫자에 에워싸여 있습니다. 자연스레 숫자는 우리가 세상을 바라보는 하나의 틀이 되었습니다.

숫자만이 아닙니다. 점과 선 또한 우리가 세상을 바라보는 또 다른 틀이라고 말할 수 있습니다. 여름 밤 잠실야구장 외야 스탠드로 높이 떠서 날아가는 홈런은 점과 선이라는 틀로 설명할 수 있습니다. 하얀 야구공이라는 하나의 점이 창공을 가르며 큼직한 곡선의 궤적을 그려냅니다. 한강을 가로지르는 수많은 다리에도 점과 선이 들어 있습니다. 포물선이나 수직선뿐만 아니라 삼각형, 평행사변형 같은 수많은 도형이 들어 있습니다. 추운 겨울날 커피 자동판매기에서 뽑아 든 1회용 컵도 원뿔대라는 기하학 도형에서 비롯되었습니다.

이 모든 사실은 우리의 삶 자체가 숫자뿐만 아니라 기하학 도형에 둘러싸여 있으며, 우리 자신이 세상을 그와 같은 도형을 통해 바라보고 있음을 새삼 일깨워 줍니다. 어떤가요? 이제는 수학으로 세상을 바라본다는 주장이 그리 낯설지 않죠? 그리고 세상을 바라보는 안목을 형성하기 위해서라도 어린 나이부터 기하학 교육이 필요하다는 것을 이해할 수 있으리라고 기대합니다. 그러면 어떤 교육이 필요할까요?

질문에 답하기 위해서는 먼저 우리 아이들이 도형을 어떻게 인식하는지를 살펴보아야 합니다. 다음의 사례 연구는 하나의 실마리로 활용할 수 있을 것입니다.

러시아 심리학자 알렉산드르 로마노비치 루리야가 우즈베키스탄의 오지를 방문한 것은 1931년의 일이었습니다. 그곳에는 외부와 차단된 채 문맹 상태로 살아가는 여성들이 살고 있었는데, 그들이 색과 도형을 어떻게 지각하는지 탐구하기 위한 방문이었습니다. 루리야는 그들에게 여러 모양의 기하학 도형을 보여주고 무엇인지 물어보았습니다. 그들은 학교교육을 전혀 받지 못했기 때문에, 기하학 도형을 접한 적이 없었습니다. 그들은 어떻게 답했을까요? '원'은 접시, 양동이, 손목시계, 달이라고 하고, '사각형'은 문, 집, 살구 말리는 판이라고 대답했다고 합니다. 제시된 도형을 보면서 각자 자신들이 알고 있던 물건 이름을 댄 것이죠.

이번에는 그림과 같은 정사각형과 직사각형을 함께 보여주며 둘을 같은 것이라고 할 수 있는지 물어보았습니다. 사각형이라는 하나의 범주로 분류할 수 있는지 알아보려 한 것이죠. 쉬르라는 이름의 20대 여성은 정사각형은 '창문'이고, 직사각형은 '자'이기 때문에 서로 다르다고 대답했습니다. 크하미드라는 또 다른 여성도 하나는 '유리잔'이고 다른 하나는 물을 마시는 '사발'이기 때문에 다른 것이라고 답했습니다(자세한 내용은 루리야가 집필한 《비고츠키와 인지발달의 비밀》이라는 책을 보시기 바랍니다).

루리야의 연구는 삼각형이나 원, 사각형 같은 추상화된 기하학 도형을 처음 접하는 사람들이 이를 어떻게 인식하는가를 알려줍니다. 그들은 우리와는 달리 추상적인 기하학 도형으로 인식하지 않았습니다. 기하학 도형들을 주위의 사물과 같은 구체적인 대상으로 여겼던 것이죠.

루리야의 연구를 알게 된 우리는 초등학교 1학년에 갓 입학한 아이들이 기하학 도형을 어떻게 지각하는지 궁금하였습니다. 그래서 입학 후 한 달쯤 지난 아이들에게 기하학 도형을 보여주고 무엇이라고 답하는지 실험해보았습니다. 사전에 가설을 세운 후에 엄격한 절차에 따라 진행한 연구는 아니었습니다. 루리야의 연구를 모방하여 학습지 한 장에 그려진 그림을 보여주고 대답하게 하는 매우 간단한 실험이었습니다. 한 학급에는 입체도형만, 다른 학급에는 평면도형과 입체도형을 함께 보여주었습니다. 그 결과를 우리는 다음과 같은 표로 정리할 수 있었습니다.

1학년 학생들이 도형을 보고 떠올린 이름

1반 (21명)			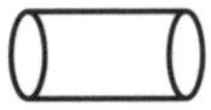		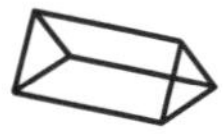
물건으로만 대답한 경우	9	11	7	4	12
대답 예시	공 동그라미 (9) 구 (1) 원 (2)	깡통 긴 동그라미 (1) 원통 원기둥	필통 긴 동그라미 (6) 원통 원기둥	주사위 상자 네모 (11) 정사각형	비행기 편지 네모세모길쭉 삼각기둥

2반 (22명)	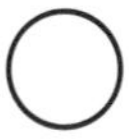				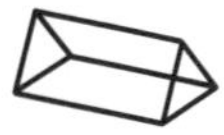
물건으로만 대답한 경우	12	12	12	16	17
대답 예시	공 쿠키 동그라미 (8) 원 (2)	집 박스 네모 (7) 사각형 (3)	피라미드 보자기 세모 (9) 삼각형 (1)	컵 원 (1) 기둥 (1) 원기둥 (5)	자 편지 기다리세모 오각형

매우 단순한 실험이었지만, 우리의 초등학교 1학년 아이들의 도형 인식도 루리야의 연구 결과와 그리 다르지 않다는 흥미 있는 사실을 알 수 있었습니다. 그 결과를 간략히 정리해보면 다음과 같습니다.

우선 아이들 가운데 절반가량은 도형과 관련된 학습 경험이 없다는 사실을 알 수 있었습니다. 구를 동그라미, 원기둥을 긴 동그라미라고 답하는가 하면, 심지어 삼각형을 보자기, 그리고 프리즘과 같은 삼각기둥을 비행기나 편지라고 말하는 아이가 상당수 있었으니까요.

반대로 '원', '삼각형', '원기둥'과 같은 수학 용어를 사용하는 아이들도 상당수 있었는데, 이들은 사전 학습 기회를 가졌던 것으로 추정할 수 있습니다. 좀 더 실험의 범위를 넓혀보면 지역에 따라 매우 다른 결과가 나올 것으로 예측되고, 유치원 아이들을 대상으로 한 실험은 더욱 흥미진진할 것 같습니다.

비록 한계가 있는 실험이었지만, 우리는 다음과 같이 추론할 수 있었습니다. 도형을 처음 접한 아이들은, 그것이 입체도형이든 평면도형이든 간에 우리처럼 기하학 도형으로서가 아니라 쿠키, 피라미드, 비행기, 편지 등과 같이 자신들이 이전에 접했던 다른 구체적인 사물의 연장선상에서 파악한다는 사실이었습니다.

도형은 왜 배워야 할까?

루리야의 연구와 1학년 아이들을 대상으로 실시한 간단한 실험 결과는 전통적인 기하학 교육, 특히 초등학교 저학년에서의 기하 교육이라는 주제를 다시 한 번 진지하게 되돌아볼 필요성을 제기합니다.

초등학교 수학에서는 도형 영역을 어떻게 바라보고 있을까요?

> 도형 영역에 대한 학습을 통해 도형, 구조, 위치, 변환 등에 익숙해지고 공간 추론을 발달시킴으로써 공간의 세계, 수학, 예술, 자연과학, 사회과학에서의 다른 주제를 이해할 수 있는 토대를 쌓게 된다.

2009 교육과정에서 설명한 내용입니다. 대단히 광범위하게 기술하였지만, 왜 도형 교육이 필요한가에 대한 직접적이고 즉각적인 답을 찾기는 어렵습니다. 미국 수학교사협의회에서 기술한 내용도 그리 다르지 않습니다.

> 도형은 그 자체로도 흥미롭지만 수학 영역의 발달에 매우 중요한 역할을 한다. 도형과 공간 개념은 우리가 주변에 있는 세계를 설명하는 수단인 동시에 수, 연산, 규칙성 같은 다른 수학 분야의 기초가 된다. 또한 도형은 강력하고 효과적인 모델 역할을 한다. 예를 들어 도형을 가로 세로 격자 모양으로 배열한 모델은 효과적인 곱셈과 나눗셈 모형이고, 수와 연산 영역에서 사용하는 수직선 모델과 수 구슬 모형도 도형 모델이다. 분수와 소수의 개념을 익힐 때, 자릿수 개념을 공부할 때, 묶어 세기를 하며 수를 배울 때도 도형 모델을 이용한다.

대체로 도형과 공간에 대한 학습에는 어떤 내용을 담아야 하고 그래서 어떤 역할을 담당한다고 기술되어 있을 뿐, 왜 필요한가에 대한 직접적인 설명은 찾아보기 어려웠습니다. 그래서 우리는 초등학교 저학년에서의 도형 교육의 필요성을 다음과 같이 요약해보고자 합니다.

> '기하학 도형의 틀을 토대로 세상을 바라보는 안목을 형성한다.'

매우 추상적인 것 같지만, 앞에서 제시한 실험을 떠올린다면 좀 더 쉽게 이해할 수 있습니다. 기하학 도형을 제시했을 때 자신이 접했던 구체적 사물의 관점에서 인식하는 행위의 역이라고 말할 수 있습니다. 즉 기하학 도형을 학습하여 그 관점으로 주위의 사물을 바라보고 분석할 수 있도록 하자는 것입니다. 만족할 만한 답은 아니지만, 일단 도형을 왜 배워야 하는가에 대한 매우 소박한 이유라고 설정해보았습니다.

도형을 가르치고 배우는 것이 왜 어려울까?

그런데 초등학교 1학년 아이들에게 막상 도형을 가르치려고 하면, 몇 가지 문제점에 직면하게 됩니다. 도형을 배우는 아이들의 어려움과도 밀접한 관련이 있습니다. 먼저 가장 큰 어려움은 기하학 도형이 실체가 없는 추상적인 것으로서 우리의 관념 속에만 존재한다는 사실입니다. 또 다른 문제점은, 앞의 실험에서 보았듯이, 도형에 대한 우리 어른들의 관점과 아이들의 관점이 다르다는 사실입니다.

사실 기하학 도형은 세상에 존재하는 대상이 아닙니다. 플라톤이 설정한 이데아 세계에나 존재하는 이상화된 추상으로서, 우리 머릿속에 존재하는 개념에 불과합니다. 삼각형이나 사각형 같은 것은 이차원 평면도형이고, 그 도형을 구성하는 점과 선분은 일차원 개념입니다. 따라서 우리가 살아가는 삼차원 공간에는 존재할 수가 없는 것들이죠. 그렇다고 하여 삼차원 입체도형이 우리 주변에 존재하는 것도 아닙니다. 예를 들어, 구에 대한 수학적 정의, 즉 '하나의 정점에서 일정한 거리에 있는 점들의 집합'이라는 정의에 딱 들어맞는 구는 결코 이 세상에 존재하지 않습니다. 예를 들어 당구공과 같이 아무리 정교하게 만든 구라 하더라도 이 세상에 존재하는 한 결국에는 하나의 유사품에 불과합니다. 그러므로 초등학교에 갓 입학한 아이들로서는 실체가 없는 추상적 개념을 학습해야 한다는 것이 여간 어려운 일이 아닐 것입니다.

한편 도형을 가르쳐야 하는 우리 역시 이 사실을 잘 알고 있다 하여도 잘못을 범하기는 매한가지입니다. 기하학 대상을 바라보는 아이들의 관점이 어른들과는 다름에도 불구하고 우리 스스로 어쩔 수 없이 어른들의 관점을 고수하려는 함정에 빠지게 되니까요. 아이들은 어른들과는 달리 삼각형이나 원과 같은 평면도형, 그리고 직육면체나 원뿔과 같은 입체도형을 기하학 대상으로 여기지 않습니다. 앞의 실험에서 보았듯이, 그들은 보이는 대로 받아들여 주변의 사물과 같은 하나의 구체적인 사물로 인식합니다. 추상적이고 관념적인 개념을 부여한 기하학 도형임에도 불구하고, 그들에게 받아들여지는 것은 형태와 색깔 그리고 질감을 가진 구체적 대상물이라는 것이죠.

바로 이 지점에서 어른과 아이의 시각이 엇갈리게 됩니다. 어른들은 기하학 대상을 통해 주위의 사물을 바라보는 반면, 아이들은 이전에 경험하였던 주위의 사물을 통해 기하학 대상을 바라볼 수밖에 없습니다. 이렇게 시선이 어긋나 교차되는 현상이 기하학 수업에 나타날 수밖에 없다는 것입니다. 기하학 대상을 바라보는 아이들의 시선이 나타나는 한 단면을 앞에서 언급한 실험에서 보았는데, 이와 관련한 교육학 이론을 하나 소개하겠습니다. 네덜란드의 부부 교육학자인 반 힐레가 기하학 학습의 수준을 0에서 4까지 5가지로 분류한 것입니다.

도형 인식의 발달 단계 (반 힐레의 수준을 중심으로)

반 힐레가 분류한 첫 번째 0 수준은 수학적 의미가 담겨 있지 않은 단계입니다. 이 수준에 놓인 아이는 모양의 전체 겉모습만을 봅니다. 예를 들어 원을 보고, '이건 달 모양이야' 또는 '쟁반 모양이야'라고 말합니다. 그냥 보이는 대로 말한다고 하여 '시각화'visualization 수준이라고 명명했습니다. 앞의 실험에서 보여준 아이들의 반응은 시각화 수준의 예시라고 말할 수 있습니다.

물론 아이들은 삼각형과 사각형을 구분할 수 있고, 사각형과 원도 구분합니다. 그들의 감각, 특히 시각은 그런 차이를 구별할 수 있는 능력을 보유하고 있으니까요. 하지만 이를 수학적 인식이라고는 말할 수 없습니다. 수학적으로 원이라는 도형을 인식했다는 것은 무엇을 의미할까요? 그것은 주위에서 접하는 쟁반, 접시, 달 또는 태양, 사람의 눈동자, 호수 위에 던진 돌이 만들어내는 물결 등 전혀 다른 대상들이 원이라는 하나의 속성에 의해 분류될 수 있음을 깨닫는 것입니다. 하지만 시각화라는 0 수준에서는 그것이 아직 불가능합니다. 아이에게는 기하학 도형인 원이 쟁반, 접시, 피자처럼 자신이 알고 있는 여러 사물 중의 하나에 지나지 않으니까요.

반 힐레에 따르면, 0 수준 다음인 1 수준 '해석(또는 분석)'analysis 단계에 이르러야 비로소 기하학 개념으로서 도형을 인식할 수가 있습니다. 이 수준에 이르면, 이전까지 보았던 쟁반, 접시, 달, 태양, 호수 위의 물결 등등을 원이라는 속성에 의해 하나로 분류할 수가 있다는 것입니다. 물론 '하나의 정점에서 같은 거리에 있는 점들의 집합'이라는 원의 수학적 정의와 같이 복잡하고 어려운 기술을 할 수는 없습니다. 그러나 삼각형이 세 개의 변으로 이루어졌다는 것과 같은 다각형의 특성을 파악할 수가 있고, 어느 정도 언어화가 가능합니다. 그 다음 2, 3, 4 수준은 굳이 여기에서 세세히 언급할 필요가 없으니, 교육학 이론서를 참고하기 바랍니다.

여기서 잠깐 우리 교육계가 교육학 이론을 받아들이는 풍토를 언급하고 넘어가겠습니다. 이론은 현상을 설명하는 하나의 가설에 불과합니다. 특히 외국의 교육학 이론은 그 나라의 아이들을 대상으로 한 것이기에 그들의 언어와 사회, 문화를 떠나서는 한계를 가질 수밖에 없습니다. 교육학 이론을 자연과학의 절대법칙과 같은 것으로 여기거나, 기독교의 바이블 혹은 불교의 경전과 같이 교조적으로 받아들일 수는 없다는 것이죠. 자연과학의 법칙도 하나의 가설에 불과하고 언젠가 새로운 가설에 의해 대치될 가능성이 다분하지 않습니까? 그러니 사회과학의 한 분야인 교육학 이론을 절대법칙인 양 우리 아이들에게 적용할 수는 없지 않나요? 우리는 이미 그 폐단을 완전학습 열풍이나 열린 교육 같은 역사적 사례에서 경험한 바 있습니다. 가르치는 교사의 비판적 이성이 대단히 중요한 이유입니다.

반 힐레의 이론도 다르지 않습니다. 6,70년대에 절대적인 것으로 여겼던 피아제의 이론이 이제는 한계를 가진 것으로 밝혀졌듯이, 반 힐레의 이론도 언젠가는 구시대의 유물로 전락할 수 있습니다. 따라서 반 힐레가 분류한 도형 인식의 발달 단계를 절대적인 것인 양 받아들여 우리 교육 현실에 적용해서는 안될 것입니다. 이론은 현상을 설명하는 하나의 방편일 뿐입니다. 그런 측면에서 0 수준과 1 수준을 단절하여 바라보지 말 것을 제안합니다.

0 수준에는 수학적인 의미를 부여할 수 없습니다. 그래서 아이들이 삼각형이나 사각형 또는 정육면체와 같은 기하학 도형을 주변의 구체적 대상물처럼 인식하는 것이 당연합니다. 하지만 점차 아이들은 이들 기하학 대상들이 다른 물체와는 다르다는 것을 느끼게 됩니다. 도형들이 갖는 정형성 때문이죠. 예를 들어, 원은 크기에 관계없이 일정한 속성을 갖고 있다는 것(나중에 지름과 원주의 비가 파이π라는 일정한 값이라는 것을 배우게 됩니다)과 삼각형의 경우에도 모양의 다양성(물론 그 용어를 모른다 하더라도)에 관계없이 변의 개수가 3개라는 점 등을 어렴풋이 파악할 수 있습니다. 기하학 도형의 속성에 수학적인 의미를 부여할 수 있는 그래서 형식화할 수 있는 1 수준에 이르기 이전에 0.5 수준과 같은 과도기적 단계가 있다는 것입니다. 1학년 기하학은 바로 이 0.5 수준에 집중할 필요가 있습니다. 기하학 도형에 대하여 될 수 있는 한 많은 다양한 체험을 하도록 하는 것이죠. 하지만 나름의 체계를 갖추어야겠지요. 그런 체계 중의 하나를 제시하는 것이 우리의 목표입니다.

과거 1학년 교육과정 속의 도형

이제 1학년 아동들의 도형 학습에 평면도형과 입체도형이라는 기하학 도형을 소개하는 데 이의가 없을 것 같네요. 그렇다면 어떻게 도입하는 것이 좋을지 살펴봅시다. 우선 지난 60여 년간 교과서에서 어떻게 다루었는지 검토해볼 필요가 있습니다. 다음 표는 그 내용을 간략히 정리한 것입니다.

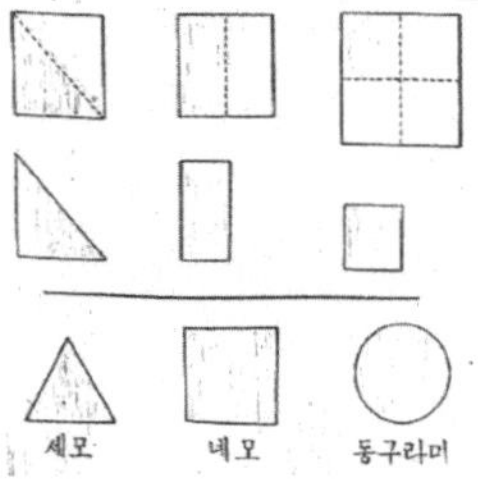

1955년 1차 산수 교과서

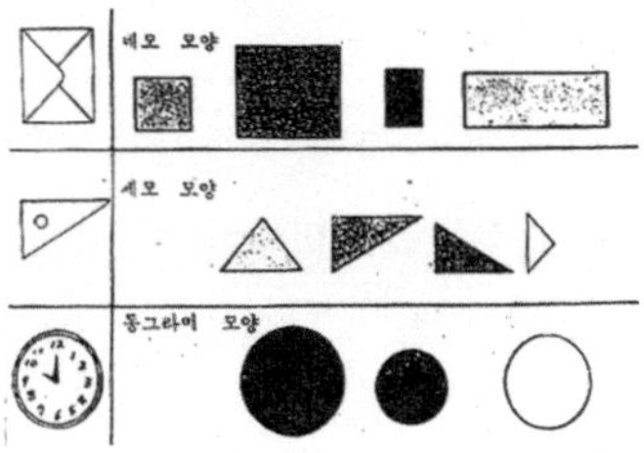

1966년 2차 산수 교과서

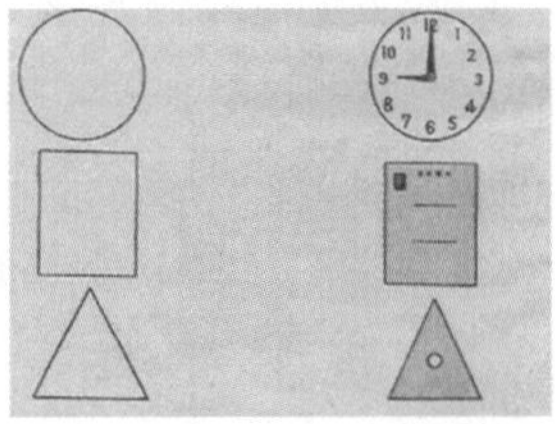
1979년 3차 산수 교과서

1982년 4차 슬기로운 생활

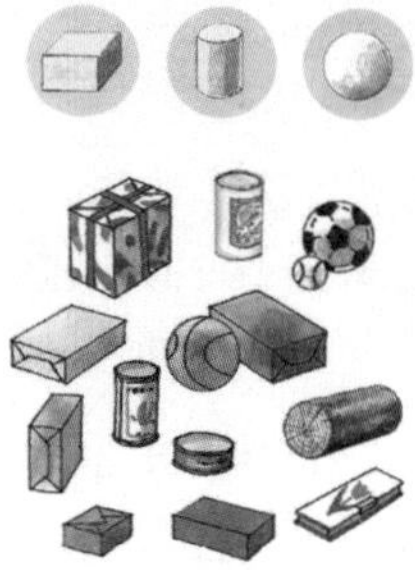
1989년 5차 산수교과서

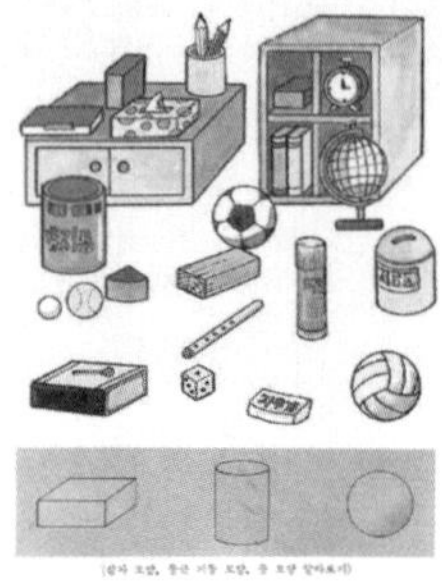
1996년 6차 수학 교과서

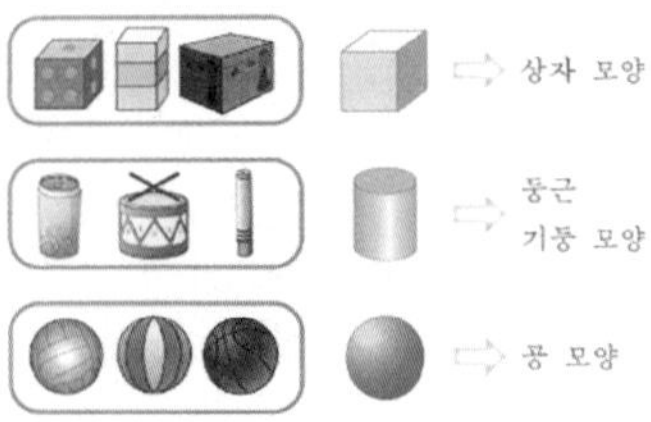

2002년 7차 수학 교과서

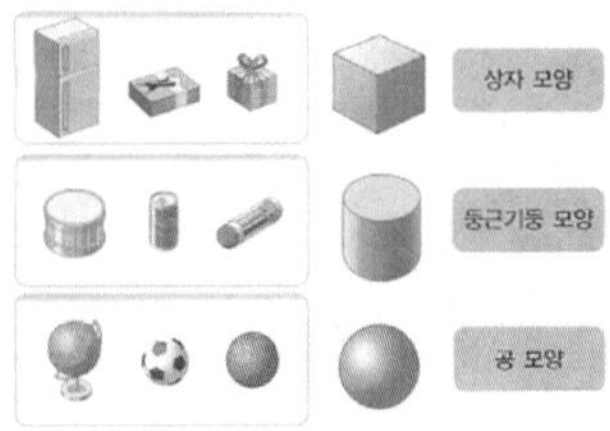

2007년 개정 수학 교과서

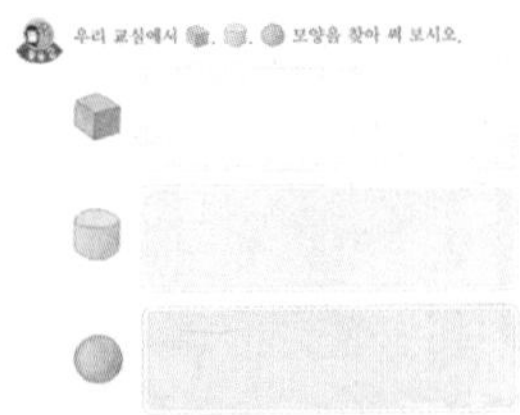
2009년 개정 수학 교과서

1979년 3차 교육과정까지는 세모(또는 세모 모양), 네모(네모 모양), 동그라미(동그라미 모양)라는 이름과 함께 각각 크기와 모양이 다른 도형이나 사물의 그림을 제시하였습니다. 1982년 4차 교육과정 교과서는 조금 색다르게 접근하였습니다. 여러 도형들을 함께 제시한 후에 이들을 직접 분류하여 묶어보도록 하는 활동이 눈에 뜨입니다.

1989년 5차 교육과정 교과서부터는 입체도형이 평면도형보다 앞서 등장합니다. 그 이유는 뒤에서 기술하겠습니다. 어쨌든 직육면체와 원기둥, 구를 싣고, 이와 유사한 물건들을 찾아 분류하게 합니다. 그리고 각각 상자 모양, 기둥 모양, 공 모양이라는 이름으로 부르게 하죠. 그런데 2009 개정 교과서는 구성이 예전과 많이 달라졌습니다. 도형 이름을 붙이지 않았다는 점이 매우 특이합니다. 그래서 교과서에 실린 문제는 다음과 같이 기술되어 있습니다.

> 우리 교실에서  모양을 찾아 써 보시오.

언어 활동이 주가 되는 교실에서 이 문제를 어떻게 해결할 수 있을지 자못 궁금합니다. 교사용 지도서에는 "분류된 모양의 이름(상자 모양, 둥근기둥 모양, 공 모양, 네모, 세모, 동그라미 등)을 붙여 범주화하지 않게 한다"고 기술하였습니다. 그리고 '이 유의점은 신중하게 받아들이고 해석해야 한다'고 강조하면서 '어떻게 이름을 붙이지 않고 분류할 수 있을까?'라며 스스로 문제를 제기하기도 합니다.

그러고는 다음과 같은 답을 내놓았습니다.

> 이러한 모순을 감안하여 '비언어'를 사용하는 방법도 제시하지만 '언어'를 사용하여, 특히 '음성 언어'를 사용하여 '네모 상자 모양, 둥근기둥 모양, 네모, 세모, 동그라미 등의 용어를 사용하는 방법도 함께 권장하기로 하였다.

이런 설명은 우리들의 상식과는 거리가 멉니다. 현장 교사들의 혼란도 이만저만한 것이 아니었나 봅니다. 도대체 도형 이름 알려주기를 숨 막힐 정도로 꺼리는 이유는 무엇 때문일까요?

도형의 이름을 가르쳐주지 않는 것이 올바른 교육?

2016년 현재 사용되는 교과서는 '정육면체, 직육면체, 구'와 같은 수학 용어는 물론 '상자 모양, 둥근기둥 모양, 공 모양'이라는 일상적 언어조차 극도로 회피하고 있습니다. 교과서에 실린 문제 자체를 아예 ' 모양을 찾아 써 보시오'라고 제시할 정도입니다. 교육과정이 개정될 때마다 우리의 상식과는 동떨어진 매우 이상한 내용과 형식으로 된 것들이 교과서에 들어가 현장 교사들과 아이들을 혼란스럽게 한 사례는 이번만이 아닙니다. 느닷없이 '왜 그렇게 생각하는지 그 이유를 말해보세요'라는 질문이 교과서 전체를 도배하다시피 하여 가르치는 선생님들을 곤혹스럽게 한 적도 있었습니다. 물론 그 다음 교육과정에는 들어 있지 않아 더 이상 볼 수 없게 되었죠. '스토리텔링' 수학교육도 마찬가지입니다. 매 단원이 시작될 때마다 억지로 꾸며놓은 스토리의 동화가 턱 하니 자리를 잡고 있죠. 세계에서 유례를 찾아보기 힘든 수학 교과서입니다. 상식과 거리가 먼 억지 내용은 현장에서 외면당할 수밖에 없습니다. 지금 우리가 살펴보는 주제인 용어 제시를 극도로 자제해야 하는 근거와 이유를 명쾌하게 제시한 곳을 찾기는 어렵습니다. 그래서 어쩔 수 없이 나름의 추측에 의존할 수밖에 없었습니다.

용어 익히기를 학습 목표에서 강력하게 배제한 이유는 아마도 도형의 이름을 사용하는 순간 도형의 속성에 대한 생각이 멈춘다고 생각했기 때문일 것입니다. 입체도형은 직육면체, 원기둥, 구라는 용어 대신 상자 모양, 기둥 모양, 공 모양이라는 용어로 대신하였습니다. 물론 직육면체 등과 같은 수학 용어가 어렵기도 하고, 상자나 기둥, 공과 같이 생활 속에서 쉽게 만날 수 있는 사물과 관련지어 도형을 익히도록 하려는 배려도 들어 있을 것입니다. 즉 도형의 이름이 아닌 도형의 속성에 초점을 두겠다는 의도가 반영된 것입니다. 하지만 과연 그 의도가 제대로 작동될 수 있을까요? 어려운 수학 용어를 정식으로 도입하기 이전에 상자나 기둥 또는 공과 같이 친숙한 사물의 이름을 잠시 빌려와 사용하는 것은 충분히 공감할 수 있지만, 아예 언어 표현을 하지 못하도록 하는 것이 과연 바람직한가에 대해 이의를 제기하는 것입니다.

사물의 이름이나 개념을 나타내는 용어는 의사소통을 위해 절대적으로 필요한 수단입니다. 예를 들어, 누군가 '셀cell폰' 또는 '셀룰러(cellular)폰'이라고 하면 우리는 그것이 무엇을 말하는지 알기 어렵습니다. 핸드폰을 뜻하는 원래 영어인 '셀폰'은 기지국으로부터 송수신하는 형태가 신경 세포와 같다고 하여 지어진 용어입니다. 반면에 '핸드폰'은 비록 일본인들이 만든 용어이지만, 한 손에 쥘 수 있는 전화라는 뜻을 쉽게 파악하게 합니다. 물론 이 용어는 미국인들에게는 통하지 않습니다.

이처럼 어느 특정 지역이나 분야에서 사용하는 용어는 각각 나름의 이유가 있으며, 그 안에는 대상의 속성도 어느 정도 반영되기 마련입니다. 물론 사용되는 용어의 뜻을 쉽게 파악하기 어려운 경우도 많이 있습니다. rhombus라는 용어를 번역한 '마름모'가 그런 예 가운데 하나입니다. 그리스어로 회전을 뜻하는 rhombi에서 파생된 영어를 일본인들이 마름모라 번역한 것이죠. '마름'은 연못 같은 곳에서 자라나는 수생식물의 일종으로, 마름모라는 이름은 마름의 모양에서 연유한 것입니다. 마름이 흔하지 않은 우리에게는 낯설기만 합니다. 그래도 마름모라는 용어를 사용하는 데 별로 어려움이 없지 않나요? 세 변으로 이루어진 삼각형도 사실은 정의에 비추어보면 '삼변형'이라는 용어가 더 적절합니다. 그럼에도 의사소통을 위해 삼각형이라는 용어를 그냥 사용하고 있는 것이 현실입니다.

따라서 도형의 속성에 집중하도록 하기 위해 용어를 제시하지 않아야 한다는 주장은 근거를 찾기 어렵습니다. 비록 잘못된 용어라 하더라도 용어는 필요합니다. 미국 교과서에 실린 도형의 사례를 들어보겠습니다.

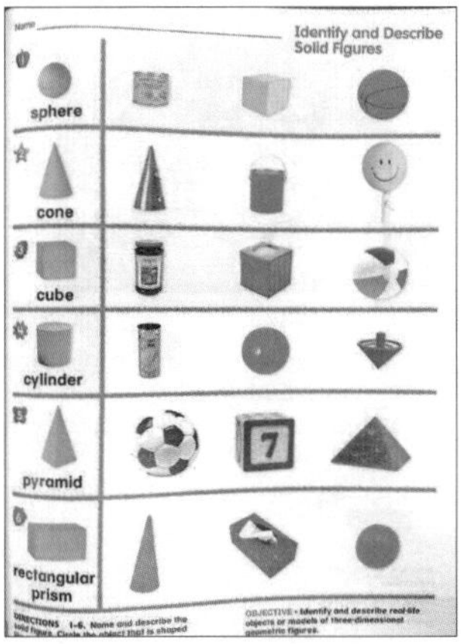

HSP GK 147 입체도형

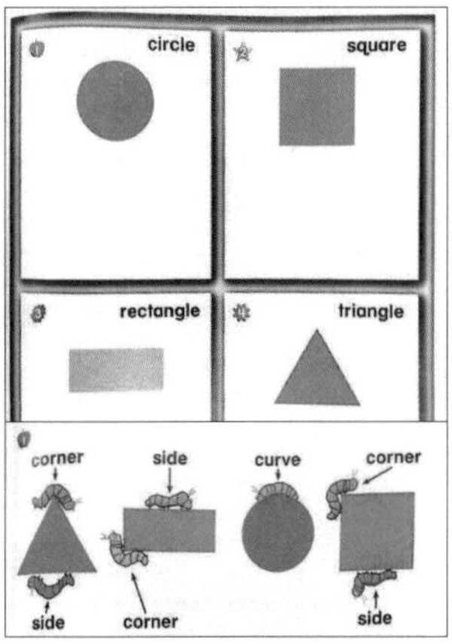

HSP GK 155 평면도형

용어를 사용하면 이렇게 단순하고 알아보기 쉽습니다. 그렇다고 하여 모양에 집중하는 것을 방해하지도 않습니다. 따라서 우리는 어떠한 용어든지 처음부터 필요하다고 생각합니다. ‘ , , 모양을 찾아 써 보시오’와 같은 이상한 문제를 실어 ‘아버지를 아버지라 부르지 못하는’ 홍길동을 바라보는 어머니의 안타까움을 공유할 필요가 없습니다. 굳이 에둘러 상자니 공이니 기둥이니 하는 이름을 사용하는 것도 배제하려고 했지만, 직육면체, 정육면체와 같은 용어가 1학년 아이에게 매우 낯설고 어려운 것은 현실이기 때문에, 제대로 된 용어의 사용을 잠시 유보하는 의미에서 허용할 수 있다고 생각합니다. 평면도형의 경우에는 세모, 네모, 동그라미 같은 일상용어를 삼각형, 사각형, 원이라는 수학 용어와 함께 가르칠 수도 있습니다. 다음 학년에서 삼각형, 사각형, 원이라는 수학 용어로 바꿀 수 있도록 지도하기 위해 병행하자는 것이죠.

뿐만 아니라 도형에 대한 탐색과정에서 자연스럽게 언급할 수밖에 없는 선분, 꼭짓점, 모서리, 면과 같은 용어도 적극적으로 활용하는 것이 좋습니다. 서로 간에 소통을 원활하게 하는 데 도움이 되기 때문입니다. 언어는 그래서 필요하고 그래서 존재하는 것 아닌가요?

입체도형과 평면도형의 도입 순서는?

2016년 현재 1학년 수학은 1학기에 입체도형 그리고 2학기에 평면도형의 순서로 구성되어 있습니다. 1985년 5차 교육과정 이후에 확정된 순서이고, 그 전에는 평면도형 다음에 입체도형을 제시하였습니다. 그렇게 순서를 바꾼 까닭을 교사용 지도서는 다음과 같이 설명하고 있습니다.

> 어린 학생들이 일상생활에서 손쉽게 접할 수 있는 도형은 입체도형이다. … 1학년에서 이루어지는 입체도형의 탐구는 생활 속에 있는 여러 사물을 관찰하고, 쌓아보고, 만져보는 구체적인 경험을 바탕으로 이루어져야 하며, 이를 통해 자연스럽게 여러 가지 모양을 경험하고 직관적으로 파악할 수 있도록 해야 한다.
>
> —《초등학교 수학 1-1 2009 교사용지도서》, 142쪽.

일상생활에서 평면도형보다 입체도형을 더 많이 접하기 때문에, 그리고 입체도형은 직접 구체적으로 경험해볼 수 있기 때문에 먼저 도입한다는 것입니다. 아이들에게 친숙한 소재부터 학습의 대상으로 삼자는 데는 전적으로 동의할 수 있습니다. 그런데 아이들이 실제 생활에서 입체를 더 많이 경험한다는 주장이 과연 사실일까요? 초등학교에 입학하기 이전에 아이들은 이미 텔레비전과 컴퓨터 모니터의 2차원 평면에 나타나는 동영상을 보면서 3차원 공간을 떠올리는 경험을 합니다. 그림책에 들어 있는 사진과 그림을 보면서 3차원적으로 사고하는 경험도 하지 않나요?

뿐만 아니라 1학년 수학에서 다루는 입체도형, 즉 원기둥, 육면체, 구, 원뿔 등은 지도서에서 밝힌 것처럼 일상생활에서 쉽게 접할 수 있는 사물이 아닙니다. 학교 수업에서는 정형화된 모형을 소개할 뿐입니다. 따라서 지도서에서 주장하는 근거는 별 설득력이 없습니다.

그렇다고 우리가 평면도형을 먼저 도입하자고 주장하는 것은 아닙니다. 입체도형과 평면도형을 굳이 분리할 필요가 없다는 것입니다. 입체도형을 다루는 과정에서 평면도형을 함께 발견할 수 있기 때문입니다. 그런 관점에서 다른 나라의 교과서를 참고해볼 필요가 있습니다.

미국 교과서는 평면도형을 먼저 도입하고 있습니다. 평면도형을 대상으로 색깔이나 크기가 아닌 '모양'이라는 속성에 초점을 두어 범주를 나눕니다. 이 같은 활동을 통해 사각형, 삼각형, 원을 구별하는 것입니다. 그 다음 전형적인 구, 원뿔, 원기둥, 각뿔, 육면체를 제시하면서 일상생활에서 유사한 사물들을 찾아보게 합니다.

그런데 일본 교과서는 조금 다른 접근을 시도하고 있습니다. 일상생활에서 사용하는 여러 사물들을 함께 조립해 새로운 물건을 만들게 하는 활동이 눈에 띄는군요. 이 과정에서 높이 쌓아올리기 위해 큰 상자와 작은 상자를 어떻게 배치하면 좋을지, 캔 같은 둥근 물건은 어디에 사용하면 좋을지를 아이들이 스스로 결정하면서 각각의 입체가 가지고 있는 특성을 파악하게 합니다.

그 다음에는 정육면체, 직육면체, 원기둥, 구와 같이 정형화된 입체도형을 제시하고 생활 속에서 자주 보는 물건들을 모양이라는 속성에 의해 분류하는 활동을 합니다. 마지막 단계에서는 입체도형의 겉면에 주목하는 활동을 체험합니다. 평평한 종이 위에 입체도형의 본을 뜨게 해 2차원의 평면도형을 발견하는 것이지요.

자연스럽게 입체도형에서 평면도형으로 전환하도록 유도하는 것입니다.

두 나라의 교과서를 소개하는 이유는 그들 교과서 내용의 장점을 수용하여 좀 더 기하학적으로 의미 있는 활동을 담은 학습내용을 모색하기 위해서입니다. 종합적인 고찰을 통해 우리는 다음과 같은 결론을 얻을 수 있었습니다.

첫째, 입체도형과 평면도형을 두 개의 단원으로 분리하기보다는 하나의 단원에서 함께 가르치는 것이 바람직합니다. 다만 먼저 입체도형의 성질을 알아본 후에 2차원 평면도형을 확인하는 순서로 도입하는 것이 좋습니다. 도형 감각의 형성이라는 측면에서 볼 때, 하나의 단원에 입체도형과 평면도형이 함께 담겨 있는 일본 교과서의 내용이 훨씬 의미가 있으니까요.

두 번째, 입체도형과 평면도형을 다루는 활동은 겉으로 드러나는 각각의 모양에 초점을 두어야 합니다. 다면체의 면은 평평하여 안정감이 있다거나, 원기둥은 옆으로 굴릴 수 있지만 원으로 구성된 면을 위아래로 가게 하여 수직으로 세울 수도 있다는 점, 그리고 구는 어느 방향으로든 굴릴 수 있다는 사실을 파악하는 것이지요. 다양한 입체도형의 실물을 조립해 다른 물건을 만들어보는 체험활동을 추천합니다.

세 번째, 도형들을 모양에 따라 분류하는 활동이 중요합니다. 이는 1학년 도형의 마무리 단계로서, 반 힐레의 시각화 단계에서 분석 단계로 이행하는 토대가 됩니다. 효과적인 교육을 위해서는 면이라든가 모서리, 또는 세모, 네모 같은 용어를 사용해야 하는데, 어디까지나 의사소통을 위한 것으로 그쳐야 합니다. 수학 용어는 2학기나 2학년 도형 학습에서 다루는 게 좋습니다.

1학년 도형 학습을 위한 이 세 가지 원칙은 실생활에서 많이 보았다거나 구체적 경험을 통해 도형을 익힌다는 막연하고 애매모호한 기술보다는 더 설득력 있고 실효성 있는 근거를 제공할 것이라고 기대합니다.

여기서 잠깐 우리나라 초등학교 수학교육에서 입체도형을 얼마나 소홀히 다루는가를 짚고 넘어갈 필요가 있습니다. 다음 표는 2009 수학과 교육과정 도형 단원의 내용입니다. 매우 놀라운 사실을 발견할 수 있습니다.

2009 수학과 교육과정 도형 단원의 구성 순서

	1학년	2학년	3학년	4학년	5학년	6학년
1학기	입체 모양	평면도형	평면도형	평면도형	입체도형	입체도형
2학기	평면 모양	규칙찾기 (쌓기나무)	평면도형	평면도형	평면도형	입체도형

1학년 1학기에 입체 모양을 도입하고 나서 2, 3, 4학년 3년 동안은 일체 다루지 않습니다. 오직 평면도형만 학습하게 할 뿐입니다. 4년 후인 5학년이 되어서야

비로소 입체도형을 다시 배웁니다. 따라서 아이들에게 보다 친숙한 입체도형부터 기하학 교육을 시작한다는 지도서의 논리는 공염불에 불과하게 되어버리는 것이죠. 실제로는 평면도형을 기하학 교육의 기초로 파악하고 있는 까닭에, 아이들은 3년 동안 평면도형에만 집중하게 됩니다. 5학년 아이들이 입체도형을 매우 어려워하는 이유 가운데 하나입니다. 이에 대해서는 다음 학년의 도형 단원에서 대안까지 함께 자세히 살펴보도록 합시다.

공간 감각이란 무엇인가?

2002년 7차 교육과정에서는 도형 교육에 획기적인 변화가 일어난 것처럼 보입니다. 당시 2학년 교육과정에 '공간 감각 기르기'라는 용어가 처음 등장했습니다. 최근까지도 도형 영역의 목표는 도형과 공간 감각이라고 기술했습니다. 하지만 내용에는 거의 변함이 없습니다. 목적이 분명하지 않은 놀이 활동에 규칙 찾기, 쌓기 나무, 분류하기, 여러 가지 문제 해결 등으로 산만하게 흩어져 있을 뿐입니다. 어쩌면 모양 만들기, 도형 만들기, 밀고 돌리고 뒤집는 도형의 이동과 같은 활동을 통해 기를 수 있는 능력을 공간 감각이라고 여기는 것 같습니다.

짐작하건대 아마도 '공간 감각'이라는 용어는 미국 NCTM 교육과정에서 모방한 것으로 보입니다. 하지만 NCTM(2009)은 '공간 감각'이라는 모호한 용어보다는 '공간 추론'spatial reasoning이라고 하여 다음과 같이 상세하게 정해놓았습니다.

<table>
<tr><th colspan="2">공간 추론</th></tr>
<tr><td>공간 관계
1) 공간 방향
위치와 방향을 알고 이동하고 표현하기
2) 공간 시각화
심상을 구성하고 조작하기</td><td>공간에서 도형을 조합하고 분해하기
예 : 패턴 만들기, 대칭 퍼즐,
도형 덮어 완성하기, 그림처럼 입체 구성하기, 더 작거나 큰 단위 만들기, 기존 단위를 이용하여 새 단위 만들기</td></tr>
</table>

이에 대한 세세한 논의는 다음 기회로 미루고, 여기서는 1학년 기하 영역과 관련 있는 공간 방향과 공간 시각화를 간략히 살펴봅시다.

공간 방향은 위치와 방향을 알고 원하는 곳을 찾아가는 방법과 관련된 능력을 가리킵니다. 위치와 방향에 대한 감각은 공간을 구조화하는 능력이기도 한데, 쉬운 예를 찾아보면 신발의 왼쪽과 오른쪽 구별하기 같은 것입니다. 왼쪽과 오른쪽, 앞과 뒤, 위와 아래와 같이 공간에서 방향과 위치를 파악하는 능력입니다.

좀 더 수준이 높은 예를 들어볼까요? 아이들이 자신의 현재 위치에서 집까지 가는 길을 방향을 가리키는 용어를 사용하여 다른 사람에게 설명할 수 있는 능력 같은 것입니다. 공간 시각화가 함께 이루어져야 가능합니다. 공간 시각화는 2차원 그림이나 사진을 보고 3차원 공간의 이미지를 머릿속에 그릴 수 있는 능력을 말합니다.

물체는 바라보는 위치에 따라 다르게 보일 수 있다는 사실을 먼저 인식해야만 합니다. 그런 활동을 위한 사례 하나를 들어보겠습니다.

〔문제〕 **어느 위치에서 찍은 모습인지 번호를 써넣으세요.**

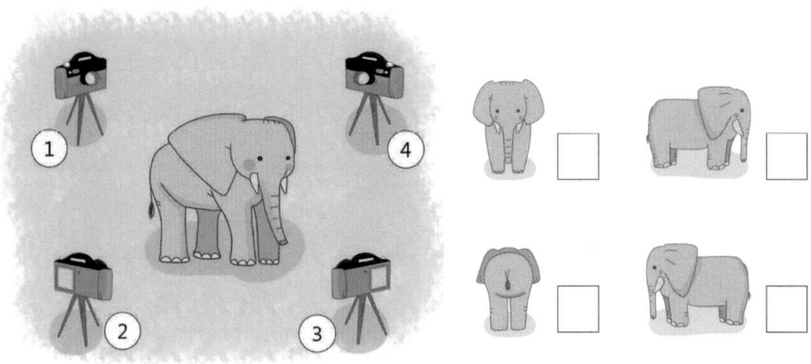

이 문제를 해결하기 위해서는 자신이 카메라의 위치에 서 있는 공간 상황을 머릿속에서 그릴 수 있어야 합니다. 공간적으로 사고할 수 있어야 판단이 가능하다는 것이죠. 또한 주어진 입체도형이나 사물이 만드는 그림자나 실루엣만 보고 어떤 것인지를 파악하고 구분하는 능력입니다. 유럽이나 미국의 초등학교에서는 '3 view'라고 하여 위에서, 앞에서 그리고 옆에서 바라보는 내용을 매우 중요하게 다룹니다. 유감스럽게도 우리 교육과정에는 빠져 있는 부분이죠. 하지만 '초등수학 르네상스' 인터넷 강의 같은 데서 '3 view' 문제들을 접한 선생님들은 교육과정에 도입할 것을 적극 지지하고 있습니다. 이 책에서 소개하는 이유입니다. 바라보는 시각에 따라 사물의 보이는 모양이 달라질 수 있음을 인식하면서 공간 지각력을 확장시키는 활동은 대단히 중요합니다. 그밖의 공간 감각과 관련된 활동은 해당 학년에서 자세히 다룰 예정입니다.

3 '여러 가지 모양' 이렇게 가르쳐요

입체도형의 체험

(1) 촉각으로 입체도형의 특성 파악하기

〔문제 1〕 **친구가 말한 모양의 물건을 찾아보세요.**

여러 가지 모양이라는 단원의 도입 문제입니다. 어둠상자 안에 들어 있는 여러 가지 입체도형을 손으로 만져보면서 그 특징을 말로 설명하도록 합니다. 시각적 요소를 완전히 제거하였기에 오로지 촉각에만 의존하게 됩니다. '차갑다, 부드럽다, 까칠까칠하다'와 같은 대상의 질감보다는 '뾰족하다, 둥글다, 평평하다' 등과 같이 모양의 속성에 집중할 수 있도록 안내해야 합니다.

(2) 입체도형의 분류

〔문제 1〕 **모양이 비슷한 것끼리 담을 수 있도록 선을 연결하세요.**

네모상자 모양만 담아야지.
나는 뿔 모양들을 담을거야.
나는 공 모양을 담을거야.
둥근기둥 모양만 담아야지.

네모상자, 뿔, 공, 둥근기둥과 같은 일상용어와 함께 해당하는 입체도형을 파악하는 문제입니다. 삽화에서 어린이들이 들고 있는 용기 역시 주변에서 볼 수 있는 물건으로, 입체도형들을 비슷한 모양끼리 분류하기 쉽도록 같은 모양의 것을 준비하였습니다. 각 입체도형의 특징을 용기에서 찾아볼 수 있다는 사실에 주목하여 안내하세요.

〔문제 2〕 **왼쪽과 비슷한 모양에 모두 ○표 하세요.**

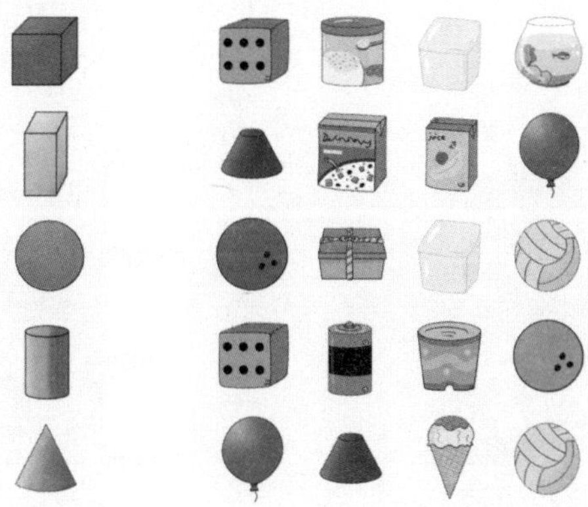

여러 모양의 입체도형이 제시되어 있습니다. 원뿔과 원뿔대에 주목하세요. 교과서와 교육과정에는 들어 있지 않지만 그래야 할 이유가 없습니다. 이제부터 정형화된 기하학 입체도형의 모양을 아이들이 인지하게 됩니다. 앞으로 주변의 입체를 바라볼 수 있는 준거로 작동할 것입니다.

〔문제 3〕 **관계있는 모양을 찾아 기호를 쓰세요.**

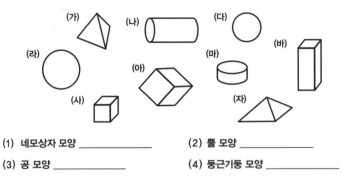

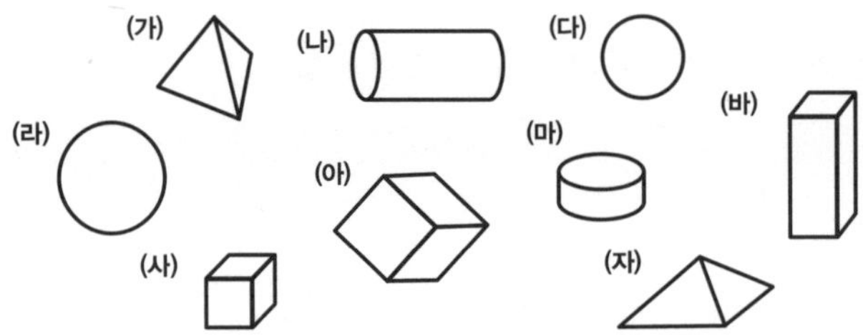

(1) 네모상자 모양 ____________ **(2) 뿔 모양 ____________**

(3) 공 모양 ____________ **(4) 둥근기둥 모양 ____________**

여러 크기의 입체도형들이 다양한 위치에 놓여 있습니다. 분류하는 과정에서 크기와 위치에 관계없이 정형화된 이미지를 형성할 수 있도록 합니다. 입체도형의 이름은 중요하지 않습니다. 여기서는 단지 분류하기 위한 것으로, 앞으로 본격 수학 용어로 대치될 것이니까요. 따라서 주사위 모양이나 피라미드 모양이라고 표현해도 무방합니다.

〔문제 4〕 **그림을 보고 물음에 답하세요.**

(1) 잘 구르는 물건에 ○표 해요.

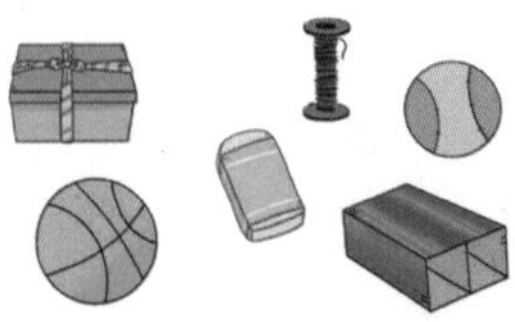

(2) 잘 구르지 않는 물건에 ○표 해요.

(3) 평평한 부분이 있는 물건에 ○표 해요.

(4) 둥근 부분이 있는 물건에 ○표 해요.

각 입체도형의 특징을 파악하는 또 다른 활동을 머릿 속에서 그려보도록 합니다. 직접 굴려보거나 쌓아보는 등 구체적으로 조작해도 좋습니다. 물론 그림만 보면서 활동을 떠올려도 됩니다. 이런 조작 활동은 각 입체도형의 겉면에 주목하게 함으로써 평면도형 학습으로 연결됩니다.

〔문제 5〕 **만화를 보고 다음과 같은 물건을 실제로 사용하면 어떤 문제가 생길지 써보세요.**

(1)  **바퀴가 상자 모양인 자동차** ______________________

____

(2) 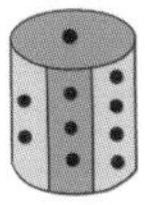 **둥근 기둥 모양 주사위** ______________________

____

(3) 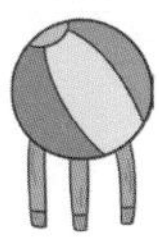 **공 모양 책상** ______________________

____

입체도형 모양의 특징을 파악하는 것이 왜 중요한가를 알려주는 문제입니다. 우리가 사용하는 물건들은 각 도형의 성질을 고려하여 만들어졌음을 생각할 수 있도록 합니다. 이처럼 기하학 도형은 세상을 바라보는 안목을 형성합니다.

〔문제 6〕 **주어진 상황에 알맞은 모양을 보기에서 골라 기호를 쓰고, 그렇게 생각한 까닭을 쓰세요.**

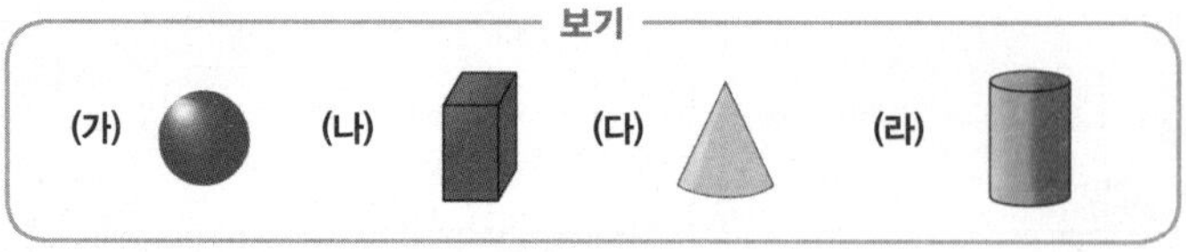

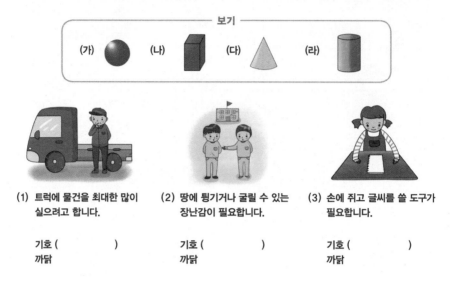

(1) 트럭에 물건을 최대한 많이 실으려고 합니다.

기호 (　　　　　)
까닭

(2) 땅에 튕기거나 굴릴 수 있는 장난감이 필요합니다.

기호 (　　　　　)
까닭

(3) 손에 쥐고 글씨를 쓸 도구가 필요합니다.

기호 (　　　　　)
까닭

입체도형은 모양의 성질에 의해 쓰임새가 달라진다는 것을 학생 스스로 설명하게끔 하는 문제입니다. 문장을 쓰기보다는 말로 표현하도록 하는 것이 더 좋습니다.

〔문제 7〕 **모자 안에 어떤 모양이 들어 있을지 보기에서 골라 기호를 쓰세요.**

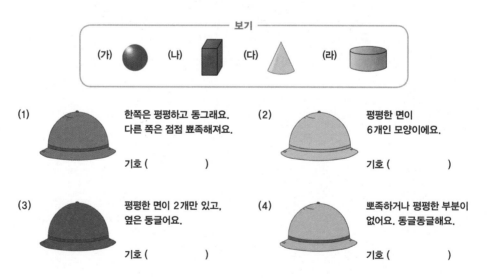

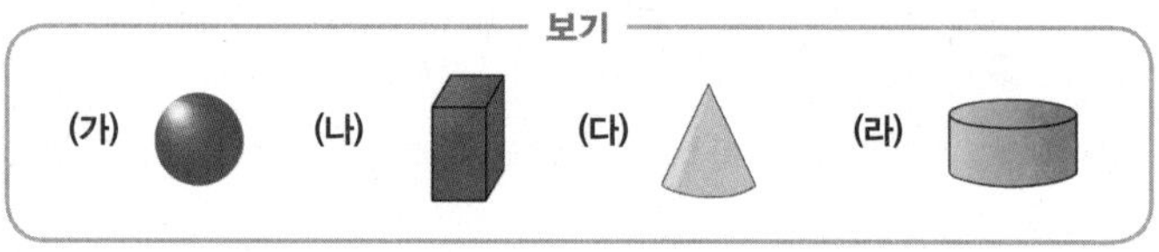

(1)

한쪽은 평평하고 동그래요. 다른 쪽은 점점 뾰족해져요.

기호 (　　　　　)

(2)

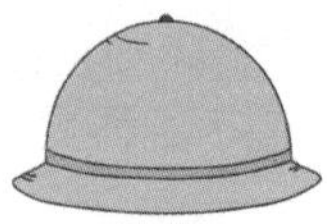

평평한 면이 6개인 모양이에요.

기호 (　　　　　)

(3)

평평한 면이 2개만 있고, 옆은 둥글어요.

기호 (　　　　　)

(4)

뾰족하거나 평평한 부분이 없어요. 동글동글해요.

기호 (　　　　　)

〔문제 8〕 **주머니 속에 들어 있는 물건을 만져보고 느낌을 이야기한 것입니다. 어떤 모양인지 모두 찾아 기호를 쓰세요.**

(1) 평평한 부분도 있고 뾰족한 부분도 있어요. (　　)

(2) 둥근 부분도 있고 평평한 부분도 있어요. (　　)

(3) 뾰족한 부분이 없어요. (　　)

(4) 둥근 부분, 평평한 부분, 뾰족한 부분이 모두 있어요. (　　)

각각의 도형을 언어로 나타낸 설명을 듣고 그 특징에 적합한 도형을 머릿속에 떠올릴 수 있도록 하는 문제입니다. 이때 평평하다, 뾰족하다, 둥글다와 같은 표현을 익히는 것이죠.

〔문제 9〕 **그림을 보고 물음에 답하세요.**

보기

(가)  (나)  (다) 

(1) 같은 모양을 위로 쌓을 수 있는 것을 모두 찾아 기호를 쓰고, 그렇게 생각한 까닭을 말해보세요.

기호 (　　　　　)　　　까닭

(2) 옆으로 눕혔을 때 같은 모양을 위로 쌓을 수 없는 것을 찾아 기호를 쓰고, 그렇게 생각한 까닭을 말해보세요.

기호 (　　　　　)　　　까닭

〔문제 10〕 **각 모양에 해당하는 설명을 보기에서 모두 찾아 기호를 쓰세요.**

보기

(가) 평평한 부분이 있다.　(나) 똑같은 모양을 위로 쌓을 수 있다.
(다) 뾰족한 부분이 있다.　(라) 둥근 부분이 있어 굴러가게 할 수 있다.
(마) 옆으로 눕혀서 똑같은 모양을 위로 쌓을 수 있다.

(1) 

(　　　　　)

(2) 

(　　　　　)

(3) 

(　　　　　)

〔문제 11〕 **친구들의 설명을 보고 선생님이 보여주신 그림 카드를 찾아 ○표 하세요.**

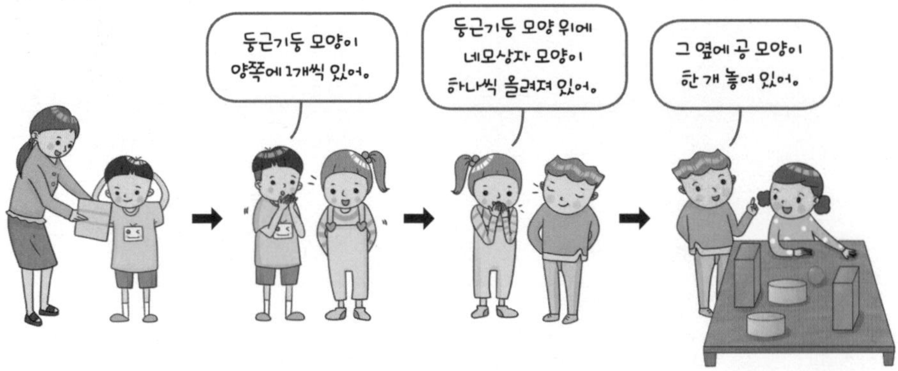

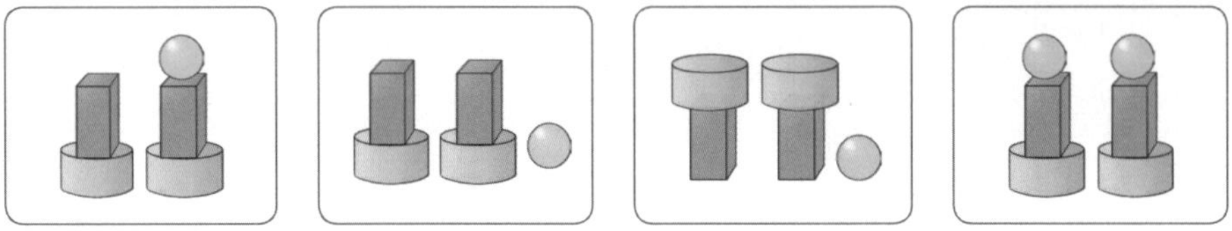

(　　　)　(　　　)　(　　　)　(　　　)

공간 감각

〔문제 1〕 **어느 위치에서 찍은 모습인지 번호를 써넣으세요.**

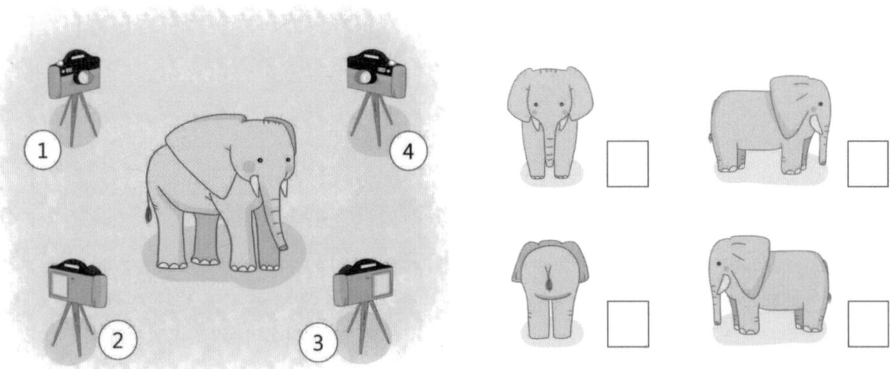

이차원 그림을 보고 삼차원적으로 사고할 수 있도록 하는 문제입니다. 보이는 위치에 따라 다르게 보일 수 있음을 깨닫도록 도와줍니다.

〔문제 2〕 **물체를 여러 방향에서 찍은 것입니다. 어느 방향에서 찍은 모습인지 기호를 쓰세요.**

(1)

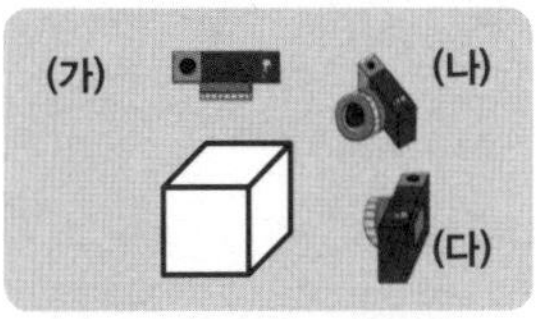

(　　) (　　) (　　)

(2)

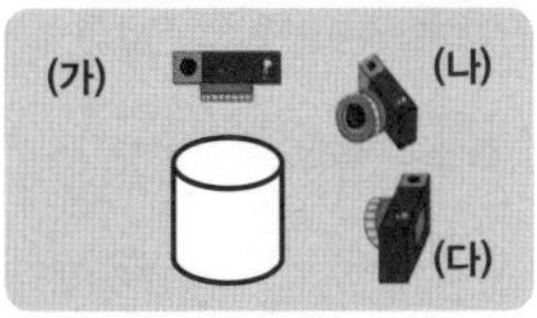

(　　) (　　) (　　)

(3)

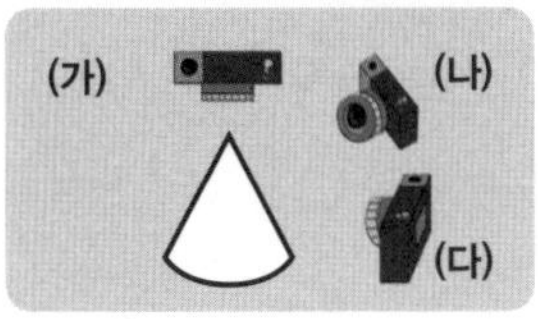

(　　) (　　) (　　)

〔문제 3〕 **공 모양을 보고 (가), (나), (다) 방향에서 찍은 모습을 상상해서 그리세요.**

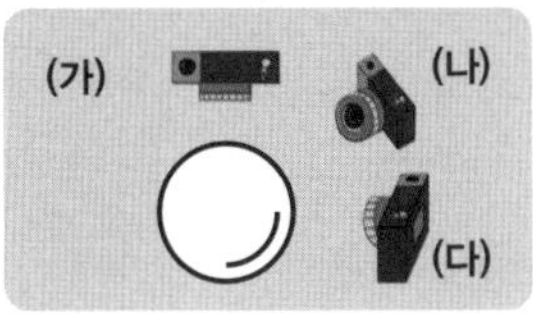

(가) 방향　　(나) 방향　　(다) 방향

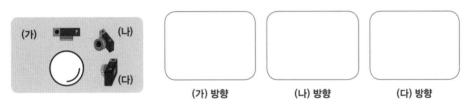

대상을 기하학 도형으로 바꾸었습니다. 각각의 도형을 여러 각도에서 바라보며 그때마다 모양이 다르게 보일 수 있음을 파악합니다. 동시에 겉면의 특징도 함께 파악할 수 있습니다. 공 모양(구)은 어느 각도에서 보더라도 늘 동그라미 형태임을 이 같은 활동을 통해 알 수 있습니다.

〔문제 4〕 **어느 친구가 바라본 모양인지 친구의 이름을 쓰세요.**

(1)

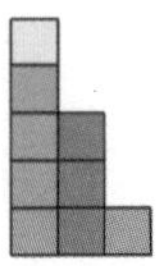

(　　)

(2)

(　　)

(3)

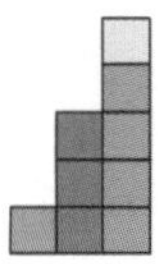

(　　)

(4)

(　　)

쌓기나무 대상이 방향에 따라 다르게 보일 수 있음을 파악하는 문제입니다.

다음은 삼차원 도형을 이차원으로 나타내기 위해 사진이나 그림이 아닌 그림자를 이용했습니다. 그림자는 이차원 평면도형이라는 사실에 주목하세요. 이제 서서히 평면도형이 도입될 준비를 합니다.

〔문제 5〕 **그림자를 보고 어떤 모양이 숨어 있는지 찾아서 색칠하세요.**

(1)
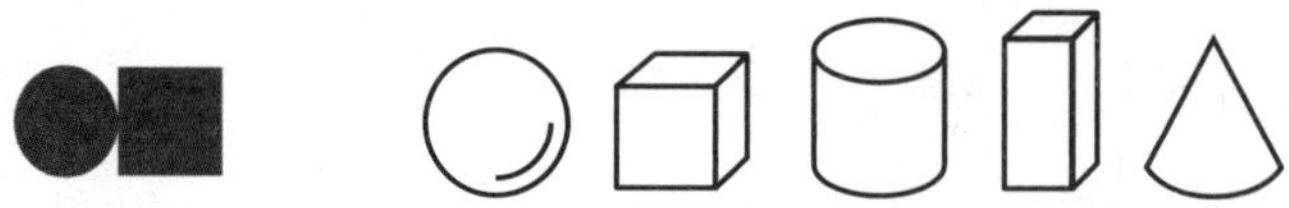

(2)
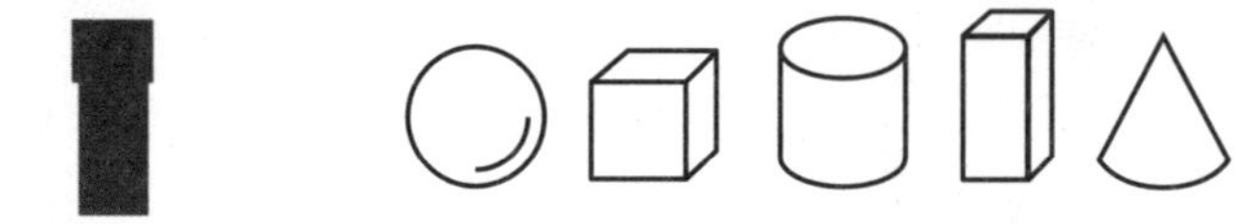

(3)
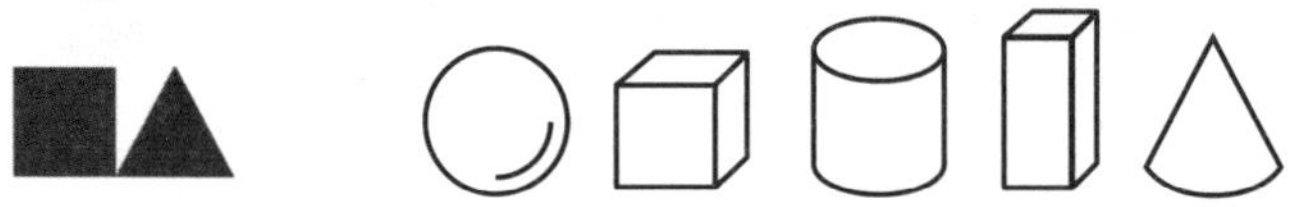

〔문제 6〕 **보기와 같은 그림자가 생길 수 있는 것을 모두 골라 ○표 하세요.**

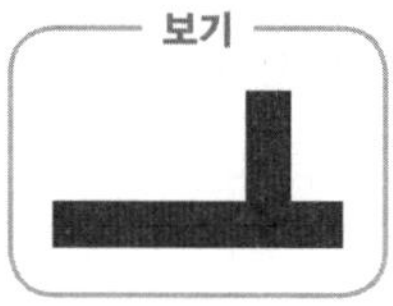

(가) (나) (다) (라) (마)
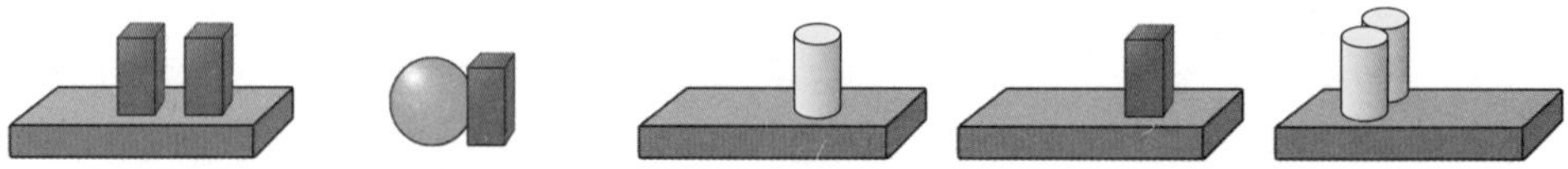

(   ) (   ) (   ) (   ) (   )

〔문제 7〕 **다음과 같이 물건을 대고 그리면 어떤 모양이 되는지 선으로 이으세요.**

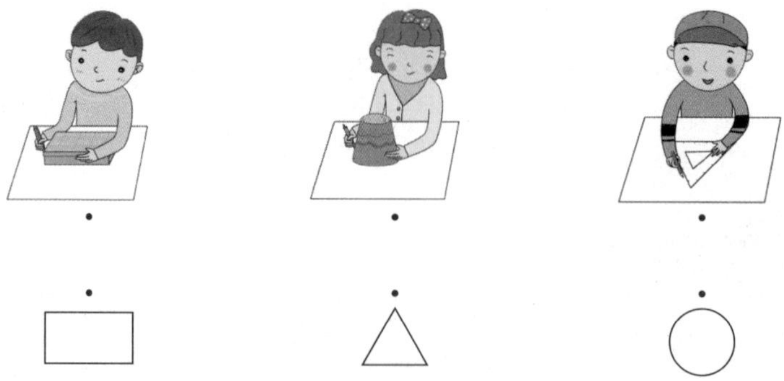

입체도형의 겉면을 본뜨는 활동을 통해 입체의 겉면을 구성하는 평면도형에 주목하도록 합니다. 입체도형과 평면도형을 분리하기보다는 이렇게 하나의 단원에서 함께 다룸으로써, 보다 자연스럽게 입체와 평면을 구분하고 연계하도록 합니다.

평면 도형의 이동과 표현

〔문제 1〕 **다음 그림을 보고 물음에 답하세요.**

토끼가 무당벌레를 만나러 가려면 다음과 같이 이동해야 합니다.

'오른쪽으로 4칸 움직이고 위로 2칸 움직여야 합니다.'

개구리가 고양이를 만나러 가려면 어떻게 이동해야 할까요?

공간 감각의 문제이지만 평면에서의 이동이라 이차원 세계에 한정하였습니다. 게임과 같이 다양한 활동을 전개할 수 있습니다. 방향 감각과 관련된 문제입니다. 오른쪽, 왼쪽이라는 방향과 몇 칸이라는 수 세기를 동시에 진행해야 합니다.

다음 문제는 격자점으로 이루어진 평면에서 실행해야 하므로 좀 더 어렵게 느낄 수 있습니다.

〔문제 2〕 **빨간색 점이 파란색 점을 만나기 위해서는 어떻게 이동해야 할까요?**

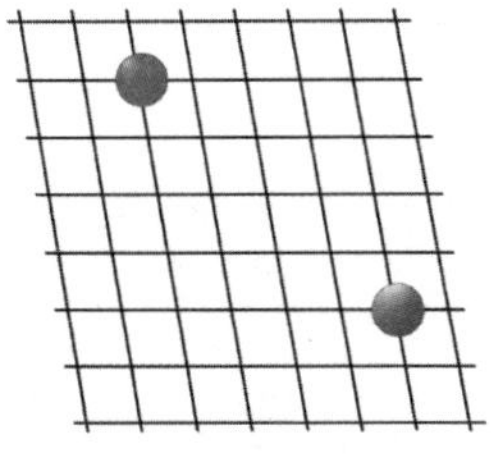

〔문제 3〕 **이쑤시개나 성냥개비로 여러 가지 모양을 만들어 보세요.**

이쑤시개나 성냥개비 또는 스파게티 면 같은 것으로 실제 도형을 만들어보는 활동은 각 도형이 어떤 모양으로 이루어졌는가

를 파악하는 총체적인 활동입니다. 입체도형의 겉모양은 평면도형으로 이루어져 있음을 재확인할 수 있으며, 더 나아가 원 모양은 이쑤시개나 성냥개비로 온전히 표현할 수 없음을 깨닫도록 합니다.

〔문제 4〕 **왼쪽과 같은 모양을 오른쪽 점판에 그려보세요.**

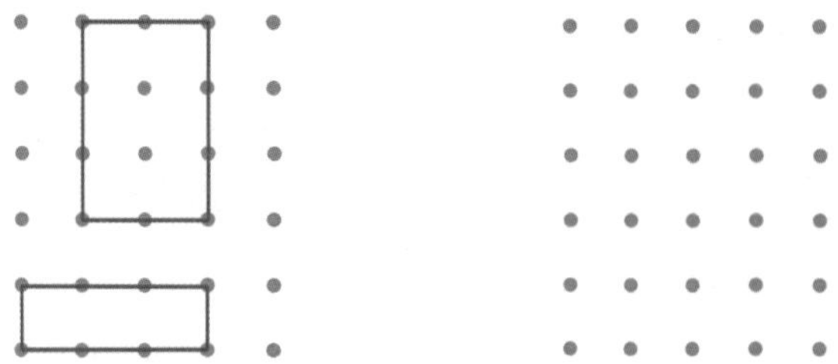

공간에서의 이동이라는 방향 감각과 함께 사각형이라는 평면도형의 성질을 암묵적으로 익히도록 합니다. 평면도형을 구성하는 꼭짓점과 변에 주목해야 합니다. 문제를 해결하기 위해 먼저 사각형의 어떤 점이 어느 곳에 위치해 있는가를 관찰해야 합니다. 동시에 점과 점 사이의 관계, 점과 선 사이의 관계에도 주목해야 합니다. 어느 방향으로 얼마만큼 떨어져 있는가를 파악해야 하니까요. 이 문제를 해결하는 과정을 아이는 다음과 같이 언어로 설명할 수 있습니다.

'여기서 시작해서 오른쪽으로는 2칸만큼 그리고, 아래로 3칸만큼 그려야지.'

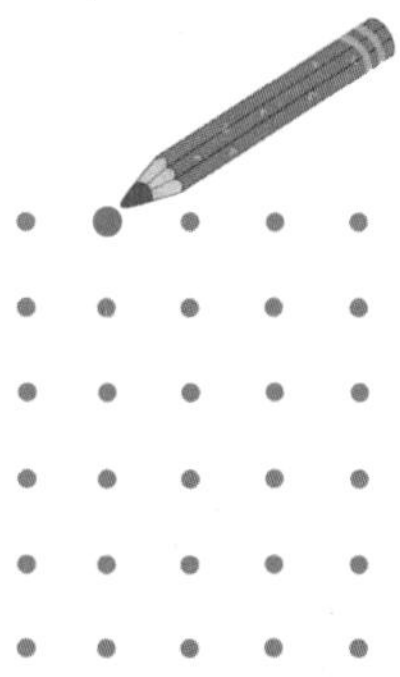

또한 이 같은 문제를 통해 사각형을 그리려면 선을 4번 그려야 하고, 삼각형을 그리려면 선을 3번 그려야 한다는 것도 발견할 수 있겠지요.

점판 위에 도형을 그리고, 똑같이 옮겨보는 연습은 많이 할수록 좋습니다. 지오보드라는 교구도 이런 활동을 위해 도움이 됩니다.

3부

도형과 측정

Chapter 2

비교하기

I 수업의 흐름

비교하기

길이 비교하기	짧다/길다 표현을 이해하고 기준선의 필요성을 알고 활용한다.
↓	
거리 비교하기	가깝다/멀다 표현을 이해하고 다양한 상황에 적용한다.
↓	
높이 비교하기	낮다/높다 표현을 이해하고 다양한 상황에 적용한다.
↓	
키 비교하기	작다/크다 표현을 이해하고 기준선을 활용하여 비교한다.
↓	
깊이 비교하기	얕다/깊다 표현을 이해하고 다양한 상황에 적용한다.
↓	
굵기 비교하기	가늘다/굵다 표현을 이해하고 다양한 상황에 적용한다.
↓	
넓이 비교하기	좁다/넓다 표현을 이해하고 임의 단위의 필요성을 안다.
↓	
무게 비교하기	가볍다/무겁다 표현을 이해하고 다양한 상황에 적용한다.
↓	
들이 비교하기	적다/많다 표현을 이해하고 비교하는 기준의 필요성을 안다.

01 길이, 거리, 높이, 키, 깊이, 굵기 비교하기

WHY?

측정의 방법을 학습하지 않은 단계이므로 시각적으로 판단하는 직관적 비교를 먼저 경험한다.

양 끝의 위치는 같으나 중간에 줄이 꼬여 있거나 뭉쳐 있는 상황을 보여줌으로써, 다양한 상황을 생각해보게 한다.
측정시 처음에 기준선의 필요성을 인지시키고, 길이를 비교하는 데 활용한다.

거리, 높이, 키, 깊이, 굵기에 따라 표현방법이 달라지므로 다양한 상황을 이해하고 그에 따른 알맞은 비교 방법을 적용하도록 한다.

□ 안에 길이가 긴 연필부터 순서대로 번호를 써넣으세요.

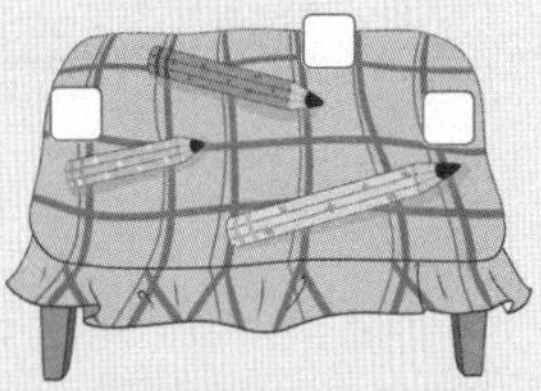

그림을 보고 보기에서 알맞은 말을 골라 문장을 완성하세요.

보기
많기 적기 길기 짧기 낮기 높기

______ 호스를 잡아야 합니다.
왜냐하면 ______ 호스가 ______ 호스보다 더 ______ 때문입니다.

더 굵은 쪽에 ○표 하세요.

( ) ( )

02 넓이 비교하기

WHY?

직관적 비교하기를 먼저 경험하게 한다. 넓이의 경우 가로와 세로의 길이를 모두 고려해야 한다.

임의 단위의 필요성을 인지하고 문제 상황에 적용해본다.

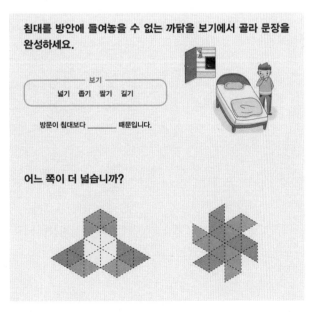

침대를 방안에 들여놓을 수 없는 까닭을 보기에서 골라 문장을 완성하세요.

보기
넓기 좁기 짧기 길기

방문이 침대보다 ______ 때문입니다.

어느 쪽이 더 넓습니까?

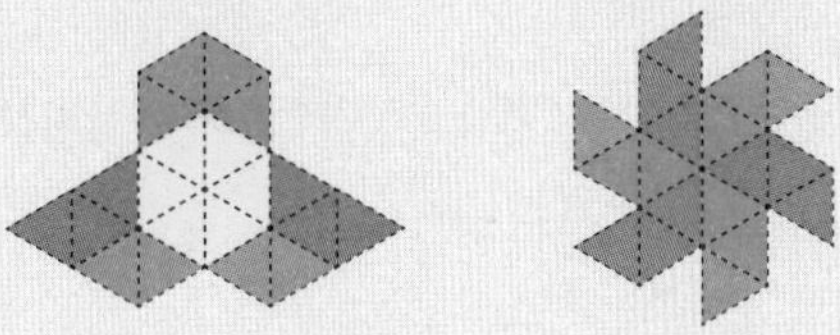

03 무게 비교하기

WHY?

경험에 의한 직관적 비교를 학습한다.

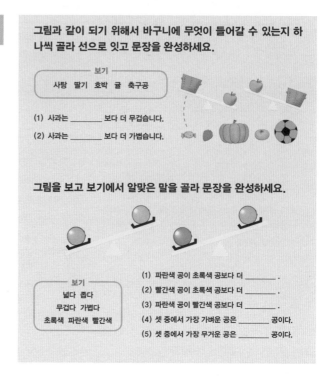

그림과 같이 되기 위해서 바구니에 무엇이 들어갈 수 있는지 하나씩 골라 선으로 잇고 문장을 완성하세요.

보기

사탕 딸기 호박 귤 축구공

(1) 사과는 ________ 보다 더 무겁습니다.

(2) 사과는 ________ 보다 더 가볍습니다.

3개 이상의 대상을 주어진 조건으로 비교하여 추론 능력을 기른다.

그림을 보고 보기에서 알맞은 말을 골라 문장을 완성하세요.

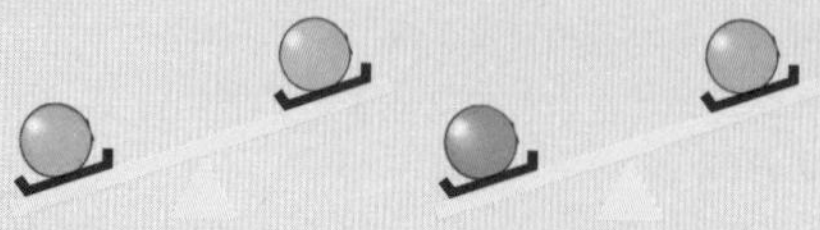

보기

넓다 좁다

무겁다 가볍다

초록색 파란색 빨간색

(1) 파란색 공이 초록색 공보다 더 ________ .

(2) 빨간색 공이 초록색 공보다 더 ________ .

(3) 파란색 공이 빨간색 공보다 더 ________ .

(4) 셋 중에서 가장 가벼운 공은 ________ 공이다.

(5) 셋 중에서 가장 무거운 공은 ________ 공이다.

04 들이 비교하기

WHY?

그림을 보고 직관적 비교를 학습한다.

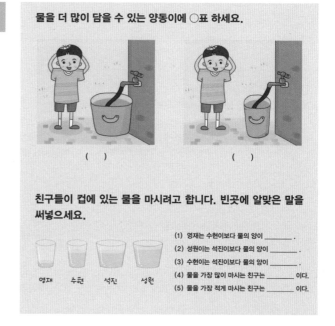

물을 더 많이 담을 수 있는 양동이에 ○표 하세요.

( )

( )

직관적 비교가 되지 않는 대상의 경우, 기준(밑넓이, 높이 등)을 정하여 비교하도록 한다.

친구들이 컵에 있는 물을 마시려고 합니다. 빈곳에 알맞은 말을 써넣으세요.

(1) 영재는 수현이보다 물의 양이 ________ .

(2) 성원이는 석진이보다 물의 양이 ________ .

(3) 수현이는 석진이보다 물의 양이 ________ .

(4) 물을 가장 많이 마시는 친구는 ________ 이다.

(5) 물을 가장 적게 마시는 친구는 ________ 이다.

2 핵심 개념

1학년도 측정 교육이 필요한가?

측정은 우리가 사는 이 세계를 수량화하는 것으로, 주위에 존재하는 사물이나 나타나는 현상을 숫자로 표현하는 행위입니다. 사실 우리의 일상적 삶 자체가 측정이라 해도 지나치지 않습니다. 신체 크기를 보여주는 키와 몸무게, 시간의 흐름을 알려주는 시각, 시험성적을 알려주는 성적, 지능지수를 알려주는 IQ 등등, 이 모두가 측정값입니다. 이처럼 세상에 대한 정보를 제공하는 측정은 우리의 삶에서 결코 빼놓을 수 없는 중요한 핵심 지식인 것이죠. 그렇다면 수학을 처음 배우는 1학년 아이에게도 측정 교육이 필요한가요? 만일 그렇다면 어떤 내용을 가르치고 배워야 할까요?

측정의 기초 개념은 매우 어린 시기부터 자연스럽게 습득되며, 성장과 더불어 점차 확대되어갑니다.

"어느 과자가 더 크지?"

"내 키가 저 아이보다 클까?"

"이 사과는 손으로 들 수 있는데, 저 수박은 못 들어!"

이처럼 더 큰 과자를 먹겠다거나 자신의 키가 더 크다고 주장하는 행위, 그리고 물건을 들 수 있는지 없는지 내리는 판단 모두가 측정에 바탕한 것입니다. 실생활에서 무의식적으로 자연스럽게 이루어집니다. 대부분의 경우 측정은 '비교하기' 상황을 반영합니다.

1학년 아이들은 취학 전에 이미 숱한 '비교하기' 상황을 실생활에서 경험하였습니다. 학교에 입학하자마자 배우는 수학 수업 첫 단원의 내용도 그 연장선상에 있습니다. '4는 9보다 작다' 또는 '3보다 1 큰 수는?'과 같이 숫자를 배우면서 두 수의 크기를 비교했습니다. 아울러 '사과 4개는 5개의 사과보다 적다' 또는 '사과 3개보다 한 개가 더 많으면 몇 개인가?'와 같이 수량의 많고 적음을 비교했습니다. '9까지의 수' 단원에서 개수 세기를 하면서 '비교하기' 활동을 했으니, 수 영역에서 이미 측정 영역을 경험한 것입니다. 자연수를 대상으로 한 이산량 비교 상황이라고 말할 수 있습니다.

반면에 측정 영역에 속하는 '비교하기' 상황은 대부분 이산량이 아닌 연속량에 대한 것이라는 점이 다릅니다. 어떤 대상의 길이와 넓이 그리고 무게와 들이(또는 부피)라는 속성을 비교한다는 것은 일일이 개수를 세어보는 것과는 다르기 때문이죠. 이때 사용되는 수는 자연수에 국한하지 않고 실수 전체로 확장됩니다. 물론 1학년 아이들이 측정을 위해 실수를 배워야 한다는 것은 아닙니다. 1학년에서의 측정은 자연수조차 필요 없는, 그래서 아예 수 자체를 사용하지 않는 특이한 측정이라고 말할 수 있습니다. 길이, 넓이, 무게, 들이(부피)의 양을 실제로 알아보는 것이 아니기 때문입니다. 단지 길이나 무게와 같은 해당 속성에 비추어 주어진 대상들을 서로 비교할 뿐입니다. 길이, 넓이, 들이(부피), 무게 이외에 시간, 각도, 온도 같은 것들도 비교 대상입니다. 하지만 이 같은 영역은 더 높은 학년에서 또는 과학 같은 과목에서 다루는 내용이므로, 여기서는 제외하겠습니다.

길이와 넓이의 측정

측정의 여러 영역 가운데 우선 길이에 대하여 살펴봅시다. 무엇보다도 길이를 측정하는 상황이 여간 다채롭지 않을뿐더러 표현하는 용어 또한 제각각입니다. 예를 들어, 높이의 측정에서는 '높다/낮다'라는 용어를 사용합니다. 그런데 호수나 바다 깊이는 '깊다/얕다'라는 용어로 나타냅니다. 다리 길이를 측정하는 경우에는 '길다/짧다', 학교까지의 거리는 '멀다/가깝다', 책의 두께를 재는 경우에는 '두껍다/얇다'라는 용어를 사용합니다. 어떤 대상을 측정하는 기능을 익히기 전에, 먼저 관련된 용어를 이해하고 주어진 상황에 적절한 용어를 사용할 수 있어야 합니다.

1학년 측정 영역의 학습 내용에는 주어진 대상의 길이에 대한 실제 측정을 포함하지 않습니다. 측정하고자 하는 물체의 양 끝이 얼마나 떨어져 있는지 파악하고 이를 수량화하는 활동은 다음 학년에서 배울 내용입니다. 1학년 '비교하기' 단원의 주요 내용은 측정 상황의 속성이 무엇인지를 정확하게 구별하고, 거기에 맞는 적절한 용어를 사용하도록 하는 데 초점을 두어야 합니다.

넓이 측정도 다르지 않습니다. 실제 단위를 사용한 측정은 1학년 학습 내용에 들어 있지 않으니까요. 주어진 평면에서 차지하는 양을 넓이라는 속성이라고 부른다는 사실을 이해하는 것으로 충분합니다.

넓이는 2차원적 양이라는 점에서 길이와는 차원이 다릅니다. 그럼에도 불구하고 넓이도 길이와 같이 숫자로 나타내기 때문에, 단위를 배우기 전에는 1차원적 양이라고 생각할지도 모릅니다. 이러한 오해를 해소하려면 2차원 평면의 실제 넓이를 직접 비교해보도록 상황을 설정하는 것이 필요합니다. 1학년 아이들에게 실제 넓이를 구하도록 할 수는 없습니다. 하지만 '넓다/좁다'라는 용어가 어떤 경우에 어떻게 적용되는지 직접 눈으로 확인하는 경험은 중요합니다. 예를 들어 종이접기 활동은 넓이에 대한 이해라는 측면에서 많은 도움이 됩니다.

무게와 들이(부피)의 측정

1학년 측정 영역의 학습 내용에는 실제 측정 행위가 포함되지 않음을 다시 강조합니다. 도구를 사용하여 대상의 속성을 직접 재는 것은 다음 학년부터 시작됩니다. 1학년 아이들은 측정하고자 하는 속성이 무엇인지를 구별하고, 주어진 대상들을 비교하는 과정에서 측정의 필요성을 인지할 수 있으면 충분합니다. 그리고 측정 상황을 적절한 용어로 나타내는 것이 학습의 핵심 목표입니다.

그런데 1학년 교육과정 지도서에 기술된 측정 영역의 차시 구성표를 보면 매우 특이한 점을 발견할 수 있습니다. 길이, 무게, 넓이, 들이라는 속성을 같은 위계로 분류한 데는 충분히 동의할 수 있습니다. 하지만 키나 높이를 따로 분리하여 다른 속성들과 같은 위계로 다루는 데는 동의하기 어렵습니다. 키나 높이는 길이라는 속성의 하나의 특별한 사례에 불과하니까요.

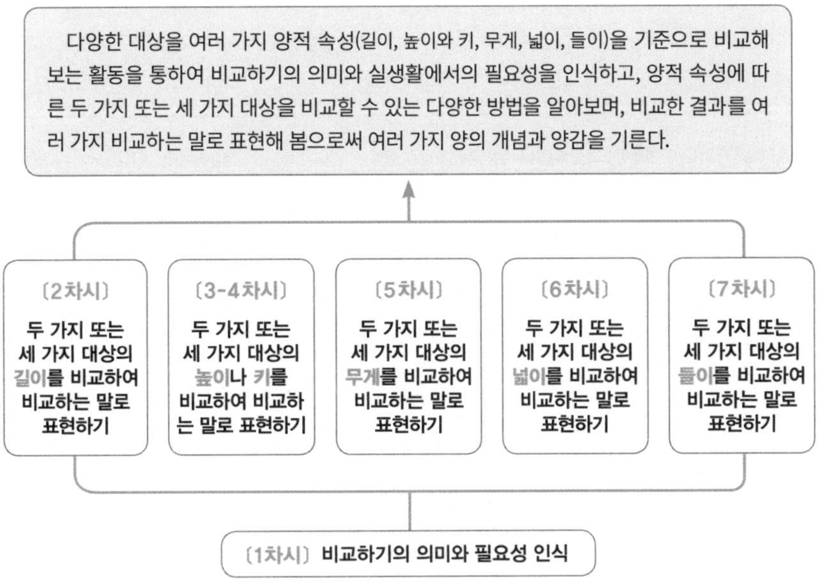

우리는 위의 표에서 또 다른 문제점을 발견할 수 있습니다. 무게와 들이가 수학에서 함께 가르쳐야 하는 내용인가에 대한 것입니다. 부피는 입체도형이 공간에서 차지하는 양이므로 수학에 포함될 수 있습니다. 하지만 무게와 들이는 과학에서 다루는 개념입니다. 특히 들이는 액체나 가루가 주어진 용기에 얼마나 들어가는가를 말하는 것으로 부피와도 구분되는 속성입니다. 부피의 측정은 다면체와 기둥, 뿔, 구 같은 입체도형을 다룰 때 학습해야 할 내용이지만, 들이라는 속성까지 수학에서 다루는 것은 동의하기 어렵습니다. 들이를 포함시킨 까닭은 아마도 측정값을 숫자로 나타내고 단위를 바꾸려면 계산이 필요하기 때문이겠지요. 하지만 그렇다면 온도 측정과 같은 과학 영역의 측정을 모두 수학에서 다루어야 한다는 문제가 발생합니다. 과학 과목의 내용까지 수학에서 다룰 필요는 없습니다.

그럼에도 현실을 무시할 수 없습니다. 교육과정에 들어 있으니 교육 내용에 포함시키지 않을 도리가 없는 것이죠. 그렇지만 길이와 넓이라는 측정과 들이와 무게라는 측정은 서로 구분해야 합니다.

어쨌든 모든 속성의 측정은 각각의 양을 비교하기 위한 적절한 상황을 제시하여 맥락 속에서 이루어져야 합니다. 이때 적절한 용어의 선택과 적용은 매우 중요합니다.

TIP

물이 가득 차 있는 정육면체와 원기둥에서 부피와 들이는 어떻게 다를까?

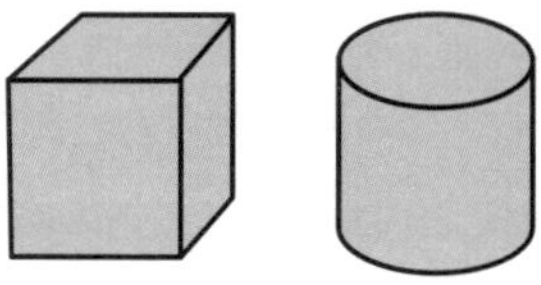

부피 정육면체와 원기둥의 부피는 도형의 부피 구하기 공식을 적용하는 것처럼 삼차원 공간에서 차지하는 양을 말한다.

들이 정육면체와 원기둥 그릇의 내부에 담을 수 있는 물의 양을 말한다.

직관적인 측정 감각의 형성

1학년 '비교하기' 단원에는 어떤 내용이 포함되어야 할까요? 두 개 또는 세 개의 대상을 비교하는 경우에도 실제 측정이 아닌 시각과 같은 감각이나 직관에 의존할 수밖에 없습니다. 하지만 여기에도 수학적 사고가 요구됩니다. 예를 들어, 다음과 같이 두 사람의 키를 비교하는 경우를 살펴봅시다.

선생님 : A와 B 가운데 누구 키가 더 클까?
학생 : A가 커요.
선생님 : A가 크다는 것을 어떻게 알았니?

학생 : 아이 참, B의 머리가 A의 코에 닿기 때문이지요!

자를 사용하지 않고 두 사람의 키를 비교하는 상황이지만, 'B의 머리가 A의 코에 닿는다'는 나름의 근거를 말할 수 있어야 합니다. 시각에 의존함에도 불구하고 A와 B가 모두 발바닥을 땅에 대고 있다는 것, 측정 기준점이 같기 때문에 비교가 가능하다는 사실을 암묵적인 전제로 사용하고 있습니다. 따라서 만약 A가 자신의 키를 크게 하려고 발뒤꿈치를 들었다면 상황이 달라진다는 것도 인지할 수 있습니다. 이러한 상황을 경험 속에서 충분히 인지하고 있기 때문에, 어느 한쪽이 발뒤꿈치를 들어올리면 아마도 아이들은 불공평하다고 불평을 제기할 것입니다. 어쨌든 길이 측정의 전제 조건인 시작점이 동일해야 한다는 것을 알고 있는 것이지요.

이러한 비교하기 경험을 쌓으며 아이들의 측정 감각은 점점 다양해지고 정교해집니다. 그렇기 때문에 더 많은 측정 경험의 중요성을 강조하는 것입니다. 물론 간혹 오류가 나타날 수도 있습니다. 우선 다음 문제를 제시할 때 아이들이 어떤 반응을 보이는지 생각해봅시다. 매우 흥미 있는 결과를 기대할 수 있습니다.

〔문제〕 **당나귀들이 짐을 싣고 냇물을 건너려고 합니다. 보기에서 알맞은 말을 골라 대화를 완성하세요.**

보기

굵어 가늘어 무거워 가벼워 길어 짧아

이솝 우화의 한 장면을 빌려와 만든 수학 문제입니다. 이 문제를 해결하려면, 크기가 같음에도 불구하고 무게가 다를 수 있음을 이해해야 합니다. 또한 측정 대상을 구성하는 물질의 성질도 이해해야 합니다. 그래서 무게라는 속성을 수학이 아닌 과학에서 다루어야 한다고 지적했던 것입니다.

어쨌든 아이들은 부피가 같아도 무게가 다를 수 있다는 사실을 학습해야 합니다. 1학년 아이에게는 쉽게 이해하기 힘든 현상일 것입니다.

이와 유사한 사례 중의 하나는 등적변형 상황에서 자주 나타나는 오류입니다. 똑같은 대상임에도 불구하고 모양을 다르게 변형하면 넓이도 달라진다고 오해하는 것을 말합니다. 사실 이러한 오류는 평면도형의 넓이를 배우는 4학년 아이들에게서도 발견할 수 있습니다.

앞에서 언급한 두 가지 사례는 종종 어른들에게서도 나타납니다. 따라서 이를 바로잡기 위해서는 직접 반례 상황을 경험하게 하는 것이 좋습니다. 부피가 큰 풍선과 부피가 작은 쇠구슬의 무게를 손으로 들어 비교해보게 하거나, A도형을 잘라 새로운 모양의 B도형으로 만든 후 A와 B 도형의 넓이에는 차이가 없다는 것을 눈으로 확인시키는 것이 그런 학습의 일환입니다.

국어 수업하듯, 여러 가지 표현으로!

측정과 관련된 어린이들의 언어 구사를 좀 더 알아봅시다. 처음에는 길이, 무게, 넓이 등을 구별하지 못하고 대부분 '크다', '작다'로만 표현하는 경향이 있습니다. 그러다가 점차 측정과 관련된 새로운 용어를 배워가며 상황에 따라 적용하기 시작합니다. 이때 간혹 '키가 길다'와 같은 어색한 표현을 사용할 수도 있습니다.

앞에서 여러 번 언급했듯이, 주어진 상황에 따라 적절한 용어를 사용하는 능력도 '비교하기' 단원의 중요한 내용 중의 하나입니다. 다음 문제를 살펴볼까요?

〔문제〕 **그림을 보고 보기에서 알맞은 말을 골라 문장을 완성하세요.**

보기

높은 낮은 깊은 얕은 넓은 좁은

포도가 여우의 키보다 더 ________ 곳에 달려 있습니다.

〔문제〕 **호랑이가 구덩이를 빠져나오지 못하는 까닭을 보기에서 골라 쓰세요.**

보기

넓어서 좁아서 깊어서 얕아서 굵어서 가늘어서

구덩이가 너무 ________ 나올 수가 없습니다.

위의 두 문제는 각각 높이와 깊이라는 속성에 관련된 문제입니다. 높이와 깊이는 모두 길이라는 속성이기 때문에 본질적으로는 같은 속성입니다. 하지만 '길이'라는 똑같은 속성이라 하더라도 비교하는 상황에 따라 각기 다른 용어가 사용된다는 것을 확인할 수 있습니다. 따라서 아이들이 이와 같은 상황을 최대한 많이 경험하게 함으로써, 비교 상황에서 적절한 비교 용어를 맥락에 맞게 사용할 수 있도록 하는 것이 필요합니다.

이런 측면에서 보았을 때 현재 초등 교과서 '비교하기' 단원의 내용은 너무 단순하다는 것을 알 수 있습니다. 1학년 1학기 수학 교과서 4단원 비교하기의 경우, 길이에 1차시, 높이에 2차시, 무게에 1차시, 넓이에 1차시, 들이에 1차시 정도를 할애하고 있습니다. 1차시는 교과서 쪽수로 2쪽 정도 되는 양입니다. 2쪽에 담긴 3가지 정도의 비교 상황을 확인하는 것만으로 다양한 맥락의 비교 표현을 익힐 수 있을까요?

모든 비교하기 상황을 다 담을 수는 없겠지만, 지면이 허락하는 한 최대한 많은 비교 상황을 담아 학생들이 비교 언어를 구사하는 데 어려움이 없도록 하는 것이 이 책의 목표 중 하나라고 말씀드리고 싶습니다.

공간 감각과 논리적 추론

측정 활동에는 공간 감각이 요구되는 상황도 있습니다. 다음 문제를 살펴보세요.

〔문제〕 **그림을 보고 보기에서 알맞은 말을 골라 문장을 완성하세요.**

보기

세호 가영 긴 짧은 높은
낮은 깊은 얕은

둘 중에 담장 너머에 있는 강아지를 볼 수 있는 친구는 ______ (이)입니다.

왜냐하면 ______ (이)가 ______ (이)보다 더 ______ 곳에 있기 때문입니다.

이 문제는 단순히 높이를 비교하는 문제라고 간주하기 어렵습니다. 시선이 향하는 각도와 담장의 높이를 함께 고려해야 하니까요. 공간 감각이 있어야 풀 수 있는 문제입니다. 보는 위치에 따라 다르게 보일 수 있다는 것이지요. 측정 활동에 공간 감각이 함께 요구되는 상황을 보여주는 문제입니다.

〔문제〕 **선호가 두 나무를 안아보았습니다. 보기에서 알맞은 말을 골라 문장을 완성하세요.**

보기
무겁다 가볍다 길다 짧다 굵다 가늘다

느티나무 기둥이 소나무 기둥보다 더 ______ .

나중 문제도 마냥 쉽지 않습니다. '굵다'라는 답을 한 이유를 물어보는 상황에서 다음과 같은 대화가 이어질 수 있습니다.

"느티나무를 안으면 손이 겹쳐지지 않는데, 소나무는 겹쳐져요."
"손이 겹쳐지는 것과 굵다/가늘다에는 어떤 관계가 있지요?"
"느티나무는 손을 잡을 수 없을 만큼 굵어요. 소나무는 손이 닿으니까 느티나무보다 가늘어요"

그림 속의 사람을 주목해보면 원근법이 표현되어 있다는 것을 알 수 있습니다. 멀면 작아 보이고 가까우면 커 보이는 원근법까지 고려하여 문제를 해결해야 합니다.

그러니 원근법 지식도 필요합니다. 멀면 작아 보이고, 가까우면 커 보인다는 것을 알아야 합니다. 또한 거리를 나타내기 위해 '멀다/가깝다'라는 용어를 사용한다는 사실도 알 수 있죠. 측정 상황을 나타내는 용어가 이렇게 다양하다는 사실은 '비교하기' 단원에 어떤 내용이 들어 있어야 하는가에 대하여 많은 시사점을 제공해줍니다.

이와 같이 생활 속에서 경험할 수 있는 다양한 사례를 제시해야 합니다. 문제에 숨어 있는 개념들을 드러내 보여주기 위한 발문에도 세심한 고려가 필요합니다.

한편, 측정에 대한 판단을 내릴 때 논리적 추론까지 요구되는 경우가 있습니다. 측정 대상이 세 개 이상인 경우에 그렇습니다. 어떻게 비교할 것인지 전략을 세워야 하는데, 예를 들어볼까요?

대상 A, B, C의 길이를 비교하는 상황

예1)	**예2)**
- A는 B보다 길어. - B는 C보다 길어. - 길이가 긴 것부터 늘어놓으면 A-B-C 순서가 되겠구나.	- A, B, C를 한꺼번에 늘어놓고 순서를 정해보자. - 길이가 긴 순서는 A-B-C가 되겠구나.
삼단논법 이용	직접 비교

이러한 전략을 사용하지 못해도 좋습니다. 고민하는 과정 그 자체가 중요한 것이니까요. 풀이 과정에서 문제 해결 능력과 논리적 추론을 함께 기를 수 있는 토대가 마련되는 것이지요.

3 '비교하기' 이렇게 가르쳐요

길이 비교하기

〔문제 1〕 □ 안에 길이가 긴 연필부터 순서대로 번호를 써넣으세요.

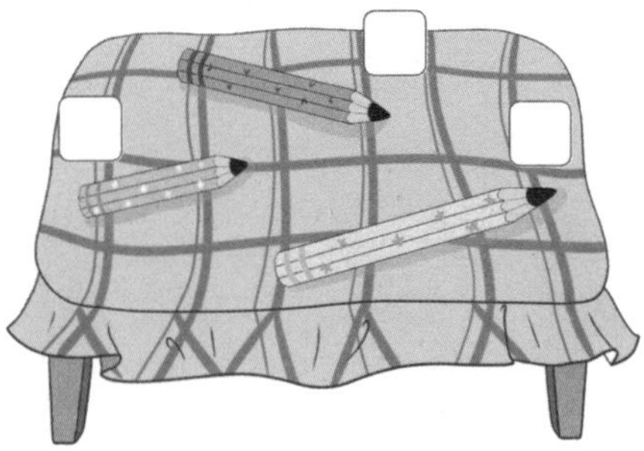

한눈에 봐도 길이를 알 수 있는 문제를 제시하여 학생들이 길이를 직관적으로 파악할 수 있는지 확인합니다. 가장 긴 순서대로 번호를 붙이도록 하여 언어적인 비교 표현에 대한 부담을 줄입니다.

〔문제 2〕 거짓말을 한 피노키오에 ○표 하고, 보기에서 알맞은 말을 골라 문장을 완성하세요.

보기
굵어졌다 가늘어졌다 길어졌다 짧아졌다

피노키오의 코가 거짓말을 하기 전보다 더 ______ .

두 가지 대상의 길이를 비교하는데, 피노키오가 거짓말을 하기 전과 한 후의 코의 길이를 비교하도록 합니다. 코의 길이가 길어졌다는 변화에 집중하도록 합니다.

〔문제 3〕 **그림을 보고 보기에서 알맞은 말을 골라 문장을 완성하세요.**

보기
굵다 깊다 짧다 길다

왼쪽 강아지 줄이 오른쪽 강아지 줄보다 더 ______ .

마찬가지로 두 가지 대상의 길이를 비교하는 문제이지만, 소녀가 줄을 감아쥐고 있는 속임수를 두어 학생들이 삽화에 더 집중하게 할 수 있습니다. 꼭 비교 대상이 곧아야 하는 것은 아니며, 항상 곧은 상황이 오히려 비현실적입니다.

〔문제 4〕 **그림을 보고 보기에서 알맞은 말을 골라 문장을 완성하세요.**

보기
많기 적기 길기 짧기 낮기 높기

______ 호스를 잡아야 합니다.
왜냐하면 ______ 호스가 ______ 호스보다
더 ______ 때문입니다.

〔문제 3〕과 유사한 문제로 삽화에 집중하도록 합니다. 삽화를 통해 상황을 이해할 수 있어야 합니다.

〔문제 5〕 **어느 것이 가장 긴 물고기입니까?**

흩어져 있는 세 가지 이상의 대상의 길이를 비교할 때 어떻게 하면 좋을지 생각해야 합니다. 답을 말한 후에 그 이유를 설명하게 하는 것이 중요합니다.

기준선에 맞추어 물고기를 놓아볼까요? 이제 무엇이 가장 긴 물고기인지 보입니까?

시작선을 맞추면 무엇이 더 길고 짧은지 쉽게 비교할 수 있다는 것을 이해하도록 합니다.

〔문제 6〕 **생활 주변의 여러 가지 물건의 길이를 색끈을 이용해 재고, 칠판에 붙여 길이를 비교해보세요.**

칠판에 시작선을 표시한 후 시작선에 맞추어 각 물건의 길이를 나타내는 색끈을 붙여야 합니다. 여럿이 함께 길이를 재고 비교해보는 활동을 통해 길이에 대한 감각을 기릅니다.

〔문제 7〕 **보라색 연필보다 길고, 주황색 연필보다 짧은 연필을 그리세요.**

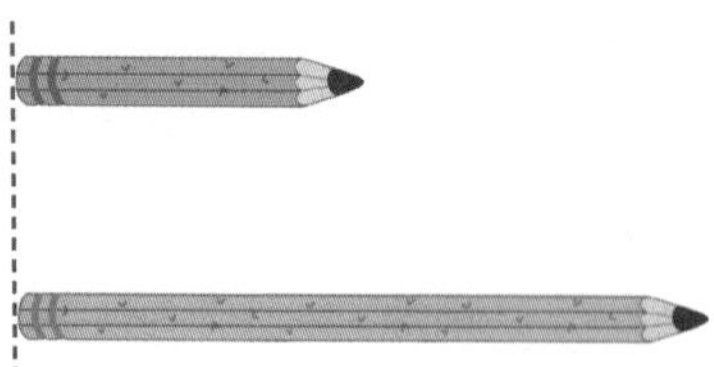

길이에 대한 감각이 생겼다면, 길이를 표현하는 문장을 읽고 이해한 내용을 그림으로 그려 봅니다.

〔문제 8〕 **가장 긴 막대의 기호에 ○표 하세요.**

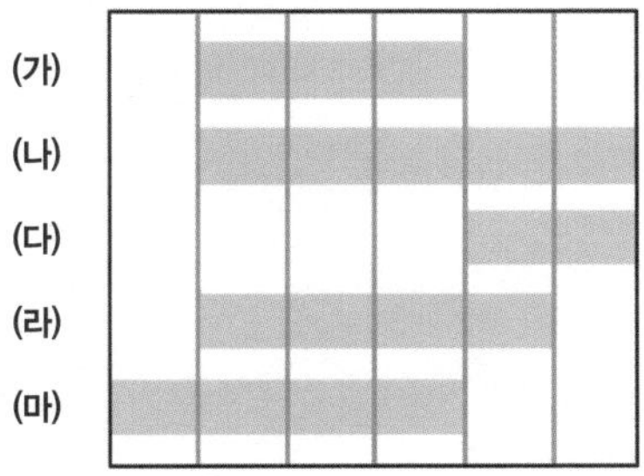

(　　)

시작선이 다른 경우의 길이를 비교하는 문제입니다. 시작선이 다르지만 임의단위라고 할 수 있는 눈금이 일정한 간격으로 그려져 있습니다. 즉, 시작선을 기준으로 비교하는 것이 아니라, 눈금의 개수를 세어 비교하는 방법입니다.

거리 비교하기

〔문제 1〕 **그림을 보고 보기에서 알맞은 말을 골라 문장을 완성하세요.**

보기
가깝다　멀다

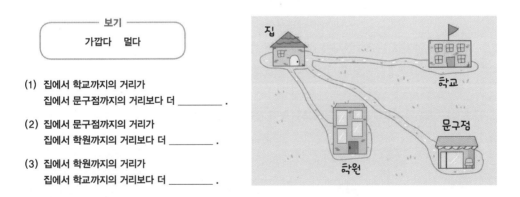

(1) 집에서 학교까지의 거리가 집에서 문구점까지의 거리보다 더 ________ .

(2) 집에서 문구점까지의 거리가 집에서 학원까지의 거리보다 더 ________ .

(3) 집에서 학원까지의 거리가 집에서 학교까지의 거리보다 더 ________ .

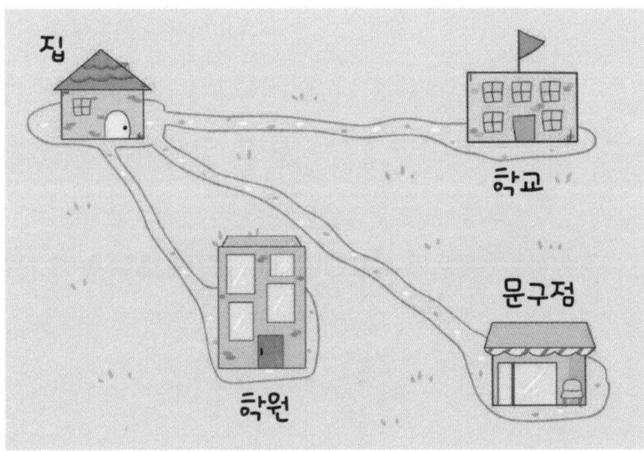

거리 또한 길이 속성을 갖지만 길다, 짧다로 표현하지 않습니다. 거리를 표현할 때에는 가깝다, 멀다라고 표현합니다. 길이가 긴 곳을 멀다라고 하고 짧은 곳을 가깝다라고 표현하는 것을 이해하게 합니다. 비교하는 대상은 2개씩만 선정하여 일대일로 직관적 비교를 경험하도록 합니다. 직접 측정하는 활동을 하는 것이 아니므로 직관적으로 비교가 가능한 예시를 제시합니다.

〔문제 2〕 **서울에서 부산까지 가는 3가지 길 중에서 가장 빨리 부산으로 가려면 어디를 지나가야 하는지 고르고, 이유를 보기에서 골라 쓰세요.**

보기
짧기 가깝기 길기 멀기

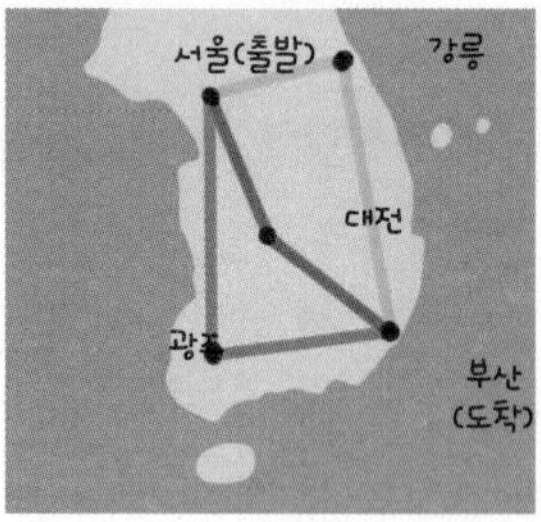

_______ 을(를) 지나가는 길로 가야 합니다.

왜냐하면 _______ 을(를) 지나서 가는 길이

가장 _______ 때문입니다.

꺾여 있는 길을 직선으로 펴서 비교하는 상황을 머릿속에서 그려보도록 합니다. 상상이 어려우면 종이띠를 이용하여 직접 경험해봅니다.

높이 비교하기

〔문제 1〕 **그림을 보고 보기에서 알맞은 말을 골라 문장을 완성하세요.**

보기
높은 낮은 깊은 얕은 넓은 좁은

포도가 여우의 키보다 더 ________ 곳에 달려 있습니다.

두 대상의 높이를 비교해봅니다. 높이 또한 길이의 속성을 갖고 있지만 높다, 낮다로 표현됩니다. 상황에 따른 적절한 용어를 선택하는 연습을 합니다.

〔문제 2〕 **은수의 키보다 더 낮은 것을 모두 찾아 기호를 말하세요.**

은수 (가) (나) (다) (라) (마)

은수가 기준이 되는 고정된 비교 대상이고, 여기에 다른 대상을 견주어봅니다. 하나의 기준 대상에 여러 대상을 번갈아 비교해보는 상황입니다.

〔문제 3〕 **그림을 보고 보기에서 알맞은 말을 골라 문장을 완성하세요.**

보기

짧다 길다 낮다 높다 가깝다 멀다

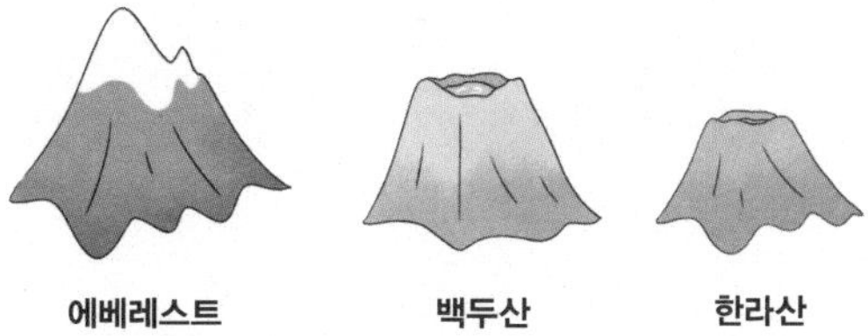

(1) 에베레스트는 가장 ________ .

(2) 백두산은 한라산보다 ________ .

(3) 한라산은 에베레스트보다 ________ .

〔문제 4〕 **그림을 보고 빈칸에 알맞은 기호를 써넣으세요.**

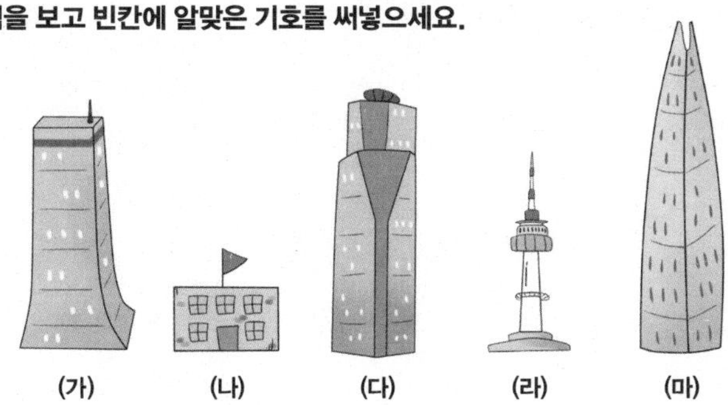

(1) 가장 높은 빌딩은 ________ 입니다.

(2) 가장 낮은 빌딩은 ________ 입니다.

(3) (가)빌딩과 높이가 비슷한 빌딩은 ________ 입니다.

3개 이상의 대상을 비교해 가장 높은 것과 낮은 것을 찾아내는 활동입니다. 여러 대상을 번갈아 비교하는 과정을 경험하게 됩니다.

〔문제 5〕 **그림을 보고 보기에서 알맞은 말을 골라 문장을 완성하세요.**

보기

세호 가영 긴 짧은 높은 낮은 깊은 얕은

둘 중에 담장 너머에 있는 강아지를 볼 수 있는 친구는 ______ (이)입니다.

왜냐하면 ______ (이)가 ______ (이)보다 더 ______ 곳에 있기 때문입니다.

단순히 높이를 비교하는 문제가 아닙니다. 시선이 머무는 각도와 담장의 높이를 함께 고려해야 하므로 공간 감각이 요구되는 문제입니다. 보는 위치에 따라 다르게 보일 수 있습니다. 실제 경험해보면 쉽게 이해할 수 있습니다. 예를 들어, 교실 안에서 복도 쪽의 친구가 보이지 않는 경험입니다. 하지만 의자 위로 올라가면 창문을 통해 친구가 보이게 되죠.

학생들은 아침에 학교에 와서 먼저 복도 쪽의 신발장으로 갑니다. 그리고 까치발을 하며 창문 너머 교실 안에 누가 먼저 와 있는지 궁금해합니다. 비슷한 상황입니다.

키 비교하기

〔문제 1〕 **그림을 보고 보기에서 알맞은 말을 골라 문장을 완성하세요.**

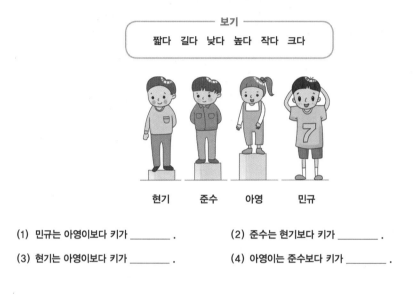

보기

짧다 길다 낮다 높다 작다 크다

현기 준수 아영 민규

(1) 민규는 아영이보다 키가 ________ .

(2) 준수는 현기보다 키가 ________ .

(3) 현기는 아영이보다 키가 ________ .

(4) 아영이는 준수보다 키가 ________ .

두 대상을 비교하여 작다, 크다로 표현하는 연습을 합니다. 네 명의 아이들이 머리 위치가 동일하므로, 아래의 발판이 키를 비교하는 힌트가 됩니다.

〔문제 2〕 **위의 그림을 보고 키가 가장 작은 학생부터 순서대로 이름을 쓰세요.**

( )

여러 대상을 동시에 비교하는데, 기준선을 맞추어놓고 차이를 비교하여 가장 키가 작은 학생부터 큰 학생까지 순서대로 찾아봅니다.

〔문제 3〕 **○안에 키가 큰 친구부터 순서대로 번호를 써넣으세요.**

경수와 재민이의 키를 직접 맞대어 보지 않아도 재민이가 지연이보다 작고, 경수가 지연이보다 크기 때문에, 경수가 재민보다 키가 크다는 것을 알 수 있습니다. 지연이라는 중간 매개를 이용한 비교입니다.

〔문제 4〕 **빈칸에 알맞은 말을 넣어 문장을 완성하세요.**

(1) ________ 는 키가 가장 크다.

(2) ________는 ________ 보다 키가 작다.

발이 땅에 닿은 게 아니라 철봉에 매달려 있어서 시작선을 모두 다르게 한 문제입니다. 더 높은 철봉에 손이 닿는다는 것에서 더 키가 크다는 사실을 생각하도록 합니다. 비교 대상을 정해주지 않고 학생들이 적절한 대상을 선택해보도록 합니다.

〔문제 5〕 **보기의 설명에 맞게 그림을 그리고, 빈칸에 알맞은 이름을 쓰세요.**

보기

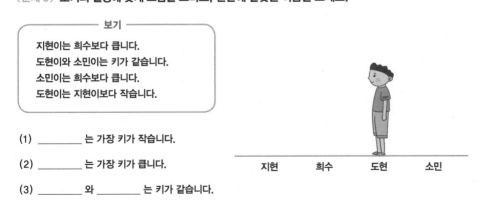

지현이는 희수보다 큽니다.
도현이와 소민이는 키가 같습니다.
소민이는 희수보다 큽니다.
도현이는 지현이보다 작습니다.

(1) ________ 는 가장 키가 작습니다.

(2) ________ 는 가장 키가 큽니다.

(3) ________ 와 ________ 는 키가 같습니다.

키에 대한 설명을 이해하고 그림으로 표현합니다. 자신이 그린 그림을 보고 4개의 대상을 동시에 비교하여 문장으로 나타냅니다.

깊이 비교하기

〔문제 1〕 **호랑이가 구덩이를 빠져나오지 못하는 까닭을 보기에서 골라 쓰세요.**

보기

넓어서 좁아서 깊어서 얕아서 굵어서 가늘어서

구덩이가 너무 ________ 나올 수가 없습니다.

깊이는 겉에서 속까지의 길이를 나타냅니다. 깊이 또한 길이의 속성을 갖고 있지만 얕다, 깊다고 표현합니다. 겉에서 속까지의 길이가 짧으면 얕다, 겉에서 속까지의 길이가 길면 깊다라고 표현하는 것이죠.

〔문제 2〕 **아기가 어느 쪽 수영장에서 물놀이하는 것이 더 안전한지 고르고, 그 까닭을 보기에서 골라 쓰세요.**

보기

짧기 작기 낮기 얕기 가깝기

________ 에서
물놀이하는 것이 더 안전합니다.

왜냐하면 ________ 가 ________ 보다
더 ________ 때문입니다.

〔문제 3〕 **물의 깊이가 얕은 곳부터 차례로 쓰세요.**

바다

시냇물

호수

________ ➡ ________ ➡ ________

깊이를 비교하여 얕은 곳부터 순서대로 배열해보는 문제입니다. 삽화를 주의 깊게 살펴보면 물에 잠긴 정도를 비교할 수 있으며, 물에 잠긴 대상의 크기와 비교하면 깊이를 알 수 있습니다.

굵기 비교하기

〔문제 1〕 **선호가 두 나무를 안아보았습니다. 보기에서 알맞은 말을 골라 문장을 완성하세요.**

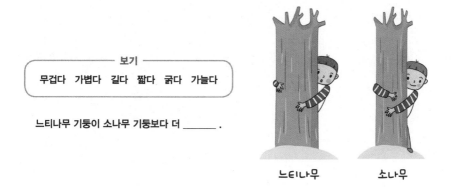

보기

무겁다 가볍다 길다 짧다 굵다 가늘다

느티나무 기둥이 소나무 기둥보다 더 ______ .

나무의 길이가 아니라 굵기(둘레의 길이)에 집중할 수 있도록 삽화를 주의 깊게 살펴봅니다. 선호의 손의 위치가 어떻게 되어 있는지 주목하세요. 학교의 나무들을 살펴보며 더 굵은 나무 찾기, 가장 가는 나무 찾기 등으로 놀이의 형식을 도입할 수 있습니다.

〔문제 2〕 **더 굵은 쪽에 ○표 하세요.**

( )　　　( )

측정 인원수를 변화시키고 원근법까지 적용한 문제입니다. 〔문제 1〕보다 고려해야 할 요소가 많아졌습니다.

〔문제 3〕 **구멍 크기에 꼭 맞는 둥근기둥 모양을 찾아 선으로 이으세요.**

정제된 둥근기둥 형태로 굵기에만 집중할 수 있는 문제입니다. 구멍의 굵기와 둥근기둥의 굵기를 번갈아 비교하여 같은 굵기를 찾아내는 활동입니다.

〔문제 4〕 **영희가 수영장에 왔습니다. 다음 물음에 답하세요.**

(1) 가장 굵은 것은 무엇입니까?

(2) 가는 것부터 차례로 써보세요.

______ ➡ ______ ➡ ______ ➡ ______

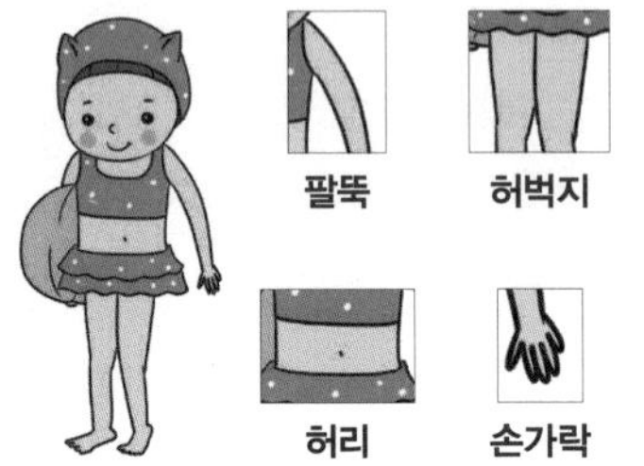

신체 부위의 굵기를 비교하는 문제로 자신의 몸을 살펴보며 문제를 해결할 수 있습니다. 여러 대상을 놓고 가장 굵은 것과 가는 것을 파악하는 문제입니다.

넓이 비교하기

간혹 넓이를 너비라고 표현하는 경우가 있는데, 너비는 가로로 건너지른 폭의 길이를 말하는 것입니다. 넓이는 길이가 아니라 면적을 뜻합니다. 수학적으로 따지면 넓이는 길이에서 확장된 2차원 개념이지만, 1학년 학생들은 이를 이해하지 못합니다. 그래서 직관적으로 비교할 수 있는 대상을 우선 제시하고 직접 비교하면서 이해하도록 합니다.

〔문제 1〕 **침대를 방안에 들여놓을 수 없는 까닭을 보기에서 골라 문장을 완성하세요.**

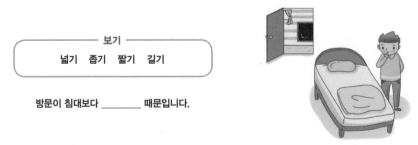

보기

넓기 좁기 짧기 길기

방문이 침대보다 ______ 때문입니다.

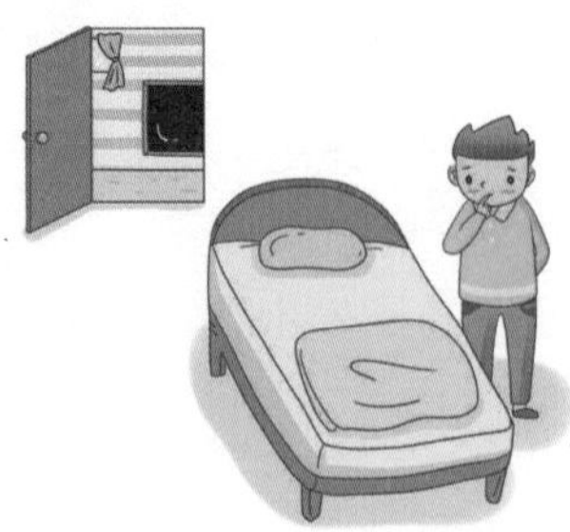

〔문제 2〕 **공을 넣기 쉬운 골대는 어느 것인지 고르고, 그 까닭을 보기에서 골라 쓰세요.**

(가) (나)

보기

넓기 좁기 깊기 얕기 굵기 가늘기

공을 넣기 쉬운 골대는 _______ 입니다.

왜냐하면 _______ 골대가 _______ 골대보다

더 _______ 때문입니다.

가로와 세로의 길이로 넓이를 생각해야 한다는 것을 그림을 통해 직관적으로 이해하는 문제입니다. 즉, 대상의 넓이를 비교하는 문제이지요.

〔문제 3〕 **가장 넓은 뚜껑이 필요한 것에 ○표 하세요.**

( ) ( ) ( )

〔문제 4〕 **그림을 보고, 더 넓은 것을 고르세요.**

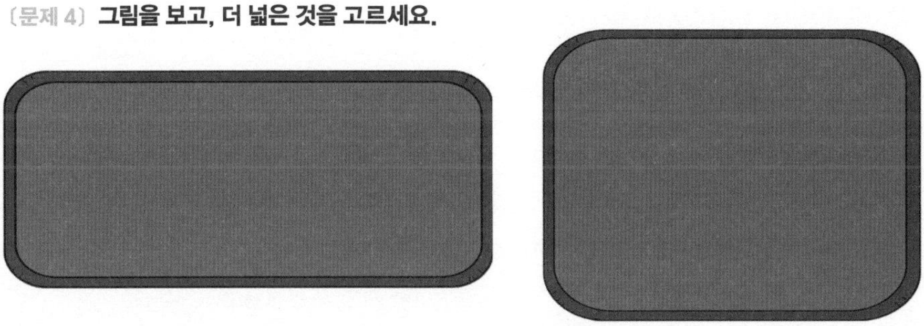

(가) (나)

직관적으로 비교하기 어려운 대상입니다. 가로의 길이는 (가)가 더 길고, 세로의 길이는 (나)가 더 길기 때문이죠. 어떻게 비교할까요? 학생들의 생각을 나누어봅니다.

(가)

(나)

위와 같이 같은 크기의 카드를 놓아봅니다. 카드의 크기가 다르면 비교하기가 어렵습니다. 반례를 들어서 학생들을 이해시킬 수 있습니다. 더 많은 카드가 놓여진 것이 넓이가 더 넓다고 할 수 있습니다.

〔문제 5〕 **그림을 보고 물음에 답하세요.**

(1) 가장 넓은 부분의 색은 ________ 입니다.

(2) 파란색과 빨간색 가운데 더 넓은 쪽은 ________ 입니다.

(3) 넓은 순서대로 색을 쓰세요.

________ ➡ ________ ➡ ________ ➡ ________

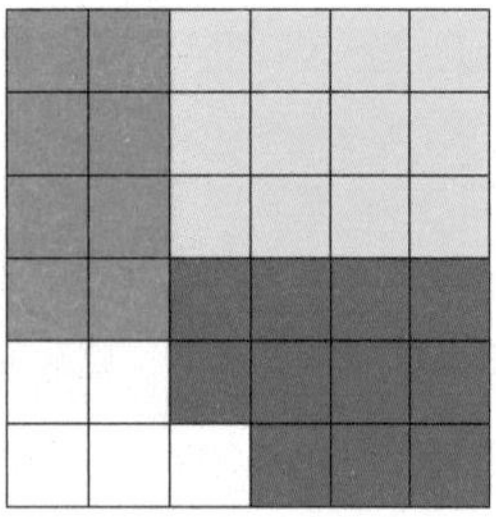

〔**문제 4**〕의 상황을 정형화하여 나타낸 문제입니다. 임의의 단위를 이용하여 넓이를 비교하는 방법입니다. 임의의 동일한 단위를 사용하여 단위가 몇 개 들어가는지 파악하여 비교해봅니다.

〔문제 6〕 **그림을 보고 물음에 답하세요.**

(1) 노란색을 칠한 땅에는 건물을 짓고, 나머지 땅에는 공원을 만들려고 합니다.
건물과 공원 가운데 무엇이 더 넓은가요? ________

(2) 건물과 공원의 넓이가 같아지려면 무엇이 몇 칸 더 넓어져야 하나요?
________ 이 ________ 칸 더 넓어져야 합니다.

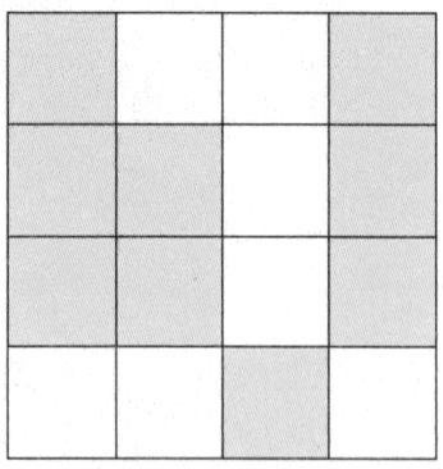

〔문제 5〕에서는 영역이 붙어 있지만, 여기에서는 떨어져 있습니다. 떨어져 있는 영역을 모아서 생각해야 합니다. 각각 떨어져 있는 영역을 모아서 생각할 수 있다는 것은 이동해도 넓이가 변하지 않는다는 사실을 인지하고 있다는 것입니다. 이는 추후 도형의 넓이 구하기에 사용되는 등적 변형에 이용됩니다.

〔문제 7〕 **어느 쪽이 더 넓습니까?**

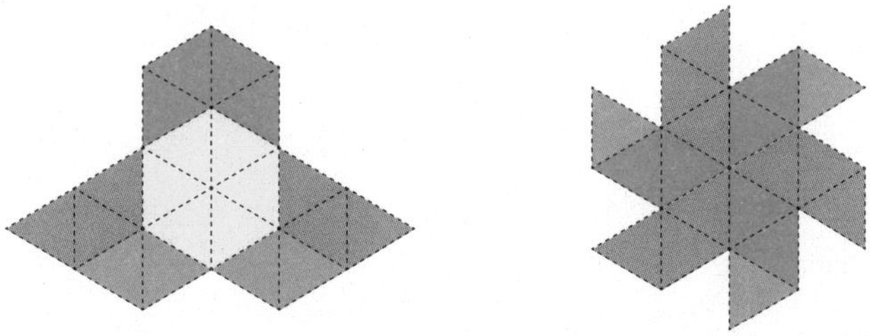

임의의 단위 모양이 세모입니다. 임의의 단위가 꼭 네모가 되어야 하는 것은 아닙니다.

〔문제 8〕 **그림을 보고 물음에 알맞은 답을 쓰세요.**

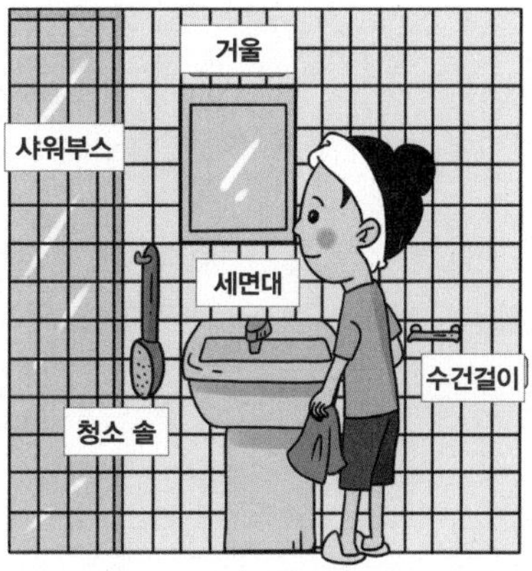

(1) 수건걸이의 길이는? 타일 ________ 개

(2) 샤워 부스의 높이는? 타일 ________ 개

(3) 소녀의 키는? 타일 ________ 개

(4) 청소 솔은 거울보다 더 길이가 깁니까?

(5) 청소 솔과 수건걸이 중 어느 것이 길이가 더 짧나요?

〔문제 9〕 **글을 읽고 알맞은 말에 ○표 하세요.**

나와 동생은 크기가 똑같은 바늘을 가지고 있습니다.
내가 가지고 있는 실은 바늘에 잘 꿰어지는데, 동생이 가진 실은 바늘에 들어가지 않습니다.

(1) 동생이 가지고 있는 실은 내가 가지고 있는 것보다 더 (굵은 / 가는) 실입니다.

(2) 동생이 가지고 있는 실이 들어가려면 구멍이 더 (좁은 / 넓은) 바늘이 필요합니다.

앞에서 학습한 굵기와 넓이를 상황에 따라 적절하게 사용해봅니다.

무게 비교하기

〔문제 1〕 **그림과 같이 되기 위해서 바구니에 무엇이 들어갈 수 있는지 하나씩 골라 선으로 잇고 문장을 완성하세요.**

보기

사탕 딸기 호박 귤 축구공

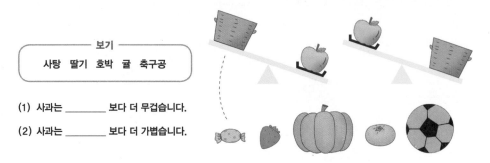

(1) 사과는 ________ 보다 더 무겁습니다.

(2) 사과는 ________ 보다 더 가볍습니다.

학생들의 경험을 바탕으로 무게를 직관적으로 비교하는 문제입니다.

〔문제 2〕 **당나귀들이 짐을 싣고 냇물을 건너려고 합니다. 보기에서 알맞은 말을 골라 대화를 완성하세요.**

보기

굵어 가늘어 무거워 가벼워 길어 짧아

〔문제 3〕 **당나귀들이 냇물을 건너다가 물에 빠졌습니다. 보기에서 알맞은 말을 골라 대화를 완성하세요.**

보기

굵어 가늘어 무거워 가벼워 길어 짧아

내 짐은 물에 젖어서
솜
내 짐은 물에 녹아서
소금

이솝 이야기 〈꾀부린 당나귀〉 이야기를 생각하면서 문제를 해결해봅니다. 솜과 소금의 특성을 이해해야 해결할 수 있습니다.

(문제 4) **그림을 보고 보기에서 알맞은 말을 골라 문장을 완성하세요.**

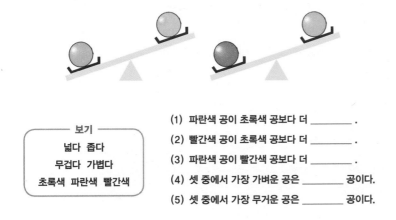

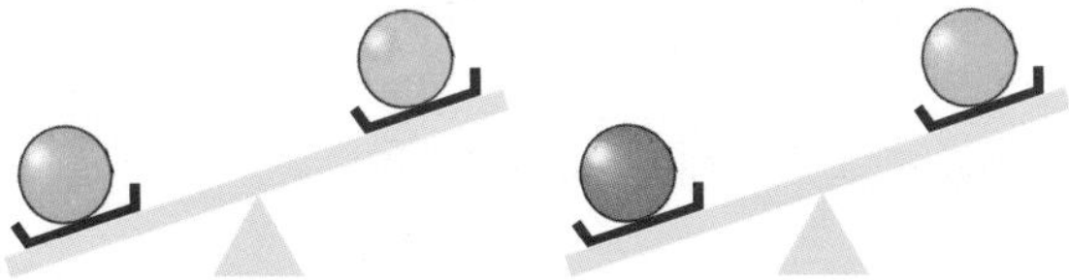

보기

넓다 좁다
무겁다 가볍다
초록색 파란색 빨간색

(1) 파란색 공이 초록색 공보다 더 ________ .
(2) 빨간색 공이 초록색 공보다 더 ________ .
(3) 파란색 공이 빨간색 공보다 더 ________ .
(4) 셋 중에서 가장 가벼운 공은 ________ 공이다.
(5) 셋 중에서 가장 무거운 공은 ________ 공이다.

무게를 비교하고 더불어 추론 능력을 기르는 문제입니다. 공통으로 비교되는 초록색 공을 매개로 하여 빨간색 공과 파란색 공을 비교할 수 있어야 해결할 수 있습니다.

(문제 5) **그림을 보고 빈곳에 알맞은 말을 쓰세요.**

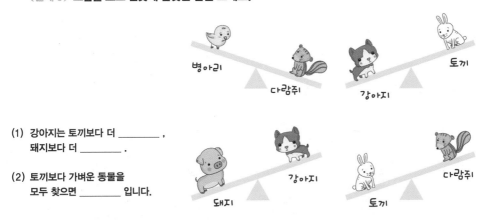

(1) 강아지는 토끼보다 더 ________ ,
돼지보다 더 ________ .

(2) 토끼보다 가벼운 동물을
모두 찾으면 ________ 입니다.

(**문제 4**)와 같이 추론 능력을 기르는 문제인데, 비교 대상이 5개로 늘어났습니다. 대상이 많아지는 만큼 추론 과정은 더 복잡해집니다.

(문제 6) **그림을 보고 알맞은 말을 쓰세요.**

토끼 한 마리는
원숭이 한 마리보다
더 ________ .

겉보기에는 토끼와 원숭이의 무게가 같아 보입니다. 하지만 토끼 세 마리와 원숭이 한 마리의 무게가 똑같기 때문에, 토끼 한 마리는 원숭이 한 마리보다 가볍다는 것을 생각하도록 합니다.

〔문제 7〕 **그림을 보고 가장 무거운 동물부터 차례로 쓰세요.**

보기

하마 강아지 참새

_____ ➡ _____ ➡ _____

시소나 양팔 저울의 형태로만 무게를 비교하는 것이 아니라 배가 얼마나 가라앉았는가를 기준으로 하여 무게를 비교할 수도 있음을 알려주는 문제입니다.

들이 비교하기

〔문제 1〕 **물을 더 많이 담을 수 있는 양동이에 ○표 하세요.**

( )

( )

양동이의 크기를 보고 들이를 예상하는 문제입니다. 들이는 그릇의 내부에 담을 수 있는 물의 양을 뜻합니다. 2개의 양동이가 높이는 같지만 한쪽의 밑넓이가 현저히 크기 때문에, 그림만으로도 직관적 비교가 가능합니다.

〔문제 2〕 왼쪽에 있는 우유나 물을 전부 옮겨 담으면 넘칠 것 같은 것에 모두 ○표 하세요.

(1)

(2)

왼쪽에 있는 대상을 기준으로 하여 여러 대상의 들이를 비교해보는 문제입니다. 그림에 제시된 그릇의 크기를 비교하면서 들이를 예측해봅니다.

〔문제 3〕 친구들이 컵에 있는 물을 마시려고 합니다. 빈곳에 알맞은 말을 써넣으세요.

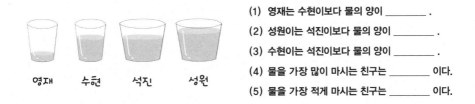

(1) 영재는 수현이보다 물의 양이 ________ .

(2) 성원이는 석진이보다 물의 양이 ________ .

(3) 수현이는 석진이보다 물의 양이 ________ .

(4) 물을 가장 많이 마시는 친구는 ________ 이다.

(5) 물을 가장 적게 마시는 친구는 ________ 이다.

컵의 크기가 모두 같지 않으므로 물의 양을 비교하는 기준을 정해야 비교가 가능한 문제입니다. 처음에 2개의 대상을 선택하여 비교하는 과정을 여러 번 해보면 학생들이 스스로 기준을 찾을 수 있을 것입니다. 기준을 찾으면 4개의 대상을 비교하여 많거나 적은 순서대로 나열할 수 있습니다.

〔문제 4〕 그림을 보고 물음에 답하세요.

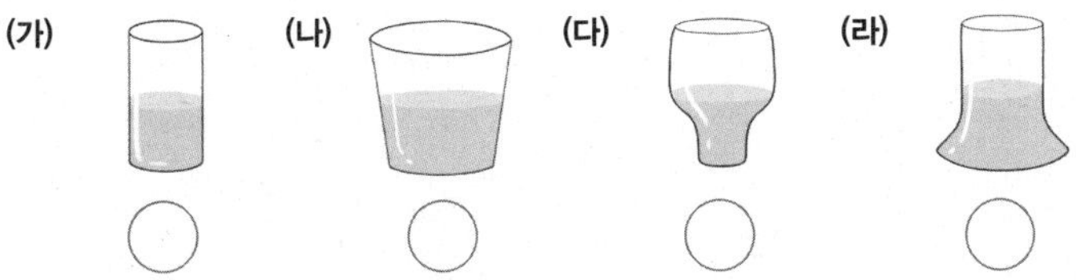

(1) 주스가 많이 들어 있는 것부터 순서대로 ○안에 번호를 써넣으세요.

(2) (가)의 남은 부분에 (나)의 주스를 모두 옮겨 담을 수 있을까요? (   )

물컵의 모양을 다양하게 보여주며 비교해보는 문제입니다. 모양은 다양하지만 높이가 모두 같다는 사실에 주목하면 문제를 해결할 수 있습니다.

〔문제 5〕 **어느 상자에 더 많은 물건을 담을 수 있을까요?**

(　　　) 색 상자에
더 많은 물건을 담을 수 있다.

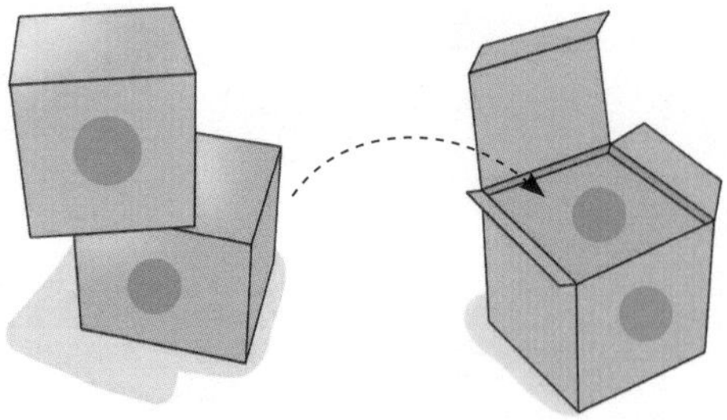

분홍색 상자가 하늘색 상자에 들어갑니다. 어떤 상자가 다른 상자에 들어간다는 것은 더 작다는 것을 의미하죠. 부피를 비교할 때 사용할 수 있는 방법 중 하나입니다.

〔문제 6〕 **어느 상자에 더 많은 물건을 담을 수 있을까요?**

(　　　) 상자에
더 많은 물건을 담을 수 있다.

(가)

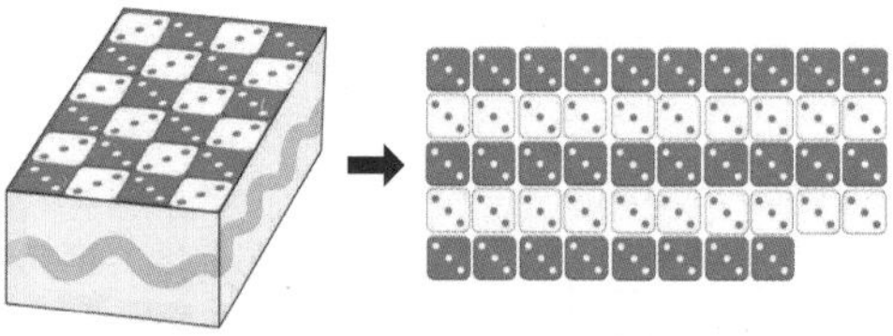

(나)

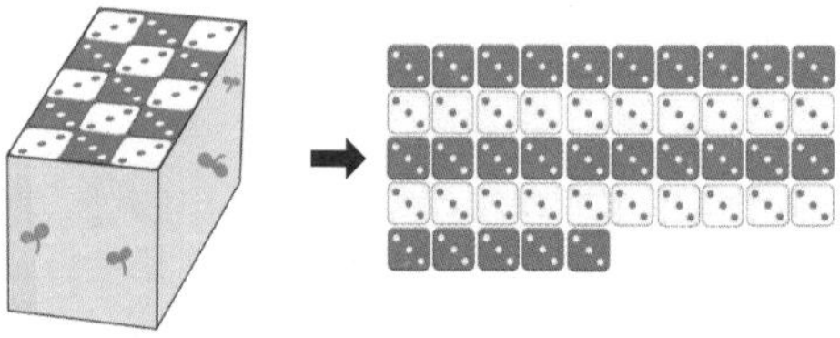

같은 크기의 주사위를 넣어보고 부피를 비교하는 문제입니다. 즉, 넓이에서와 같이 임의단위를 이용하는 것이죠. 동일한 부피의 임의단위를 이용하여 몇 개가 들어가는지 비교함으로써 상자의 부피를 비교할 수 있습니다.

혼합 문제

여러 가지 비교 표현을 정리해보는 문제입니다. 상황에 따라 적절하게 사용할 수 있는지 확인할 수 있습니다.

[문제 1] **아래 내용에 맞게, 앞에 선 사람부터 이름을 적으세요.**

(1) 입장권을 사려고 줄을 섰습니다.

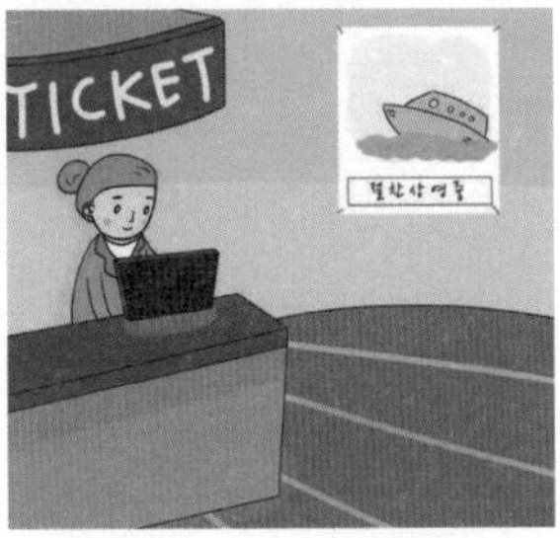

키가 가장 큰 사람이 맨 앞에 섰습니다.
줄무늬 셔츠를 입은 사람이 가운데 섰습니다.
키가 가장 작은 사람이 맨 뒤에 섰습니다.

_______ ➡ _______ ➡ _______

(2) 영화관 의자에 앉으려고 줄을 섰습니다.

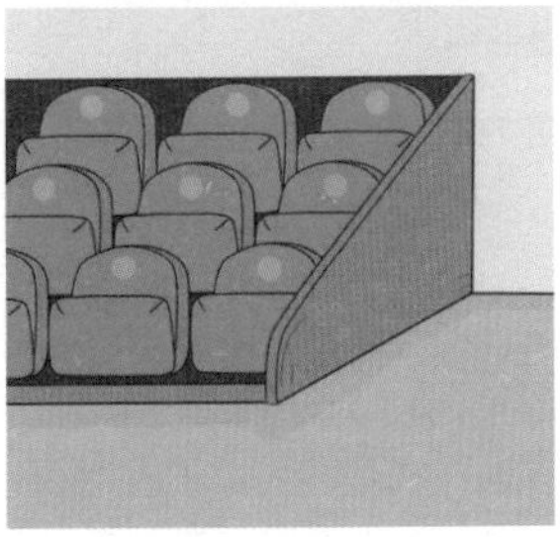

가장 짧은 바지를 입은 사람이 가운데 섰습니다.
가장 긴 바지를 입은 사람이 맨 뒤에 섰습니다.

_______ ➡ _______ ➡ _______

(3) 집에 가는 길에 버스를 타려고 줄을 섰습니다.

맨 앞에 있는 사람의 바지가 가장 짧은 것은 아닙니다.
반팔 옷을 입은 사람이 가운데 섰습니다.

_______ ➡ _______ ➡ _______

〔문제 2〕 **두 그림을 비교하면서 빈곳에 들어갈 말을 보기에서 골라 쓰세요.**

보기

길다 짧다 무겁다 가볍다
넓다 좁다
굵다 가늘다 높다 낮다
깊다 얕다
많이 담을 수 있다
적게 담을 수 있다
진해진다 옅어진다

(1) (나)의 강아지 목줄이 (가)의 강아지 목줄보다 더 ________ .

(2) (가)의 모래성이 (나)의 모래성보다 더 ________ .

(3) (나)의 나무가 (가)의 나무보다 더 ________ .

(4) (가)의 연이 (나)의 연보다 더 ________ .

(5) (나)의 물통보다 (가)의 물통에 물을 더 ________ .

(6) (나)에서 시소의 왼쪽에 앉은 친구가 오른쪽에 앉은 친구보다 더 ________ .

문제마다 제시하는 조건의 속성이 조금씩 다릅니다. 이에 주목하여 대상을 찾아 비교하는 문제입니다.